智能电动车辆·储能技术与应用系列

锂离子电池智能感测与管理

魏中宝　著

机械工业出版社

本书系统探讨了锂离子电池智能感测技术及其在电池管理中的应用，包含从电池管理算法到各种感测技术的原理和应用案例，有助于读者深入了解电池检测、状态估计、寿命评估、电池均衡和故障诊断等多方面基础知识和前沿进展。书中详细介绍了电池光纤传感技术、超声无损检测技术和电化学阻抗谱检测技术等智能感测技术的原理和应用，意在通过实例分析引导读者学习如何利用这些技术对电池进行实时监测和精准管理，提高电池的安全性、寿命和性能。同时，书中还重点关注这些技术在电动汽车、储能系统等领域的应用，为读者提供了丰富的实践经验和应用指南。

本书主要面向电动汽车和储能技术领域尤其是电池测试和管理方面的工程师和研究人员。本书既可以作为电池管理感测开发的参考工具书，也可以作为电池智能感测与管理相关课程的入门级教材。

图书在版编目（CIP）数据

锂离子电池智能感测与管理 / 魏中宝著. -- 北京：机械工业出版社，2025. 1. -- （智能电动车辆·储能技术与应用系列）. -- ISBN 978-7-111-77837-0

Ⅰ. TM912

中国国家版本馆 CIP 数据核字第 2025DQ3007 号

机械工业出版社（北京市百万庄大街 22 号　邮政编码 100037）
策划编辑：王兴宇　　　　　　责任编辑：王兴宇　李崇康
责任校对：张爱妮　李　杉　　封面设计：张　静
责任印制：张　博
北京机工印刷厂有限公司印刷
2025 年 5 月第 1 版第 1 次印刷
184mm×260mm ・ 14.25 印张 ・ 291 千字
标准书号：ISBN 978-7-111-77837-0
定价：129.00 元

电话服务　　　　　　　　网络服务
客服电话：010-88361066　　机　工　官　网：www.cmpbook.com
　　　　　010-88379833　　机　工　官　博：weibo.com/cmp1952
　　　　　010-68326294　　金　书　网：www.golden-book.com
封底无防伪标均为盗版　机工教育服务网：www.cmpedu.com

前　言

随着全球能源需求的不断增长和可再生能源的广泛应用，锂离子电池作为一种高能量密度、环保、高效的能量储存技术，已经成为电动汽车、储能系统、移动设备等领域的主流能源储存装置。然而，随着电动汽车等应用领域的快速发展，锂离子电池的安全性、寿命和效率问题日益凸显，给锂离子电池的管理和运维带来了巨大挑战。传统的电池管理方法主要依赖对电池电流、电压、外部温度等外参数的测量，往往难以满足电池管理和控制的精细化和智能化需求。为了提高锂离子电池的安全性、延长使用寿命、提高运行效率，迫切需要研究新型感测技术，实现对电池内部和外部参数的全面监测和精准管理。

近年来，随着传感器、数据处理和人工智能技术的快速发展，锂离子电池智能感测技术受到了国内外学者和企业的广泛关注，相关技术取得了迅速发展。通过多维感测技术可以实时测量锂离子电池的电压、电流、温度、压力、应变等多物理过程关键参数，实现对锂离子电池状态的全面感知和监控。融合多维感测数据和前沿计算方法，可以更加及时地发现电池异常，对热失控等重要灾害提前预警，从而变被动为主动，更加科学地预防电池损坏，显著提高锂离子电池的安全性和耐久性。

锂离子电池智能感测技术的应用前景十分广阔。在电动汽车领域，智能感测技术可以实现对车载动力电池系统的实时监测和管理，提高车辆的安全性和性能。在新能源接入和储能领域，智能感测技术可以实现储能电池系统的精准控制和调度，提高储能的安全性和综合效率。在移动电源设备领域，智能感测技术可以实现对电池充放电过程的优化管理，延长设备的使用寿命。本书通过深入研究锂离子电池智能感测技术的原理、方法和应用案例，为锂离子电池制造、管理、运维和失效分析等多领域从业者和研究人员提供参考，推动锂离子电池技术的不断创新和进步。

本书内容均来自锂离子电池智能感测技术一线，注重系统性和实用性，具有较强的实操性。章节结构清晰，涵盖本领域概述和以光纤传感、超声无损检测、电化学阻抗谱测量为代表的锂离子电池智能感测技术原理和应用案例。每章以研究现状综述、技术原理、方法延伸和应用案例为主线，深入浅出地介绍各类感测技术。本书特别强调实践指导,通过案例分析和操作范例,帮助各个基础知识层次的读者深入理解所学知识并学以致用。此外,本书还注重探讨不同章节间的关联性和不同技术间的互补关系,意在为读者提供全面、系统的学习体验。

本书作者对锂离子电池智能感测和管理技术的前沿进展和应用趋势理解深刻,并长期致力于运用相关技术解决锂离子电池应用中的安全性、耐久性和效率难题。读者可以从本书中获取相关技术的实用性指导,并应用到实际工程项目中,从而提高工作效率。作者相信本书的出版可以提供全面的技术介绍、实例分析和实践指导,满足不同类型读者的特定需求,促进锂离子电池技术的进一步发展。

当前,锂离子电池智能感测技术领域的研究机构、高校和企业都在积极开展相关研究和应用探索,但尚未形成明显的主导地位。部分大型电池制造企业和科技公司投入了大量资源进行技术研发,试图在该领域取得突破性进展,例如特斯拉、LG化学、宁德时代等。目前已赋能国家电网、国网中央研究院、宁德时代、广汽等国内合作伙伴。

目前,锂离子电池智能感测技术体系尚未成熟,未来仍将持续发展。限于作者水平,书中疏漏和不当之处在所难免,敬请广大读者批评指正。

作　者

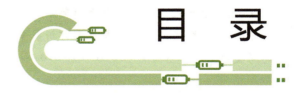

目 录

前言

第 1 章　锂离子电池感测技术概述 ·· 01
- 1.1　引言 ·· 01
- 1.2　电池系统监测与管理综述 ·· 08
  - 1.2.1　状态估计 ·· 10
  - 1.2.2　寿命评估 ·· 14
  - 1.2.3　电池均衡 ·· 18
  - 1.2.4　故障诊断与预警 ··· 21
  - 1.2.5　充电控制 ·· 24
- 1.3　电池多维感测技术 ·· 29
  - 1.3.1　新型感测技术 ··· 29
  - 1.3.2　基于新型感测技术的状态估计 ·· 36
  - 1.3.3　基于新型感测技术的故障诊断 ·· 38
- 参考文献 ··· 39

第 2 章　电池光纤传感技术 ··· 51
- 2.1　引言 ·· 51
- 2.2　测量原理与多变量解耦测量 ··· 52
  - 2.2.1　光纤光栅传感器测量原理 ··· 53
  - 2.2.2　光纤倏逝波传感器测量原理 ··· 54
  - 2.2.3　分布式光纤传感器测量原理 ··· 55
  - 2.2.4　光纤测量发展趋势 ·· 56
- 2.3　锂离子电池光纤传感综述 ·· 58
  - 2.3.1　基于光纤传感的温度监测 ··· 59
  - 2.3.2　基于光纤传感的应变监测 ··· 60
  - 2.3.3　基于光纤传感的电化学监测 ··· 62
- 2.4　光纤传感测量案例分析 ·· 63
  - 2.4.1　光纤光栅测量电池内部温度应变 ·· 63

2.4.2　分布式光纤测量电池内部温度应变 68
　　2.4.3　光纤倏逝波测量电池内部折射率 71
　参考文献 71

第3章　光纤传感在电池测量方面的应用 75
3.1　引言 75
3.2　多尺度力学模型 76
　　3.2.1　电化学模型 76
　　3.2.2　颗粒尺度力学模型 77
　　3.2.3　电极尺度力学模型 79
　　3.2.4　模型验证 80
3.3　基于力学模型的快充策略 81
　　3.3.1　约束应力充电策略 81
　　3.3.2　策略对比 83
　　3.3.3　电池衰退分析 83
　　3.3.4　电池拆解验证 84
3.4　分布式热模型 85
　　3.4.1　产热模型 86
　　3.4.2　多点集总参数热模型 86
　　3.4.3　基于LSTM神经网络的补偿 88
　　3.4.4　级联分布式热模型 91
　　3.4.5　级联分布式热模型验证 92
3.5　温度状态估计与热诊断 95
　　3.5.1　基于级联分布式热模型的观测器设计 95
　　3.5.2　分布式电池温度估计方案验证 96
　　3.5.3　温度异常检测自适应阈值 99
　　3.5.4　温度异常序列修剪程序 103
　　3.5.5　温度异常检测方法验证 105
　参考文献 108

第4章　电池超声无损检测技术 111
4.1　引言 111
4.2　电池超声无损检测技术综述 112
　　4.2.1　透射波检测 112
　　4.2.2　反射波检测 114

		4.2.3 导波检测	115
		4.2.4 超声无损检测技术的比较与总结	115
		4.2.5 其他锂离子原位表征技术	116
	4.3	电池超声无损检测原理与装置	117
		4.3.1 超声检测锂离子电池的原理	117
		4.3.2 超声检测精度	120
		4.3.3 超声检测装置	121
	4.4	电池超声无损检测案例分析	122
		4.4.1 基于超声的电解液浸润检测	122
		4.4.2 基于超声的荷电状态估计和老化评估	122
		4.4.3 基于超声的电池内部结构缺陷和 SOH 检测	124
	参考文献		132

第 5 章 超声无损检测技术在电池上的应用　　135

5.1	引言	135
5.2	基于超声的热参数测量	136
	5.2.1 基于超声技术的电池温度估计原理	136
	5.2.2 电池温度同 ΔTOF_t 的关系	137
	5.2.3 电池热模型的搭建	141
	5.2.4 方波交流脉冲下电极内的锂浓度	143
	5.2.5 超声估计比热容	145
	5.2.6 绝热加速量热仪测量电池比热容	152
	5.2.7 小结	154
5.3	基于超声的析锂诊断	156
	5.3.1 超声诊断锂枝晶的原理	156
	5.3.2 超声诊断锂枝晶的模型	157
参考文献		159

第 6 章 电池电化学阻抗谱检测技术　　161

6.1	引言	161
6.2	电化学阻抗谱技术原理	162
	6.2.1 EIS 技术基本原理	162
	6.2.2 锂离子电池电化学阻抗谱建模	164
6.3	电化学阻抗谱在电池管理方面的应用	167
	6.3.1 荷电状态估计	168

	6.3.2	健康状态估计	168
	6.3.3	温度估计	169
	6.3.4	内部故障检测	170
	6.3.5	热失控预警	170
6.4	电化学阻抗谱检测案例分析		171
	6.4.1	电化学阻抗谱检测电池温度和 SOC	172
	6.4.2	电化学阻抗谱结合等效阻抗模型检测电池析锂	173
6.5	在线/原位电化学阻抗谱技术综述		176
	6.5.1	加装额外激励硬件的研究	177
	6.5.2	信号采样架构	179
	6.5.3	激励条件	181
	6.5.4	基于运行数据的阻抗估计方法	183
	6.5.5	局限性分析	183
参考文献			184

第 7 章 电化学阻抗谱检测技术应用 188

7.1	引言		188
7.2	车载环境原位电化学阻抗谱测量方案设计		189
	7.2.1	整体方案设计	189
	7.2.2	激励产生器和激励分配器设计	191
	7.2.3	电池数据采样系统设计	194
	7.2.4	控制与数据处理算法设计	198
	7.2.5	样机测试	199
7.3	智能电池环境原位电化学阻抗谱测量方法设计		203
	7.3.1	智能电池实验平台介绍	204
	7.3.2	智能电池原位电化学阻抗谱方法设计	204
	7.3.3	智能电池原位电化学阻抗谱方案验证	206
7.4	基于原位电化学阻抗谱的电池析锂诊断		209
	7.4.1	析锂电池制备	210
	7.4.2	在位阻抗测量测试	212
	7.4.3	拆解分析与析锂量化	213
	7.4.4	阻抗特征提取与参数拟合	215
参考文献			217

附录 常用缩写词 219

第 1 章

锂离子电池感测技术概述

1.1 引言

在全球气候变化和资源约束日益严峻的背景下，碳达峰与碳中和已成为国际社会的广泛共识与行动纲领，旨在通过限制人类活动产生的温室气体排放，实现气候稳定与可持续发展。这一宏伟目标对传统能源结构和产业结构提出了根本性变革要求，其中，交通领域的脱碳化尤为关键。作为交通运输体系中的重要一环，汽车行业贡献了全球约 17% 的碳排放量。因而，推动汽车行业的绿色转型，尤其是加速新能源汽车的发展，成为实现"双碳"目标的核心路径之一。

新能源汽车尤其是纯电动汽车以其在使用阶段的零排放特性，被视为汽车减排的有效解决方案。然而，电动汽车的环保效益高度依赖于其动力源——动力电池的性能与可持续性。动力电池技术革新和升级是解锁新能源汽车潜力、推动汽车产业向绿色低碳转型的关键。动力电池作为新能源汽车核心组件之一，其技术进步和创新是推动整个行业发展的核心动力，图 1-1 展示了电池技术自 1799—2020 年的主要发展历程。1799 年，意大利科学家亚历山德罗·伏打发明了铜锌（Cu/Zn）电池，采用铜和锌作为电极，标志着电化学领域的诞生，为后续电池技术的发展奠定了基础。紧接着，铅酸电池技术于 1859 年推出，这些早期电池主要使用水系电解质。从 19 世纪末开始，电池技术迅速发展，1899 年的镍镉（Ni-Cd）电池和 1900 年的镍铁（Ni-Fe）电池相继问世，极大地提升了电池的效率和可靠性。到了 20 世纪 70 年代，1972 年锂金属（Li-metal）电池和 1990 年锂离子电池的出现，标志着电池技术的一个重要飞跃，这些高效电池使用基于有机化合物的非水系电解液，显著提高了电池的能量密度和循环寿命。进入 21 世纪，固态电解质因其优越的安全性和性能潜力开始受到广泛关注，不仅避免了液态电解液的泄漏和火灾风险，还能显著提升电池的能量密度和充电速度，预示着电池技术的发展新机遇与潜力。电池技术的革新不仅加速了电动汽车和可再生能源存储系统的进步，也为全球能源解决方案的发展开辟了新的可能性。

随着电池技术的成熟和电动汽车技术的日益完善，新能源汽车产业链得到了深入发展，市场对各类高效、高安全性电池的需求不断增加，推动了新能源汽车市场的快速扩展，有效地支持了我国汽车产业的绿色转型和升级。2023 年，全球锂离子电池出货量占比中，汽车动力电池总体出货量为 1206.6GW·h，同比增长 25.6%，并且我国 2023 年新能源汽车销量达到了 727 万辆，新能源汽车的渗透率已经达到了 33%，这意味着每三辆汽车中就有一辆新能源汽车。与此相呼应的是我国新型储能累计装机量，如图 1-2 所示，同比增长 163.89% 达到了 34.509GW，随着碳中和目标的推进，动力电池市场规模将继续扩大。

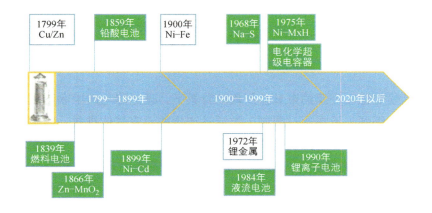

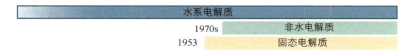

图 1-1 电池技术发展历程

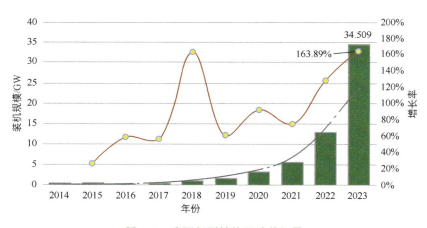

图 1-2 我国新型储能累计装机量

全球各国在推动新能源汽车产业发展方面采取了多种政策支持措施，见表 1-1，欧盟通过《绿色协议》和相关立法，设立了《新电池法》，并计划在 2027 年全面实施以推动电动汽车产业的发展，启动 IPCE 电池项目，提供 61 亿欧元的政府补贴以及 140 亿欧元的私人投资，要求到 2030 年实现 40% 的关键原材料加工在欧盟内进行，并提升关键材料的回收比例。此外，美国也在通过立法和财政政策支持新能源汽车的发展。通过《通胀削减法案》（IRA），美国提供税收优惠和直接补贴，计划在2023—2032年期间推行新能源汽车发展政策，并推动本土电池制造业的发展，预计到2027年将有80%的电池关键材料需从美国或自由贸易协定国家采购。泰国推出了"30·30"政策，目标是到2030年实现新能源汽车销量占新车销量的30%。为此，泰国政府提供了29亿泰铢的补贴计划，以支持电动汽车和电池的本地化生产。与此同时，印度尼西亚也通过一系列政策吸引外资，推动本地化电池生产，设定了2025年新能源汽车市场占有率达到20%的目标，并提供企业所得税减免和其他财政支持措施，例如，对购买本地生产40%及以上的电动车动力电池的车辆，其销售增值税将从11%减少至1%。越南在2022年发布了电动汽车政策，颁布了03/2022/QH15号法案，通过税收减免和补贴等方式，推动电动汽车市场的发展。从2022年3月起，越南电动汽车将在三年内免交注册费。各国的政策措施，为全球新能源汽车产业的发展提供了强有力的支持，加速了新能源汽车的普及和应用，促进各国在新能源汽车领域的技术创新和市场竞争力的提升。

表 1-1 不同地区针对新能源电池的政策和要求

地区	法案	政策性支持	本地化要求
欧盟	《新电池法》《关键原材料法案》《净零工业法案》	IPCE电池项目，61亿欧元的政府补贴和140亿欧元的私人投资	2023年，10%以上关键原材料提取、40%关键原材料加工、15%的关键原材料回收来自欧盟内部；2030年，至少40%的清洁技术要求在欧洲本土制造
美国	《通胀削减法案》（IRA）、《两党基础设施法案》、《美国国家锂电发展蓝图（2021—2030）》	IRA中涉及运输及电动车领域的补贴共计234亿美元，通过《两党基础设施法案》中相关政府投资额超过1350亿美元	自2023年40%到2027年80%的电池原材料从美国或FTA的国家提取或加工，自2023年50%到2029年100%的电池关键组件在北美生产或组装
泰国	"30·30"政策	29亿泰铢的补贴计划预算，大幅降低消费税。对汽车厂商实现一种以上的电动汽车零部件（电池、电机或者自控器）实现免征公司税	企业须在泰国设立纯电动车工厂，并在2025年底前在泰国生产数量与其进口量相等的电动车
印度尼西亚	新能源和可再生能源法案	电动车企业可免50%~100%企业所得税，对配备印尼本地化率≥40%的电池的电动汽车，销售增值税从11%消减至1%	印度尼西亚本土制造的新能源汽车可获得每辆约17800元人民币奖励，电动摩托车可获得每辆约3563元人民币奖励
越南	03/2022/QH15号法案"特殊消费税法"	减少购置税，从2022年3月起，电动汽车将在三年内免交注册费	

从新能源汽车市场的广阔前景来看，动力电池的技术创新和应用潜力巨大，将在实现"双碳"目标中发挥重要作用。不同类型的电池技术将在不同的时间节点上实现市场化应用，推动新能源汽车的性能提升和成本下降。图1-3展示了未来电池技术应用的发

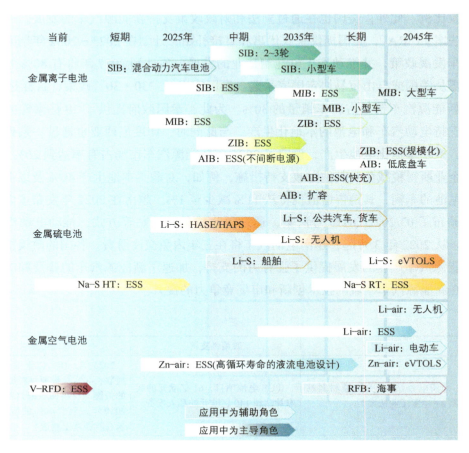

图 1-3 电池技术应用的发展路线图

展路线图，涵盖了从当前到 2045 年的短期、中期和长期发展目标，以及不同类型电池在各个阶段的应用前景，展示了每种电池的研发和应用时间线。对于金属离子电池，当前和短期内（到 2025 年），钠离子电池（SIB）将主要应用于储能系统（ESS），并在中期（到 2035 年）扩展到小型车的应用，展示了其在未来交通领域的巨大潜力。镁离子电池（MIB）在短期内也被列为储能系统的重要组成部分，并将在中期进一步扩大其应用领域。铝离子电池（AIB）显示出在不同时间段内的多样化应用，特别是在中期储能系统中发挥重要作用，预计到 2045 年将实现低底盘车的大规模应用，例如公交车和轻轨列车。另外，金属锂硫电池（Li-S）在短期内主要用于高空长航时无人机（HASE）和高空平台系统（HAPS），到中期将扩展到船舶、无人机和货车的应用。这表明锂硫电池在中期将显著提升其能量密度和循环寿命，从而满足高能量需求的长距离运输和航空航天应用。到 2045 年，锂硫电池将进一步应用于电动垂直起降飞行器（eVTOLS）和其他高要求的交通工具。钠硫电池（Na-S）在短期内应用于储能系统，中期也主要在储能系统中发挥作用，并逐步向规模化生产发展。对于金属空气电池的发展，目前还处于研究初期阶段，但其在中期的研发方向也将集中在储能系统和高性能应用上。锂空气电池（Li-air）在中期内的应用集中在储能系统，并将在长期扩展到无人机和电动汽车等领域。锌空气电池（Zn-air）在短期内也将进入储能系统，未来将通过设计高循环寿命的电池应对高负荷应用场景，最终在2045年应用于eVTOLS。钠空气电池（Na-air）对于钒氧还原液流电池（V-RFD），它在短期内主要用于储能系统，并将在未来进一步优化和应用。在未来的能源储存和交通工具中，各种新型电池将发挥越来越重要的作用。从短期的储能系统，到中期的交通工具应用，再到长期的高性能需求，每一步发展都离不开技术的不断创新和市场的推动。这些技术将显著提升电动汽车的续航能力和安全性能，并推动整个新能源汽车产业的升级发展。

然而，尽管市场前景看好，新能源汽车的安全问题却日益引起关注。安全事故主要可分为四类：充电相关事故（如充电桩起火、充电控制策略不当等）、IP防护等级不达标导致的事故（如淋雨、泡水等）、碰撞相关事故（如横向变形、纵向变形、托底导致的变形等），以及近年来关注的热点问题——热失控和热扩散（如材料缺陷、制造缺陷、使用中的损伤等）。综合来看，这些事故具有季节高相关、诱发原因模糊、电池高相关和静置自燃比例增加的特点。数据显示，电池故障是新能源汽车起火事故的主要原因，占比32.97%，充电状态起火占27.47%，而停置中起火的比例在快速增加，已达38.46%。动力电池失效起火的原因主要包括电池滥用（机械、电气和热滥用）和电池内部因素（如高能量密度材料的热稳定性较低等）。图1-4显示了动力电池在不同应力（机械应力、操作应力和热应力）下可能出现的热失控及其相关反应和影响。机械应力包括针刺、压力和冲击。这些机械应力可以导致隔膜破损、颗粒破碎和电池内部短路。例如，针刺和压力会直接破坏电池隔膜，造成内部分隔材料失效，进而导致内部短路和热失控。冲击则可能引发颗粒破碎和树突生长，这些物理变化同样会导致内部短路。此外，这些机械应力会导致电池内部产生气体进而压力升高，进一步增加电池爆炸和起火的风险。操作应力低于最小荷电状态时，电池内部可能发生析锂现象，导致锂枝晶生长，最终引发内部短路。超过最大荷电状态则可能导致电极材料结构发生改变，同样引起内部短路。电池在使用过程中会逐渐老化，内阻增加，这会导致电池在充放电过程中发热量增加，进一步引发热失控。短路是操作应力中最直接的威胁，它不仅会迅速升高电池温度，还会导致大量热量集中释放，引发一系列放热反应。热应力主要包括内部热量增加（Q_{gen}）和热量释放减少（Q_{diss}）。当电池内部产生的热量增加或者散热效果不佳时，电池温度会上升，最终可能导致热失控。热失控是一种危险的状态，它会引发电池内的放热反应，使电池温度急剧上升，进一步加剧热失控。这种情况下，电池内部的有机电解液和其他材料会发生化学反应，产生大量气体和热量，导致电池爆炸或起火。在这三种应力的共同作用下，电池内部的温度和压力不断升高，最终可能引发一系列严重后果。电池内部的放热反应会导致电池温度迅速上升。如果不及时控制，这些反应将进一步引发热失控，导致电池爆炸或起火。此外，电池内部的材料与气体喷射会增加爆炸的破坏力，使得事故影响范围扩大，造成更严重的损失。

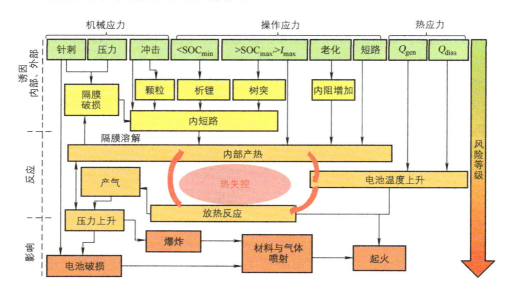

图1-4 动力电池热失控及相关反应

在动力电池技术中，锂离子电池凭借其高能量密度、长寿命和轻量化的优点，已广泛应用于便携电子设备、电动汽车以及储能系统中。作为当前最主流的电池类型，锂离子电池不仅在消费电子产品中占据重要地位，更在推动电动汽车产业和可再生能源储能系统方面发挥关键作用。

锂离子电池基本组成包括正极、负极、电解液和隔膜。正极通常采用三元材料、钴酸锂、磷酸铁锂等，负极则采用石墨材料。电解液是连接正负极的重要组成部分，通常由有机溶剂和锂盐等组成，其主要功能是提供离子导电的介质。隔膜则是位于正负极之间的绝缘材料，其主要功能是防止正负极直接接触，并提供离子导电的通道。在充放电过程中，锂离子通过电解液的输运作用，穿过分隔膜从正极材料脱离并嵌入负极材料，或者从负极材料脱离并嵌入正极材料。这个过程被称为嵌入–脱嵌反应，是锂离子电池的核心电化学反应。通过这种嵌入–脱嵌反应，锂离子在充放电过程中在正负极材料之间来回移动，实现了能量的存储和释放。在充电过程中，锂离子从正极材料脱离，并在电解液的作用下穿过隔膜，最终到达负极材料并嵌入其中。这个过程导致正负极之间形成锂离子浓度差异，从而产生电位差，使电子在电路中流动，电池便储存了能量。相反，在放电过程中，锂离子从负极材料脱离，并通过输运作用嵌入正极材料中。这样，电池释放出之前存储的能量，从而提供电力供应。需要强调的是，在正常的充放电工作中，锂离子在电池内部进行定向移动，完成脱嵌–嵌入的过程。正负极材料本身并不发生化学反应变化，它们的主要功能是提供电子传导和锂离子嵌入脱出的通道。正负极的电化学反应为锂离子的定向移动提供必要的电子流和能量变化。

锂离子电池的高能量密度是其最引人注目的优点之一，与传统的镍镉电池或镍氢电池相比，锂离子电池能在更小的体积和更轻的重量下提供更多的电能。具体而言，锂离子电池的能量密度一般在 200～300W·h/kg，而铅酸电池的能量密度通常不超过 100W·h/kg。这一特点使得锂离子电池特别适合用于需要轻便且持久电力的现代电子设备和电动车辆。锂离子电池的使用寿命也是其另一大优势。这种电池能够承受数千次的充放电循环而不会显著退化。在正常使用条件下，锂离子电池通常可以维持 300～500 个完整的充放电周期，而且在这些周期之后，电池通常还能保持 70%～80% 的原始容量。这一特性大幅度减少了电池更换的需求频次，促进了电子废弃物的减少，对环境保护意义重大。

然而，随着锂离子电池的广泛使用，其性能与安全性问题也愈发受到关注。锂离子电池在工作过程中可能会因过充电、过放电、温度过高等原因引发一系列安全隐患，如热失控、析锂等，这不仅威胁用户安全，还影响设备的正常运行。锂离子电池的使用条件包括循环周期、高温环境、低温环境、过充电、过放电、过高倍率、外界挤压、穿刺、外部短路以及两极反接等。这些条件对电池的性能和寿命产生显著影响。在循环周期方面，电池经过多次充放电循环后，活性材料结构会发生变化，导致电池容量逐渐减小。高温环境下，活性材料会相互聚集，电解液会分解，甚至会引发热失控，导致电池内部压力增加，出现产气现象。低温环境则会导致电解液黏度增大和导电性降低，锂离子在电极材料中的扩散速率减慢，最终导致内阻增加和极化效应加剧。过充电和过放电是电池使用过程中需要严格避免的两个极端情况。在过充电状态下，电池中的锂离子可能无法完全嵌入负极材料中，导致锂金属在负极表面析出，形成锂枝晶。这些枝晶会刺穿隔膜，造成内短路，存在起火或爆炸的风险。过放电会使电池内压升高，正负极活性物质可逆性受到破坏，即使充电也只能部分恢复，容量也会有明显衰减。两者都会加速电池老化，缩短其使用寿命。过高倍率放电会导致集流体的腐蚀和溶解，导电剂的失效，电解液的快速消耗，最终导致电池的内阻增加和功率降低。外界挤压和穿刺会直接损坏电池的隔膜，导致内部短路，引发热失控和自放电，甚至可能引发电池的起火和爆炸。外部短路和两极反接都会造成电池内部的大电流，通过电池内部电阻产生大量热量，引发热失控，导致电池失效。

这些使用条件通过一系列失效机制导致锂离子电池失效，包括活性材料结构变化、活性材料相变、活性材料破裂、过渡金属溶出、体积膨胀、固体电解质界面（Solid Electrolyte Interface，SEI）膜的生长和分解、电解液的消耗和分解、集流体的腐蚀和溶解、导电剂失效、黏结剂失效以及隔膜的老化和失效。进一步引发一系列失效现象，包括容量衰减、寿命衰减、功率衰减、内阻增加、电压降低、产气、热失控、自放电和倍率性能的下降。

因此，为了确保锂离子电池的安全性，优化电池管理系统和提升电池传感监测维度以准确感知电池安全状态成为亟待解决的问题。通过全面、实时和智能的监控手段，可以有效预防电池失效风险，确保电池在使用过程中的安全和可靠性，从而推动新能源汽车的普及应用，并为实现碳中和目标提供坚实的技术支撑。优化电池管理系统不仅包括提升电池的监测精度，还涉及数据分析、故障预测和智能控制等方面，通过综合运用新型传感器技术，实现对电池状态的精确监控和管理，及时发现潜在问题并采取预防措施，保障动力电池的高效、安全运行，推动电池管理系统的发展，为新能源汽车行业的可持续发展提供重要支持。

1.2　电池系统监测与管理综述

电池管理系统（BMS）一直是一个值得深入研究的广阔领域，孕育了无数的算法和系统设计方法。电池管理系统依靠测量的电流、端电压和温度来完成状态估计、寿命评估、状态均衡、故障预警的任务，对电池使用的安全性和使用寿命至关重要。随着大量电池运行数据的可用性，基于数据驱动的电池管理算法正在成为一种有效的解决方案。

由于锂离子电池在较长的使用寿命内能够高效地实现更好的性能，必须特别注意其工作条件，以避免任何物理损伤、老化和热失控等故障。一个高效的电池管理系统通过精准监控电池实时运行数据，利用故障诊断算法，可以有效避免这些故障的发生。传统BMS由多种组件构成，例如传感器、控制器、执行器等，由多种模型、算法和信号控制，大体可分为硬件结构和软件模块。

BMS的硬件部分是确保电动汽车电池安全、稳定、高效运行的关键组件，BMS中包含了各种复杂的传感器和电子元器件。电压监测是电池监控模块的基础功能之一。电池组由多个电池单体串联或并联组成，每个单体的电压状态直接影响整个电池组的性能和安全性。电压传感器实时测量每个电池单体的电压，确保其在预设的安全范围内运行。其次，温度监测对于电池的安全运行至关重要。温度传感器分布在电池组的各个关键部位，实时监控电池的温度变化。通过温度监测，可以及时调整热管理模块，如风冷或液冷系统，保持电池在最佳工作温度范围内。电流监测同样也是电池监控模块的重要组成部分。电流传感器测量电池的充电和放电电流，防止电流过大对电池造成损害。同时，电压、电流和温度监测数据还用于荷电状态和健康状态的估算，为BMS提供必要的数据支持。一些研究人员还提出了用电化学阻抗谱理论来监测电池单体阻抗[1]，用压力传感器检测电池内部气压[2]，用倾斜光纤光栅探测电解质浓度变化等多维检测方法[3]。从各种传感器采集到的电池数据，传输到微控制器中，利用微控制器包含的多种智能算法和控制策略对数据进行处理和分析，得到电池的各种状态参数。通过CAN总线、LIN

总线或其他通信协议将电池状态传输到车辆的其他电子控制单元，实现信息交换。然而，昂贵的设备成本和电池狭小的内部空间限制了获取电池基本参数外高精度数据的能力。

软件是 BMS 的核心，其控制着硬件的运行，利用传感器采集到的数据做出合理的决策。电池平衡控制、开关控制、安全电路设计均由 BMS 的软件模块控制。软件模块还执行在线数据分析，以持续监测电池的状态，这是电池能否安全运行的关键因素。电池状态估计包括荷电状态估计、健康状态估计、剩余寿命估计和能量状态估计。它们根据各种模型和算法监测电池的运行状态与性能[4]。电池荷电状态和能量状态使用电压、电流估算，电池健康状态是根据与容量衰减和功率衰减有关的电池性能下降来估算的[5]，剩余寿命状态利用电池循环容量进行估计。为了保证电池工作效益最大化，应避免对电池过度充电或过度放电，因此需要对电池单体进行均衡，使电池之间的荷电状态尽可能接近。为了识别电池运行过程中的异常，还需要一个故障诊断模块，利用存储的历史数据进行分析，并在发生故障之前提供警报信号。用户将通过用户界面获得所有必要的信息，这些信息将显示在用户终端上。

电池管理系统框架如图 1-5 所示，操作细节在各个模块中描述。采集模块将每节电池的电压、电流和温度转换为数字信号，并进行存储。这些参数用于估计电池当前的运行状态。根据当前状态参数，电池均衡模块可以对电池进行不一致性分析，控制电池进行充放电，以限制电池过充电、过放电异常。同时添加故障诊断模块以增强系统的安全性。热管理模块监测温度用于控制风扇和加热器，以确保电池在最佳温度范围内运行。最后，实时的状态参数将通过受控收发器模块输入、输出到显示终端和整车控制器中，与整车实现信息交互，因此需要高效、高速的受控收发器设备来发送和接收大量数据。

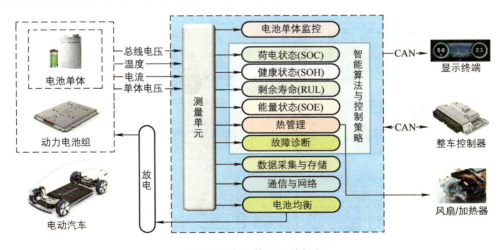

图 1-5　电池管理系统框架

随着大数据和人工智能的飞速发展和电动汽车市场的快速扩张，电池大数据现已可用，各种应用场景下覆盖整个生命周期的大数据对未来的电池管理非常有价值，大数据平台和相关基础设施的兴起使得获取和存储大量电池数据以供深度学习和分析成为可能。数据驱动的健康评估和预测方法因其灵活性和无模型性的优势，正在成为技术发展的趋势。通过机器学习和深度学习算法，BMS 可以实时监测电池的荷电状态和健康状态，并预测电池的剩余使用寿命[6]。例如，基于历史数据和实时数据的分析，人工智能模型能够识别电池的衰退模式，预警潜在的故障风险。同时人工智能模型还可以根据环境温度和电池使用情况，动态调整冷却和加热策略，确保电池在最佳温度范围内工作。此外，基于深度学习算法提取电池历史数据中的高阶特征，识别电池系统中的异常行为和故障，通过模式识别和异常检测，可以快速定位问题并提供维护建议，减少故障排除时间和维护成本。大数据和人工智能在电池管理系统中的应用，为电池的高效、安全、长寿命的管理提供了强有力的技术支持，推动了电动汽车产业的快速发展。然而，基于大数据驱动的管理系统需要解决一些问题，例如数据质量的提高、海量数据的传输、数据挖掘方法、网络安全和平台技术等。同时，系统内部的硬件模块也应对应升级更新，以获得更高维度的数据和更快速的传输速率。

1.2.1 状态估计

在高性能电池管理系统中，只使用简单的传感技术（如电流、电压和温度传感器）监测电池状态是不够的[7]。因此，在实际应用中，如何有效地估计锂离子电池内部状态变得至关重要。随着机器学习和计算技术的迅速发展，众多研究者已经开发了基于数据驱动的方法来估算各种电池状态[8]。通常，关键的电池内部状态包括荷电状态、能量状态、功率状态、温度和健康状态，如图 1-6[9] 所示。

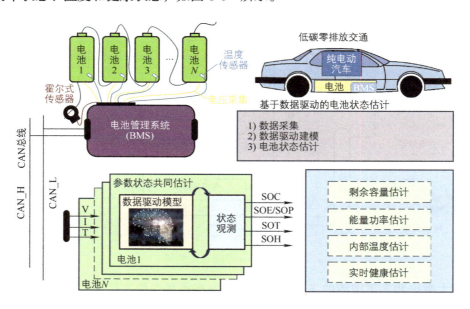

图 1-6 基于数据驱动的状态估计方法

值得注意的是，由于快速变化的电化学参数，荷电状态、能量状态和功率状态在短期时间尺度上变化较大[10]。相比之下，由于锂离子电池的传热特性，电池温度的变化速度较慢，具有中期时间尺度水平。此外，随着锂离子电池在整个寿命中容量衰减和内阻增加的缓慢发生，电池的健康状态呈现出长期时间尺度特性。

1. 短期时间尺度内的状态估计

在灵活性和无需机制的优势下，基于数据驱动的方法已经广泛应用于在短期时间尺度内估计电池状态，包括荷电状态、能量状态和功率状态[11]。对于电池荷电状态估计，已通过机器学习方法（如深度神经网络[12]、支持向量回归器[13]和极致梯度提升树[14]）来得出适合的数据驱动模型，以实现有效的电池荷电状态估计。同时，一些数据驱动方法也被开发用于估计电池能量状态。例如，基于小波神经网络模型和粒子滤波器估计器，可以快速而准确地估计电池的能量状态[15]。在量化电池的荷电状态和能量状态之间的关系之后，基于双遗忘因子的自适应扩展卡尔曼滤波器被提出，用于在不同电池的动态工作条件下有效地联合估计电池荷电状态和能量状态[16]。Ma 等[17]提出了一种基于长短期记忆深度神经网络的数据驱动方法，以实现电池荷电状态和能量状态的联合估计，其精度和鲁棒性优于支持向量回归、随机森林和简单循环神经网络。

电池功率状态估计的数据驱动方法仍然存在限制[18]。功率状态估计归结为在某些物理约束条件下确定电池的最大功率[19-21]。因此，功率状态估计可以直接用于锂离子电池的快速充电[22, 23]。关于数据驱动的功率状态估计的典型研究可参考文献 [24]。该研究提出了一种基于 softmax 函数的神经网络的策略来估计电池功率状态。人工智能方法，如动态规划[18]和深度强化学习（DRL）[25-27]，也被用于锂离子电池最大功率的确定。Wei 等[28]利用电热老化模型生成数据并使用深度确定性策略梯度算法求解多约束条件下的最大功率。在类似的框架内，Yang 等[29]提出了一种软行动者-批评家-拉格朗日算法，以获得满足物理约束的最大充电电流。基于 DRL 的最大功率估计的通用框架如图 1-7 所示。然而，如果有足够的电池数据可用，基于深度强化学习的估计器可以纯粹是数据驱动的[30]。在这种情况下，包含大量电池数据的数据池充当"真实世界环境"，以便减轻建模的工作量。

2. 中期时间尺度内的状态估计

锂离子电池对工作温度极为敏感，准确监测电池温度至关重要。然而，大多数热管理系统仅测量电池表面温度，这远远不够。事实证明，尤其是在面临高工作电流和快速负载变化时，电池内部温度远高于表面温度。电池的实际空间结构限制阻碍了内部温度的直接测量，为了提高锂离子电池系统的可靠性和耐用性，文献中研究了基于数据驱动策略的电池温度估计方法[31]。利用电池等效电路模型和二维网格长短期记忆网络的神经网络模型联合估计电池内部温度，能够充分发挥各自原有优势。等效电路模型利用测量的电压、电流和温度等物理参数来估计电池内部的总发热量，再使用总发热量和神经网络模型估计电池内部的内部温度。

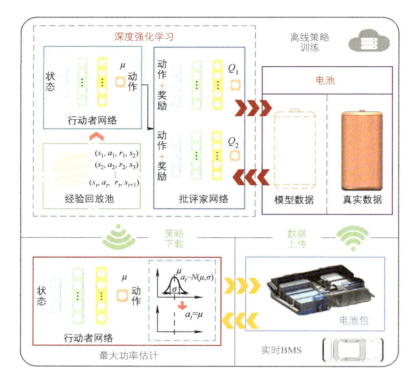

图 1-7　基于 DRL 的最大功率估计的通用框架

此外，电池状态和内部温度联合估计模型框架如图 1-8 所示，通过电化学 – 热 – 神经网络模型与无迹卡尔曼滤波器结合，共同估计电池荷电状态和内部温度[32]。这种结合方法不仅可以同时估计电池的荷电状态和内部温度，还能够提供更加准确和稳定的监测。一种结合径向基函数神经网络和滤波器的数据驱动方法被运用于估计内部温度，这种方法相较于传统的线性神经网络模型表现出更高的鲁棒性和精度[33]。径向基函数神经网络在处理非线性关系和复杂数据模式方面具有优势，能够更好地捕捉电池内部温度变化的动态特征。此外，有专家学者提出了一种结合长短期记忆网络和迁移学习的数据驱动方法，用于在各种电流配置下估计锂离子电池的内部温度[34]。长短期记忆神经网络由于其擅长处理时间序列数据，所以能够有效捕捉电池温度变化。迁移学习允许模型在不同的电池和使用场景之间迁移，从而拥有较高的模型泛化能力和应用范围。

纵观现有的研究，越来越多的证据表明，机器学习技术在估计电池温度时具有显著优势，尤其是它们不依赖于复杂的热特性描述。传统的基于物理模型的方法往往需要精确描述电池的热力学特性和复杂的数学建模，而机器学习方法通过从大量历史数据中学习模式和关系，能够在不了解系统内部机理的情况下，提供高精度的温度估计。尽管如此，单独依赖数据驱动方法可能在某些极端工况或数据不足的情况下表现不佳。因此，将机器学习技术与基于模型的方法结合起来，可能是提高温度估计性能的趋势。这种混合方法能够在利用物理模型提供基本结构和物理约束的同时，借助机器学习技术提升预测精度和应对复杂工况的能力[31]。

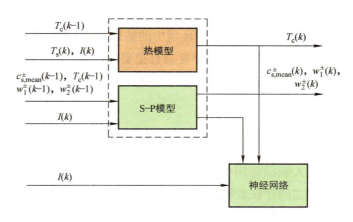

图 1-8　电池状态和内部温度联合估计模型框架

3. 长期时间尺度内的状态估计

电池健康状态的评估是电池管理和维护的关键部分，因为电池的性能和寿命直接影响着电池应用系统的可靠性和性能。然而，电池健康状态的准确评估并不是一项简单的任务，因为电池健康状态属于变化缓慢的状态，并受许多老化因素的影响[35, 36]。通常情况下，健康状态可以通过容量和内阻两个因素来表征，而这些特征的具体意义则取决于特定的应用场景[37]。由于这些因素与健康状态之间的关联是高度非线性的，所以人们提出基于数据驱动的解决方案。直接使用电池管理系统的测量值进行估计的方法具有优势，无须烦琐的数据预处理。Roman 等[38]通过结合参数化和非参数化算法，开发了一个机器学习管道用于电池健康状态估计。Tang 等[39]建立了一个基于平衡电流比的数据驱动解决方案来估计状态，减少了对单体级模型的依赖性。为了解决数据质量差和数量少的风险，Bamati 和 Chaoui[40]开发了一种用于电池健康状态估计的具有外生输入的非线性自回归循环神经网络。

增量容量分析和差分电压分析也被广泛用于锂离子电池老化分析和健康估计。差分电压分析方法的一个挑战是很难识别电压差分曲线中的峰值和谷值[41]。相比之下，增量容量分析方法将电压平台转换为可观察的峰值。具体来说，随着时间的推移，增量容量的峰值和谷值的变化可以反映锂离子电池的老化机制，如锂库存的损失和活性物质的损失。因此，增量容量曲线的特征可以被用作健康指标来估计电池的健康状态。该方法将健康指标直接映射到容量衰退[42, 43]，随后使用融合算法，如高斯过程回归[44]和贝叶斯模型[8]来实现锂离子电池老化分析和健康估计。

增量容量分析方法的一个主要难题是需要完整的恒流充电，这在真实环境中很难实现。这是因为无论是电动汽车还是储能系统，典型的锂离子电池系统通常在耗尽到非常低的荷电状态（SOC）之前都会进行充电。为了解决这一障碍，Wei 等[45-47]提出了一系列依赖于部分充电数据的估计方法，这些方法适用于众多场景。它们可以从恒流充电[45]、恒流-恒压瞬态阶段[46]和早期恒压充电阶段[47]获取数据实现电池健康状态评估。此外，文献中还利用迁移学习来提高在实际复杂环境中的估计性能[48]。

综上所述，电池健康状态评估是一个复杂且重要的问题，对于电池应用系统的性能和可靠性具有重要意义。随着数据驱动方法等技术的不断发展和进步，未来电池健康状态评估会逐步提升和完善。

4. 未来趋势

在典型的电池储存应用中，数百甚至数千个电池单体被串联和并联连接，以满足高功率和能量的需求。在大规模应用中，由于电池单体之间的制造差异、使用历史和环境条件等因素，电池单体之间存在着明显的不一致性，使得数据驱动的状态估计难以实际应用。例如，在电动汽车的第一轮应用中，当电池组已经到达寿命终点时，组内的电池单体需要进行分类和重新分组，以进行进一步的梯次利用。梯次利用的一个主要挑战是快速准确地估计数百/数千个电池单体的状态，以便将它们有效地重新分组，最大限度地利用其剩余寿命。这需要克服不一致性带来的挑战，确保对每个电池单体的状态进行准确评估。随着退役电池数量的显著增加，电池的梯次利用变得越来越重要。报告显示，到 2030 年，从电动汽车中退役的锂离子电池的数量将超过 1200 万 t[49]。在这种情况下，开发合适的基于数据驱动的解决方案至关重要。这些解决方案需要能够提取电池单体之间状态不一致性的信息，并利用有限的测量数据准确快速地估计电池状态。这可能涉及先进的数据分析技术，如机器学习、深度学习和优化算法，以及精确的传感器和监测系统的使用，以实现对大规模电池系统的高效管理和运营。

1.2.2 寿命评估

电池老化过程的分析与理解是准确估计电池健康状态和预测剩余寿命的关键。目前，已经有大量研究分析了锂离子电池的老化过程，其机理如图 1-9 所示。这里总结了常见的电池老化模式以及影响电池老化的主要加速应力。锂离子电池的衰退模式主要可以分为两类。第一类是锂离子的损失。锂离子损失通常是由一些副反应引起，例如固体电解质界面膜的形成与分解，电解液的分解和金属锂的析出。这些副反应不可逆地消耗了活性锂离子，使其不能再参与后续的充放电过程，主要体现为电池的容量衰减。第二类是活性物质的损失。由于正负极材料的不同，活性材料的损失通常分为负极的活性物质损失和正极的活性物质损失，主要由机械应力或化学反应导致的石墨电极的剥落、黏合剂的分解、集电器的腐蚀以及电极颗粒开裂引起。活性物质的损失不仅会影响电池的容量，还会造成电池功率性能的衰减。

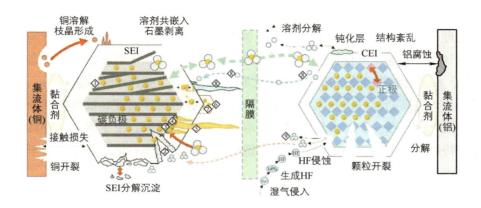

图 1-9 锂离子电池老化过程机理

随着存储时间的延长，电池内部会发生变质导致性能衰退，这种老化行为被称作日历老化，这种情况下电池的寿命被称作日历寿命。高荷电状态和高温是导致电池日历寿命减少的主要原因。高荷电状态时，金属正极含锂量较低，此时，电池的化学驱动力让电池可以产生更高的电压，也让锂离子能够更容易地嵌入正极。但是，这种化学驱动力增加了正极发生电解质分解和正极分解的可能性。试验证明，电池在小于 50% 荷电状态存储时，NMC 和 LMO 电池的容量衰退均相对较小，而在 75% 和 100% 荷电状态储存时，锂离子的损失和正极活性物质的损失明显高于其他荷电状态条件，并且高温对日历老化的影响主要体现在副反应速率上[50]。

电池的循环老化指的是电池在充放电工况下发生的老化行为。在电池的整个寿命周期内，日历老化和循环老化同时进行。相比日历老化，循环老化受到更多因素的影响，如高低温环境、充放电倍率、放电深度等。这些因素与电池的老化具有很强的非线性关系，这也使准确模拟电池的老化过程变得相当复杂。

电池未来老化趋势的预测，如未来容量衰退趋势或电池寿命，对于确保高性能电池运行至关重要，如图 1-10 所示。鉴于其重要性和必要性，研究者已经开展了大量工作，开发了基于数据驱动的方法，从而合理预测电池未来的老化情况[51]。电池未来容量衰退趋势指的是电池容量衰退的未来轨迹，而电池寿命则是指电池在特定工作条件下达到其终端寿命的时间。捕捉未来的容量衰退轨迹可以帮助更好地理解锂离子电池的老化过程，并有助于在电池充放电早期阶段实现高效运行[52]。同时，准确的寿命预测可以节省制造阶段后期的测试资源，并减轻使用阶段的利用焦虑。

1. 老化趋势的预测

越来越多的研究采用机器学习技术，基于实验室和实际运行条件下收集的数据，来预测锂离子电池的未来容量衰退轨迹。Liu 等[53] 提出了一种基于转移递归神经网络的方法，用于预测在可知和未知存储条件下的日历老化。Hu 等[54] 开发了一种数据驱动模型，用于锂离子电池的健康状态预测,实现了领域知识和数据的完美结合。尤其是在结合电池内部物理和化学知识的情况下,模型能够更好地反映实际使用中的电池衰退特性。这种数据与知识的结合,不仅提升了模型的预测精度,还增强了对电池健康状态变化的理解。此外,在将电池的电化学知识(如阿伦尼乌斯定律等)整合到机器学习中后,Hu 等[44]提出了一种改进高斯过程回归模型。该模型能够在各种操作温度和放电深度条件下预测电池的老化轨迹,在一步和多步预测中均取得了满意的结果。由于老化轨迹具有较强的时间序列特性和较大的不确定性,因此首选能够存储时间序列信息并提供概率能力的机器学习方法[55]。

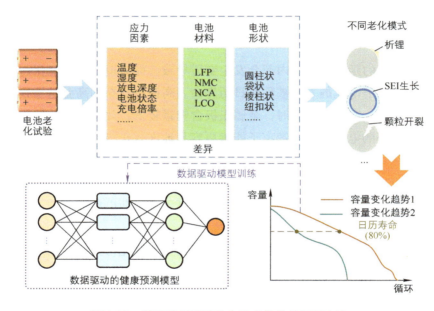

图 1-10　基于数据驱动的电池老化趋势预测方法

机器学习技术在锂离子电池老化趋势轨迹预测中发挥了重要作用。通过融合试验数据和实际使用数据、整合电池电化学知识,研究人员能够开发出更加精确和可靠的预测模型。这不仅有助于延长电池寿命,优化电池管理系统,还为电动汽车、储能系统等领域提供了重要的技术支持。

2. 电池寿命的预测

近年来,锂离子电池寿命预测的研究取得了显著进展。电池寿命预测的核心在于对老化机制的深入分析,以提取与电池寿命相关的有用特征。通过采用多种表征技术,如阻抗谱分析和库仑效率测量,研究人员利用获取到的测量数据,从中提取出有价值的特征。这些特征反映了电池在不同条件下的老化行为,并为进一步的寿命预测提供了基础。根据最近的研究[56],电池寿命的预测取决于对老化机制的分析,以提取与电池寿命相关的有用特征[57]。为实现这一目标,人们采用了表征技术来获得有用的特征参数,例如阻抗谱分析[58]和库仑效率[59]等。随后，采用机器学习和统计方法来搭建合适的数据驱动模型，建立特征与电池寿命之间的映射关系。Aitio 等[60]开发了一种基于概率数据驱动的方法来诊断电池健康状况。Schofer 等[61]基于符号回归开发了一种机器学习方法，用于锂离子电池的寿命预测。该框架能够从电池老化数据中推断出具有物理可解释性的模型，而且无需专业领域知识。Du 等[62]设计了一种基于长短期记忆网络的方法来预测电池寿命。对不同数据集的一致性评估表明，所提出的模型在少于十个周期的寿命预测中具有很强的可扩展性。Liu 等[63]提出了一种结合长短期记忆网络和高斯过程回归的数据驱动模型，如图 1-11[64]所示，适用于多步预测和早期寿命预测。

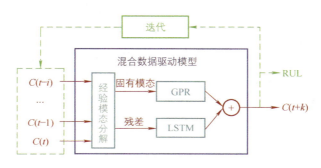

图 1-11 基于长短期记忆网络和高斯过程回归的混合数据驱动寿命预测模型

3. 未来趋势

尽管数据驱动方法和机器学习算法成功用于预测锂离子电池的未来老化趋势和寿命，但这些算法的精度很大程度上取决于训练数据的质量，而锂离子电池复杂的工作条件对其在实际应用中的可靠性提出了挑战，因此仍有许多方面需要探索。

（1）早期电池寿命预测　早期寿命预测旨在仅利用电池早期循环数据来预测锂离子电池的未来寿命，而在这些周期中显然老化较少。尽管在早期阶段获取电池寿命对预测锂离子电池的性能至关重要，但早期寿命预测具有挑战性，因为早期周期中涉及的信息相当有限。电池的早期寿命预测关键在于分析启动周期中的电化学机制，然后提取与锂离子电池寿命密切相关的信息特征。相关文献表明，在从前 100 个周期的数据中提取适当特征后，可以使用简洁的线性回归模型预测电池寿命[65]。受此启发，未来的努力可以集中在从更少的循环数据中提取更多信息特征，并开发先进的数据驱动方法。此外，将理论知识[66]或物理模型[67]与数据驱动方法结合起来，也有望降低寿命预测模型的复杂性。

（2）电池拐点预测　如果电池在容量下降到 80% 以下后被继续循环使用，锂离子电池会呈现出更多的非线性老化路径，通常表现为两阶段容量减少。容量最初以近似线性的方式衰退，然后是显著衰退。容量衰退率出现明显差异的点被称为"拐点"。预测锂离子电池老化的拐点至关重要，因为拐点后的电池性能会迅速恶化。然而，目前利用数据驱动方法来预测早期阶段的老化拐点的研究还很有限。一些研究表明[68]，缺乏拐点预测会严重阻碍锂离子电池的级联使用。在这种情况下，可以探索特征工程[69]或基于实验室数据生成的解决方案[70]，以从早期循环数据中提取合适的特征。有效的数据驱动解决方案也至关重要，以捕获拐点在初始降解阶段的信息。这样的信息对于深入理解电池在两个阶段的老化行为，并为设计有效的解决方案以延长电池使用寿命提供了重要价值。

（3）基于制造信息的寿命预测　目前，数据驱动的未来老化预测主要集中在从运行阶段提取特征来预测电池寿命。尽管利用运行阶段的特征显示出了许多优势，但仍然存在明显的局限性，特别是考虑到电池制造元素对电池寿命影响的研究不足。电池制造在确定电池健康性能方面起着至关重要的作用，进而显著影响电池的寿命。由于电池制造线具有许多中间阶段（例如混合、涂覆和干燥）和跨学科操作，因此制造的每个阶段的特征和参数对电池产品的寿命有显著影响[71]。因此，分析制造线内的参数并在关键制造阶段捕获有关电池寿命的信息至关重要。在这种背景下，利用制造阶段的信息开发适当的数据驱动解决方案来预测电池寿命变得意义重大。此外，通过可靠的基于制造信息的寿命预测，电池制造线可以优化，有助于开发长寿命电池产品。

1.2.3　电池均衡

单个锂离子电池单体的容量和电压均较小，为满足动力电池及储能电池系统的功率能量需求，数目众多的锂离子电池单体串联、并联成电池组。然而，由于制造公差、环境差异和温度梯度，电池组内的电池容易出现容量不一致[72, 73]。这种不一致在退役或二次使用电池中尤为严重。同时，电池组内的单体连接通常刚性固定、一成不变。弱单体叠加刚性成组方式给电池组带来了显著的"短板效应"问题，如图1-12所示。

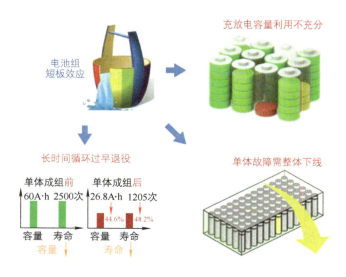

图1-12　电池组"短板效应"问题

电池组"短板效应"的根源在于成组单体间的不均衡。以往的研究表明，无论是串联还是并联电池连接，电池不平衡都很普遍。由于串联电池中具有相同的放电电流，串联电池之间的容量差异将始终存在。并联连接的电池之间的自发均衡效应在连续放电时无法弥补不均匀的放电压力[74]。随着充放电循环的重复进行，因为电池老化速率不一致[75]，电池不平衡将变得越来越严重。

为缓解成组单体不均衡现象，电池管理系统通常具备均衡控制功能。按照均衡原理的不同，电池均衡控制主要可分为被动均衡与主动均衡方法[76, 77]。

1. 被动均衡

被动均衡是电池均衡控制中最常见、最简单、成本最低的一类均衡控制方案[78]。其基本原理为每个串联电池单体/模组均与一均衡电阻相并联，如图1-13a所示。当电池管理系统检测到高电压或高SOC的串联单体或模组时，均衡电阻导通，高电压及高SOC的单体/模组中多余电量以热量形式在均衡电阻中被释放，直至所有串联单体或模组到达均衡状态。值得注意的是，尽管被动均衡实施较为容易且普遍，但其以能量耗散的形式实现均衡，导致电池组能量效率较低，且不利于电池组散热。

2. 主动均衡

除被动均衡外，主动均衡方式也可实现电池组均衡控制。按照实现方式的不同，常见的主动均衡方法包括开关电容均衡、变压器均衡、变换器均衡3种方式[78]。

（1）开关电容主动均衡　该类主动均衡方式中，每个串联电池单体/模组均通过开关与电容器并联，如图1-13b所示。通过开关的有序导通与关断，电容器可与对应单体/模组并联，也可与上述单体/模组的相邻单体/模组并联。当某一单体/模组的电压或SOC过高时，首先将其与对应电容器接通，电容器充电，从该单体获得电量；待电容器电压与单体/模组电压相等时，电容器充电结束，与对应单体断开，而与相邻单体/模组接通；因相邻单体/模组电压较低，电容器对其放电，电流流入相邻单体/模组。不断实施上述电量转移过程，便可实现电量无损均衡控制。可见，开关电容均衡时无能量损耗，电池能量效率较高，但所需开关数量为被动均衡数量的两倍，电路结构较为复杂。同时，因开关处存在电压降，导致电容器能够转移的电量相对有限，均衡速度较慢。

（2）变压器主动均衡　由上述开关电容均衡过程可见，主动均衡方法需要能量存储元件在单体间转移电量。若将能量存储元件由电容器变为电感器，即可实现变压器主动均衡方式。在该类均衡方式中，每个串联单体/模组均通过开关连接至同一个变压器副边，如图1-13c所示。在对电池组进行变压器主动均衡控制时，原边绕组所在电路的开关首先闭合，使得原边绕组存储能量；而当原边绕组开关断开时，副边开关闭合，从而将变压器的原边能量传递给副边，为电池组提供能量。通过有序控制开关作动时间顺序，借助原边-副边间的能量迁移过程，变压器将高电量单体/模组的能量转移给低电量的单体/模组，从而达到电池均衡的目的。可见，变压器主动均衡也能实现能量无损电池组高效均衡。但是，该种均衡方式绕组设计复杂，体积较大、价格相对较高，且需根据不同的单体/模组数量改变模组个数，拓展性差。

（3）变换器主动均衡　除开关电容及变压器式主动均衡外，还存在变换器主动均衡方式，其利用变换器将电量由强单体转移至弱单体，以 DC/DC 电压变换器为均衡元件的变换器主动均衡电路如图 1-13d 所示。当前，基于 Buck-Boost 变换器的均衡电路和基于 Cuk 变换器的均衡电路使用最为广泛。其中，基于 Buck-Boost 变换器的均衡电路结构相对简单，所需元件较少并且控制比较简单，可以实现电池之间能量的单向或双向传递，但当电池数目较多时此类均衡电路的均衡速度和均衡效率相对较低，当多节单体电池同时放电再分配时，容易出现支路电流叠加的情况；相较于 Buck-Boost 电路结构，Cuk 电路允许相邻单体电池的能量在整个均衡周期内随时通过电容或电感进行转移，但是，Cuk 变换器体积较大，仅能实现相邻电池间的均衡，当电池数目较多时均衡速度及均衡效率同样不甚理想。由此可见，电路结构复杂、体积较大、成本昂贵是制约变换器式主动均衡方式大规模应用的重要原因[79]。

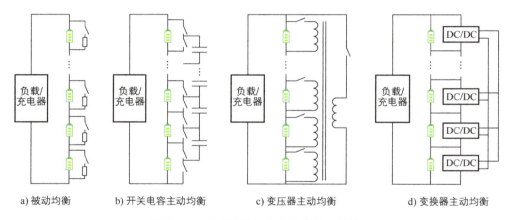

图 1-13　被动均衡与主动均衡电路结构

3. 其他类型均衡

由上述讨论可见，被动均衡与主动均衡均依赖电池组内单体间的电荷转移过程，虽能缓解弱单体导致的"短板效应"问题，但单体间的能量相互转移会不可避免地带来能量损失，导致电池组内部存在寄生功率、能量效率降低。同时，面向均衡的额外充放电通量的存在，加速了电池老化。近年来，出现了新型的可变复杂均衡控制方法，其通过电池组至负载能量传递过程中的电流通量单体级定向分配，基于强模组多放电、弱模组少放电的方式，实现电池组内均衡控制。该均衡方法中，电池组内所有能量均用于驱动负载，均衡寄生功率被消除，电池能量效率显著提高。作为变负载平衡的典型代表，可重构电池可灵活地改变电池之间的连接模式（串联、并联或旁路），从而在电池组内任意分配电流通量，成为未来电池均衡控制的潜在解决方案[80]。

1.2.4 故障诊断与预警

对锂离子电池的滥用可能会引发一系列副反应，导致不可逆转的损坏甚至灾难性的系统故障。图 1-14 详细解释了锂离子电池的故障类型。从控制角度来看，电池系统故障可分为电池故障、传感器故障和执行器故障。电池故障包括多种情况，如浸水、碰撞变形、高低温影响和电解液泄漏等，这些故障会导致外短路、过放电和过充电的情况。这些现象的进一步发展可能会引起内阻增加，导致电池加速老化。传感器故障主要包括温度传感器故障、电流传感器故障和电压传感器故障等。传感器的失效会导致无法准确监测电池状态，从而影响散热系统的正常工作。执行器故障涉及振动、机械损坏、吸取冲击和冷却系统失效等。这些故障会直接影响电池的散热性能，使得电池更容易出现过热问题。其中电池内外短路和过充电、过放电故障危害性最大，最有可能产生大量热量，是触发热失控并造成灾难性后果的关键环节。具体而言，电池内短路通常由制造缺陷、过热、机械碰撞、机械穿刺[81-83]或过充电导致的锂金属枝晶穿透引起。当具有电压差的电极意外连接时，就会发生电池外短路[84]。电动汽车在运行过程中可能会遭遇水浸、碰撞变形、电线故障等情况。此外，电池膨胀和机械损坏会造成电解液泄漏，导致电池外短路和相邻电子元件短路。过充电会导致电池内部温度急剧升高，可能引发热失控，导致起火或爆炸。高电压下电解液分解生成的可燃气体和锂枝晶形成的内部短路进一步增加了风险。过充电还可能导致阳极材料分解和电解液恶化，显著降低电池的容量和循环寿命。另外，过放电会损害电极材料和电解液，并可能引发内部短路和热失控。电压过低还可能导致负极电流集流体溶解，造成电池失效。

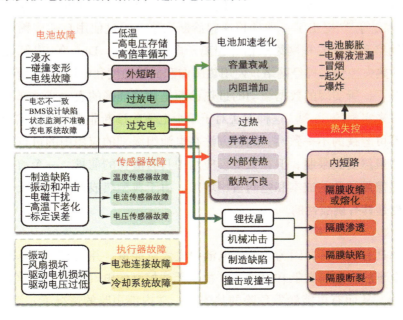

图 1-14 锂离子电池故障类型

现有文献中，大多数研究基于其他部件无故障的假设来检测电池系统中的单个故障，这可能导致实际电池系统中的错误诊断。电池管理系统的诊断功能基于传感器测量。一旦传感器发生故障，很容易对其他类型的故障得出错误的结论。此外，电池短路和连接故障的电气和热特性相似，难以区分，因为它们都可能导致电池电压下降和电池系统中局部温度升高。电池的故障类型通常并不是独立的，会有强烈的耦合性，难以直接找到其对应的故障特征。

受到这一紧迫需求的驱使，近年来对数据驱动的锂离子电池故障诊断和安全预警进行了大量研究[85]。一些工作致力于检测异常电池进行粗筛选，而不是诊断特定类型的故障。例如，Xue 等[86]基于统计分布研究了电池组的异常检测，其中使用了 K 均值聚类算法、Z 分数方法和 3σ 筛选方法来检测和找出异常电池。从故障类别的角度来看，过热、短路、过充电、过放电是许多研究的数据驱动诊断方法所涉及的典型故障。此外，人们还研究了故障容错估计的方法，以提高 BMS 在传感器等辅助设备故障下的性能[42, 87, 88]。

1. 过热诊断

如果可以测量温度和局部热点，过热问题可以直接诊断出来。然而，由于系统复杂性和成本的限制，典型电池管理系统中的温度感知分辨率较低。因此，过热诊断致力于利用电池管理系统准确估计电池温度[89]。Hussein 和 Chehade[90]提出了一种减少复杂性的人工神经网络模型，用于估计锂离子电池的温度。Zhang 等[45]利用热图像和离散电池管理系统数据开发了一种基于数据驱动的多模式热传播预测神经网络融合模型，用于早期过热警告。Li 等[91]提出了一种结合卷积神经网络和长短期记忆网络的模型，用于准确预测电动汽车电池的温度。Ojo 等[92]提出了一种改进的长短期记忆网络模型来估计电池表面温度。Li 等[93]提出了一种卷积递归诊断网络，通过使用自适应稀疏化算法结合长短期记忆网络和时间卷积网络来估计锂离子电池的温度。Ding 等[94]开发了一种用于锂离子电池的热失控预测神经网络，使用热图像和低维温度和电压特征捕获热分布。

通常情况下，所实现的数据驱动的过热诊断是通过准确的表面或内部温度估计结合机器学习方法来实现的[95, 96]。这种方法对于单个电池的诊断非常有利。然而，考虑到单体电池之间不可忽视的不一致性，这种方法在电池组级别的应用中的可行性低。基于热像的诊断方法虽然受到限制，但在大规模应用中具有潜在的前景。一个潜在的挑战是由于需要获取热像而导致的成本和空间占用增加。由于典型热成像技术的低分辨率，有效提取热特征也是具有挑战性的。

2. 短路诊断

短路故障具有破坏性，因为它会使电池损失大量能量，并且有可能迅速触发热失控等严重的安全事故。正如文献 [97] 所述，由于无法控制的电气和热动力学，外部短路会导致异常发热，从而有可能触发危险的热失控。在内部短路的情况下，无论何种原因，都会在阴极和阳极的活性材料之间建立内部电流路径。这进一步促进了局部电流，导致温度迅速升高[98]。迄今为止，关于短路诊断的研究相对较少。Hu 等[99]利用实时电流和电池电压估计了通过短路路径的电流。借助自适应滤波技术，可以确定等效的短路电阻以准确反映短路的严重程度。Yang 等[100]开发了一种基于人工神经网络的诊断方法，可用于估计短路电流并进一步预测外短路电池的温升和温度分布。此外，还可以通过无监督机器学习提取电池充放电过程中的高阶特征，用于短路故障诊断。目前充电过程中异常的电压降[101]已经成为一种成熟的短路诊断方法。

需要强调的是，内短路多年来一直是锂离子电池安全管理的主要挑战，并将会持续存在。这是因为内短路可能来自不同的原因，包括制造缺陷、机械/热/电方面的滥用，以及在长期退化过程中的自发触发，锂离子电池内短路发展过程具备自限性，发展速率受散热条件影响，发展过程不可阻断，是一种严重的故障类型，其发展过程如图 1-15 所示。在内短路初期，电池隔膜的物理或化学性质可能开始发生变化。例如，机械应力或电解液的副反应可能逐渐削弱隔膜的完整性，使其变得更易穿透。电压会发生缓慢下降。当隔膜某小区域被刺穿或破损时，正负极材料在此区域开始接触，形成局部短路。这通常导致局部温度升高，电解液分解，产生气体，电压迅速下降。如果局部短路导致的热量无法及时散发，会引发热失控。热失控是一种迅速释放能量的过程，可能导致电池内部温度急剧升高，引发更多的电解液分解和正负极材料反应，进一步扩大短路区域。此外，对于不同的路径甚至是单一路径的内短路模式，外部性能可能会高度多样化和不确定。因此，在实际的锂离子电池组件中进行诊断可能比实验室条件下的结果要复杂得多。

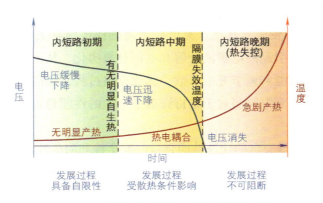

图 1-15 锂离子电池内短路故障发展过程

3. 过充电/过放电诊断

为了实现所需的容量和功率，电池单体被集成到电池组中，这很容易导致电池的不一致和过充电/过放电问题[102]。这些不一致性可能会进一步引发一系列不利后果，例如不可逆转的容量损失、安全问题，甚至导致电池组的失效。针对这些问题，基于改进的高斯混合模型和特征融合方法，Tian 等[103]提出了一种电池组不一致性评估方法，该方法能够准确评估电池组中各个单体的特性，从而识别出潜在的不一致性问题。为了更加全面地诊断电池组的多种故障，研究人员利用从锂离子电池电特性转换而来的时空图像，提出了一种多故障联合诊断方法。该方法采用纹理分析技术[104]，能够有效地识别和区分电池组中出现的不同类型故障。这种方法通过分析电池组运行过程中产生的电信号，生成时空图像，从中提取出有价值的纹理特征，以此来进行故障诊断。Zhang 等[105]提出了一个二维高斯滤波器，用于改进伪随机序列方法，有助于准确测量用于故障诊断的电池阻抗。尽管这些方法在电池组故障诊断方面取得了一定的进展，但利用电信号进行过充电和过放电诊断的方法相对较少。一个主要困难在于，多个故障之间往往存在外在相似性和交叉干扰，这使得准确诊断变得更加复杂。在电池组的实际运行中，过充电和过放电可能表现出类似的电信号特征，容易与其他故障混淆。此外，电池组内各个单体的复杂互联和相互影响，也增加了诊断的难度。为了解决这些问题，研究人员正在探索更多的先进方法。例如，通过进一步改进特征提取和融合技术，结合机器学习算法，可以提高故障诊断的准确性和鲁棒性。同时，开发更加智能和自适应的电池管理系统，实时监控电池组的运行状态，并及时采取措施防止过充电和过放电现象的发生。这些系统可以集成多种传感器和智能算法，对电池组进行全面的状态评估和故障预测，从而提升电池组的安全性和使用寿命。

1.2.5　充电控制

充电控制对锂离子电池的作用至关重要，不仅影响其性能和寿命，还直接关系到使用的安全性。首先，通过优化充电策略，可以有效减少锂离子在电极表面形成锂枝晶，避免内短路和热失控的发生。其次，充电控制能确保电池在安全电压和温度范围内工作，防止过充电和过热引起的电解液分解和电极材料劣化，从而延长电池寿命。智能充电管理系统通过实时监测和调节充电参数，优化充电过程，提高充电效率和电池健康状态。因此，科学合理的充电控制对于维持锂离子电池的性能稳定性和延长其使用寿命具有关键作用。

现有研究发现，电池充电的快速性同自身的安全性和耐久性之间存在一定的矛盾性。这主要是因为，为追求快速充电而选用的大电流通常会加速电池内部的某些反应进程，如不加以合理限制，加剧的极化效应很容易诱发过电压或超温等潜在风险，降低电池的安全性。同时，多个反应间速度的失衡还可能催生出其他副反应过程，影响主反应的运行，最终引发电池容量快速衰退等问题。为了解决上述矛盾，国内外学者开展了一系列针对锂离子电池的充电研究，先后提出了许多先进的优化快充策略，这些策略按照有无模型的使用可以大致分为两类，即基于规则[106, 107]和基于模型的快速充电策略[108]。

基于规则的充电策略通常指的是根据一定的经验和规则制定的策略，因此也经常被称为启发式充电策略。其中最为常见的是恒流 – 恒压充电方法，该方法由于其简单易行的特点目前已经被广泛应用于绝大部分电动汽车中。为了研究其快速充电性能，张升水教授等[109]和欧阳明高院士等[110]先后在钴酸锂电池和磷酸铁锂电池中开展了有关恒流－恒压充电方法大倍率充电的研究，然而研究结果表明，在恒流－恒压充电方法中提高充电倍率虽然可以加速恒流阶段的充电速度，但同时也会延长恒压阶段的持续时间，进而导致总的充电时长并未得到有效的缩短，与此同时，长时间的大倍率还会加重电池的老化问题，由此认为传统的恒流－恒压充电方法并不适合快速充电的需求。基于此，一些研究人员相继开始尝试改进传统恒流－恒压充电方法来实现快充，并证明了这类基于规则获取的快充策略的有效性。

多阶段恒流－恒压充电是其中一种针对恒流－恒压方法的恒流阶段做出改进的充电策略，其思想是在恒流充电的早期增加电流倍率，并随着容量的增加不断调整恒定电流的倍率，以在提升充电速度的同时减少对电池安全和老化的影响。脉冲充电方法是恒流－恒压充电方法的另一种改进型，其思想是在大倍率恒流充电中周期性地插入短时的静置或放电过程，通过静置或放电过程来消除大倍率充电时引起的极化现象，进而实现大倍率快速无损的充电过程。Abdel-Monem等[111]在磷酸铁锂电池上对比了几种多阶段充电和脉冲充电方法的容量衰退和阻抗变化，结果显示出二者的容量衰减率相似，但多阶段恒流－恒压充电方法的阻抗增加明显高于脉冲充电方法，意味着采用该方法快充更有助于减少电池老化。

基于模型的充电方法是利用电池模型去模拟真实电池的动态信息，进而通过优化等手段，开发出快速、安全、无损的充电策略。由于模型可以获得真实电池中不可被直接测量的物理量，因此基于模型的方法能提供相对更可靠的安全约束，进而实现安全或老化可控的快速充电。有模型的充电方法按照使用的模型不同，又可以分为基于等效电路模型的方法和基于电化学模型的方法。考虑到等效电路模型的有效性和简便性，一些研究人员尝试使用这类模型来设计最佳充电策略，这些模型被重新表述并嵌入单目标或多目标的约束性优化问题中。相比于等效电路模型，基于电化学机理构建的模型可以用来预测充电过程中的副反应，这取决于模型对内部反应状态更为详细的表征，如固体电势、电解质电势、离子浓度以及反应通量等。

现有的快速充电策略所关注的电池状态有限，所提出的优化目标和约束条件相对单一，缺乏对过充电、过热以及副反应等多种潜在风险的综合约束，这导致现有策略在权衡充电的快速性、安全性和耐久性方面仍有欠缺。因此，需要利用人工智能学习算法制定出更加高效安全的多目标充电准则，提出智能充电框架的策略，补全电池快充的安全和耐久板块，同时满足用户对电动汽车充电的多元化需求。基于上述快速充电问题，Wei等[25]提出了一种考虑充电快速性和安全性的智能充电策略框架，该框架如图1-16所示。该快充策略能根据约束智能调控充电电流，实现了最大限度快充的同时限制电池温度和电压在安全范围内，有效改善了传统充电策略无法平衡充电速度和电池安全的问题。

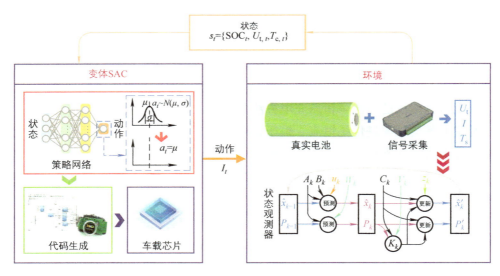

图 1-16　智能快速充电策略框架

在低温环境下，电池内部理化过程会发生改变，电池性能衰退明显；低温充电极易导致电池的石墨负极表面析出锂枝晶，甚至诱发电池内短路、热失控等安全事故。因此，低温充电也是一大难题。针对锂离子电池的低温充电需求，研究中所提出的充电策略主要可归纳为以下两类：

第一类是基于实验得到的锂离子电池低温充电策略。例如，Waldmann 等[112]利用三电极电池对负极电位和充电倍率之间的关系进行研究，设计了一种多级恒流快充策略，能够在保证较高充电效率的同时，尽量避免析锂现象的发生；陈玲等[113]通过对比采用脉冲电流和直流电流对电池进行充电的结果，验证了在充电量相同的情况下，双向脉冲充电可以使得锂更为均匀地沉积在电极表面，从而有效抑制锂枝晶的生长，缓解电池在充电过程中的极化累积，减少副反应产物，提高电池的低温充电能力。

第二类是基于模型生成的锂离子电池低温充电策略。Remmlinger 等[114]提出了一种数据驱动的电化学模型简化方法，通过化简后的阳极电势模型可计算生成能够抑制析锂的低温充电策略，但其实际应用的可行性有待进一步确认。除此之外，大多数以准二维模型、单粒子模型等电化学模型为基础，通过量化负极电位确定充电策略的研究均存在模型实时在线应用困难、精度易受电池老化或局部沉积影响的弊端。对此，王泰华等[115]先建立了 BP 神经网络模型，用于估计电池低温充电的老化速率，再结合粒子群算法对传统充电策略进行优化，有效缩短了电池充电时间；You 等[116]综合考虑充电速率、充电温度、充电截止电压对于电池的影响，开发了一种多因素耦合电池老化模型，并基于粒子群算法，提出了一种以健康状态和充电时间为优化目标的低温电池三级恒流恒压充电策略，改善了锂离子电池低温充电状况。

综上所述，优化电池的充电策略可以在一定程度上缓解低温充电难题，但这并不能从根本上提高电池活性。当温度低于一定程度时，充电瞬间引起的电压激增也会影响电池的安全性[117]。因此，当前主流的电池低温充电解决方案是先将电池预热至适宜工作的温度，然后再进行充电。目前，常见的锂离子电池加热方法可分为电池外部加热和电池内部加热，如图1-17所示。

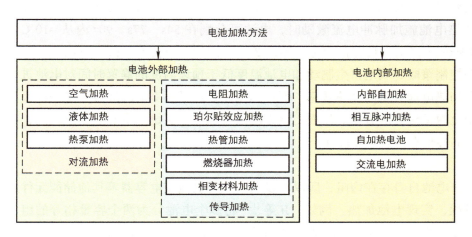

图1-17 常见的锂离子电池加热方法分类

电池的外部加热方法是通过传递外部热源产生的热量至电池，进而实现电池温升的一类加热方法的总称。根据热传导方式的不同，外部加热可进一步分为对流加热和传导加热。对流加热是指先利用空气或液体等传热介质吸收热源释放的热量，再利用流体流动从外部加热电池。依据传热介质的差异，可将对流加热方法分为空气加热、液体加热以及热泵加热。其中，空气加热和液体加热方法的商业化程度较高；热泵技术虽然在电动汽车综合热管理系统中发展相对成熟，但在车用锂离子电池加热方面的应用较少。传导加热是指热源元件与电池直接接触，将产生的热量直接传导至电池用于加热，减少了传热路径上的热量损失。依据加热元件的差异，传导加热方法可分为电阻加热、珀尔贴效应加热、热管加热、燃烧器加热以及相变材料（PCM）加热。其中，燃烧器加热方法由于存在安全隐患，一般不适于车用锂离子电池的加热。

总之，锂离子电池外部加热方法的应用，通常需要充分考虑传热模式和路线、电池的几何形状和布局等因素，设计专门的电池热管理系统。所以相对而言，基于传统电池热管理系统即可实现的空气加热和液体加热方法，具有成本较低、安全性和可靠性较高等优势。

相比于外部加热方法，电池内部加热策略在加热效率、加热均匀性、成本以及系统减重等方面的优势更为突出，是现阶段电池加热研究的热点领域。该类加热方法主要可分为自加热电池、相互脉冲加热、内部自加热和交流电加热。

1. 自加热电池

自加热电池需要改变电池结构，同时控制和端子也需要相应的成组设计。Wang 等[118]提出了一种全气候电池结构，通过在两个电极之间插入一层 50mm 厚的镍箔，以满足电池低温下加热、常温下正常充放电的操作需求。试验结果表明，该方法可以在 20s 内将电池从 –20℃加热到 0℃，30s 内将电池从 –30℃加热到 0℃，且分别仅消耗 3.8% 和 5.5% 的电池容量。而且相同温度下，自加热电池的放电性能相较于传统电池有明显改善。当对自加热电池施加脉冲电流激励时，电池可分别在 54s、77s、90s 内从 –10℃、–20℃、–30℃加热至 10℃，且容量变化不超过 2%。针对实际行驶工况，Zhang 等[119]提出了一种主动控制策略，利用再生制动和电池温度低于预设温度的静置时间对电池进行内部加热。自加热电池具备高加热效率、低加热能耗、长循环寿命的优势，是一种极具潜力的锂离子电池低温解决方案。然而，该方法的实际应用系统成本和复杂度较高，整车安全性与可靠性也有待进一步验证。

2. 相互脉冲加热

由于电池自身存在内阻，所以可以利用其与电池或电容器等其他储能元件的相互充放电过程，实现电池加热。例如，Ji 等[120]将多个电池分为两个容量相等的组，交替实现一组放电而另一组充电的过程，并在两组之间设计连接 DC/DC 变换器以增强放电电压。该研究的试验结果表明，当放电截止电压为 2.8V、脉冲充放电间隔为 1s 时，电池在 220s 内即可实现从 –20℃至 20℃的温升，且仅消耗 5% 的电池容量，说明了相互脉冲加热方法的加热效率较高，且能耗相对较少。

因此，在实际车用情形中，可考虑由继电器控制完成电池的反复充放电操作，并通过在电池和电容之间加装逆变器和电机实现相互脉冲加热。但对于大型集成电池系统而言，应用该方法所需的配套电路和控制系统设计均较为复杂，存在系统成本和复杂性较高的弊端。

3. 内部自加热

同样基于内阻产热原理，还可考虑利用电池自身充放电过程产生的欧姆热和极化热，实现电池的低温加热。但由于电池低温充电极易产生析锂，故一般采用恒流或恒压放电的方式加热电池。例如，Ji 等[120]选用额定容量 2.2A·h 的 18650 电池单体作为研究对象，以 2C 恒流放电，耗时约 420s 将电池从 –20℃加热至 15℃；以 2.8V 恒压放电，耗时约 360s 将电池从 –20℃加热至 20℃。根据现有研究可知，适当提高恒流放电的电流或者降低恒压放电的电压均可以有效缩短电池预热时间，甚至降低能耗。

内部自加热方法一般不需要额外的加热元件，具有成本和复杂性较低、重量增加较少，以及可靠性较高等优势。但是，该方法会持续消耗电池功率，故对于电池的初始荷电状态有较高要求。同时，为了尽可能避免析锂的发生，加热过程中需要限制电流、电压数值和持续时间等[121]。考虑到低温条件下电池内阻较大，充放电过程中相关参数的选择会更加受限，所以，内部自加热方法的应用存在一定困难。

4. 交流电加热

与放电加热相比，交流电加热能够在快速有效加热电池的同时，避免电池状态的大幅变化；与脉冲加热相比，交流加热具有更高的加热效率和更好的加热均匀性。因此，交流电加热目前被认为是一项对电池损害较小且发展前景较好的电池加热技术。

Zhang 等[122]基于等效电路建模原理，提出了一种电池的频域产热模型，并采用集总能量守恒模型对电池温升进行预测，并通过实验证明了交流幅值越大，频率越低，保温条件越好，电池加热效果越好；Li 等[123]利用一种电池分层热模型，对交流加热特性进行了研究。进一步地，Ji 等[120]基于电化学-热耦合模型，分别从容量损失、加热时间和系统耐久性等方面，综合比较了电池自加热、对流加热、脉冲加热、交流加热四种策略的作用效果，且该研究的实验结果表明，增大交流电流幅值可以提高交流加热效率，但若任意扩大交流幅值至超出电池的安全阈值，则可能会导致电池的永久性损坏，大幅缩短电池寿命[124]。因此，确定交流激励参数时可考虑电池的多物理约束，以减少加热过程对于电池健康的影响。相较于其他内部加热方法，交流电加热方法的应用须由外部电源提供激励。对此，近年来，已有一些研究关注于配套车载激励发生器的开发工作，旨在实现更低成本、更小尺寸和在线可调的优化目标[125]。

总体来看，虽然外部加热是目前更成熟的商业化锂离子电池预热技术，但相比而言，内部加热方法在加热均匀性和加热效率等方面具有更明显的优势。同时，从电池低温充电的需求出发，所采用的电池加热方案须具有普遍适用性。而通过本小节分析可知，内部自加热方法由于消耗自身能量产热，故更适于初始荷电状态较高的电池；相互脉冲加热方法为尽量避免发生析锂副反应，故更适于初始荷电状态较低的电池；自加热电池方法需要对电池本身结构进行改造，且该技术的成熟度、应用成本和可靠性目前尚存争议。因此，针对锂离子电池的低温充电难题，交流电加热是较为合适的电池加热方法。

1.3 电池多维感测技术

当前，锂离子电池感测依赖的数据主要包括电池电流、电压和表面温度。然而，电池的性能深受其内部参数和多维物理状态的影响，这成为进一步改进电池管理系统的主要挑战。近年来，适用于电池的新传感技术不断涌现，从而为电池管理提供了更加丰富的数据，有助于从多维度理解和优化电池性能，提升整体管理效率和性能。

1.3.1 新型感测技术

在电池管理系统中，传统的传感系统仅能获取电池的宏观信息，但往往无法深入了解内部或微观层面的变化，如电池状态相关的应变、压力和体积膨胀，这些微观信息对于准确评估电池的工作状况极为重要。例如，内部温度的监测可以提供比表面温度更准确的数据，从而更有效地反映电池内部化学反应的状态[126]。同样，锂离子电池体积的变化密切关联其电化学过程。为了提高电池管理系统的效率，近期的研究集中在开发新的传感协议，旨在捕捉更细致和有洞察力的关于锂离子电池的信息。

1. 温度测量

精确的锂离子电池温度测量是确保电池安全运行、优化性能表现、延长使用寿命和预防热失控事件的关键。无损检测技术在电池内部温度监测领域的探索研究了多种创新方案，其中包括电化学阻抗谱（EIS）技术以及远程感应测量技术[127]。相比之下，原位测量方法凭借其直接感应的特性，简化了数据处理流程，减少了对高复杂度计算算法的依赖。

在文献记录及实际应用场景中，接触式温度传感器主要分为三大类别：热敏元件，具体涉及热敏电阻、电阻温度传感器，热电偶，以及新兴的光纤布拉格光栅（Fiber Bragg Grating，FBG）传感器。在电池内部温度监测实践中，光学领域的FBG作为一项新技术，展现出在原位实时温度测定方面的广阔应用潜力。光学光纤光栅传感器具有同时测量温度和应变的能力，并且这两个变量本质上是耦合在一起的，需要专门设计的去耦方法。因此，为了内容的全面性与深度，将在后续的章节中详尽探讨FBG的基本工作原理、耦合效应的本质，以及实现温度与应变的同时精确测量技术。本节将专注于概述接触式温度传感器技术的最新发展动态。

（1）热敏元件　热阻型传感器的原理在于利用材料电阻随温度变化的特性来进行测温，主要分为热敏电阻与电阻温度传感器（RTD）两大类。热敏电阻作为半导体元件，对环境温度变化表现出极高灵敏度，具备成本效益、宽泛的测量区间（-55℃至300℃）、紧凑体积等优势，这些特质使其成为包括丰田普锐斯和本田思域混动车型在内的众多商业电池系统首选的温度监测方案[128]。此外，热敏电阻还常应用于不同电池类型表面温度的监控，以深化对热力学特性的理解[129]。

相比之下，电阻温度传感器利用金属导体的电阻值变化反映温度，其中铂金因耐高温、测量精度高（工业标准 ±0.01℃至 ±0.2℃）、宽温域（-260℃至960℃）及良好的环境稳定性而成为优选。Pt 100电阻温度传感器作为商用型号，被广泛应用于锂离子电池表面温度监测[130]。

值得注意的是，尽管热敏电阻和电阻温度传感器在表面温度测量中应用广泛，它们较少被用作内置温度监控器，这主要归因于传感器尺寸与锂离子电池内部结构的不匹配，这种不兼容性可能对锂离子电池瞬时性能及长期循环寿命构成潜在威胁。

一种商用Pt 1000电阻温度传感器（尺寸为2.3mm×2.0mm×0.9mm，工作温度范围为-50℃至400℃）被巧妙地设计并嵌入锂离子纽扣电池内部，确切位置位于$LiMn_2O_4$

阴极与锂金属负极间的两层隔膜中 [131]。此嵌入式电阻温度传感器通过铜箔与直流电阻计相连，二者均覆以 50μm 厚的非导电聚酰亚胺膜，以防任何与电解液不必要的反应。初步测试揭示，锂离子电池内部温度持续高于表面温度，尤其在放电末期温度快速上升时，两者差异显著增大。值得注意的是，低速充电（$0.1C$）下容量减少 8.28%，而在较快的充电速率（$2C$）下，损失增加至近 50%。大幅度的容量衰减归咎于商用电阻温度传感器相对较大的尺寸与锂离子纽扣电池的小巧体型之间的不兼容。

与传统的商用热敏电阻或电阻温度传感器相比，薄膜技术的运用为传感器设计带来了革新，极大降低了传感器插入对锂离子电池性能的潜在影响。具体而言，高精度的负温度系数（NTC）热敏电阻已被用于创造厚度仅约 25μm 的薄膜传感器，旨在实现锂离子电池内部温度的原位分布式测量，正如文献 [132] 所述。这类传感器的优势在于其快速的响应时间和高测量准确性，能够有效揭示电池内部核心与表面温度的差异。在动态放电场景下，锂离子电池核心温度相较于表面温度可高出 13℃，且记录到的最高核心温度（81℃）已超出电解液稳定性的极限（20℃），这一发现提前于外部温度传感器的报警，凸显了内置温度监测对于确保锂离子电池安全运行的重要性。通过拆解、EIS 及循环测试，研究确认了嵌入式传感器对锂离子电池无显著负面影响；尽管部分活性电极区域被传感器覆盖，电池的容量保持能力未发生重大变化，电荷转移电阻也仅有轻微增加，证实了无电解液流失或电池材料损害的情况。

另外，金制的微型温度传感器，尺寸更为精巧，约为 620μm × 620μm，也被成功应用于锂离子电池的内部温度原位监测，如文献 [133] 所述。在此基础上，研究团队进一步开发出集成了双功能（温度与电压）乃至三功能（温度、电压及电流）[134] 的柔性微型传感器，并已顺利植入锂离子纽扣电池中。这些微型传感器展现了测量误差不超过 0.5℃ 的高精度，响应时间快至 1ms 以内，且测量范围广泛，上限可达 100℃，其简便的制造流程与良好的批量生产能力凸显优势。值得注意的是，对比含有与不含微传感器的电池循环测试，三功能微传感器的嵌入对电池容量性能的影响微乎其微，仅引起 1.68% 的变化，且这一变化并未考虑正负极材料本身的变异性。因此，尺寸小巧的柔性三合一微型传感器的嵌入，对锂离子电池电气性能的影响甚小，其结构如图 1-18a 所示，进一步验证了薄膜传感器技术在提升锂离子电池监测效率与安全性方面的巨大潜力。

为实现锂离子电池内部更全面的温度监控，有研究创新性地制造了一款薄膜型电阻温度传感器，该传感器拥有 7 个独立的测量点，整体厚度控制在 50μm 以下 [135]。这种设计巧妙地利用了正极材料层中的微小空缺，将比电极材料更薄的薄膜电阻温度传感器置入其中，从而在不大幅牺牲电池容量的前提下增强传感能力。试验结果显示，尽管各个测量点之间存在一定的温度差异，但所有 7 个点均能展现出独特的温度变化趋势，证明了多点或分布式传感架构相较于单点测量的优越性，尤其是在捕捉电池内部复杂温差方面。所述多点传感器的设计策略有效减轻了传感器嵌入对锂离子电池活性材料长期容量保持及完整性的潜在不利影响：电化学阻抗谱（EIS）分析与长达 500 次充放电循环的测试数据均证实，不仅传感器的嵌入没有导致过电位或极化效应的恶化，嵌入式传感器有助于略微改善过电位、极化效应，并且对电化学性能和长期循环稳定性的影响非常有限。

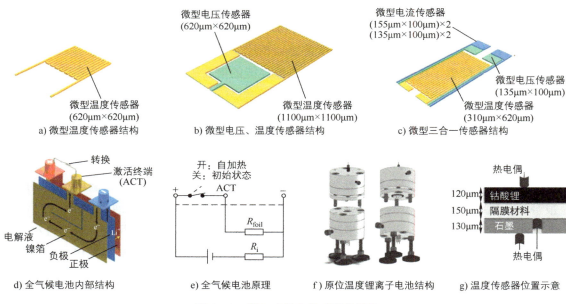

图 1-18 嵌入式温度传感器的结构

值得注意的是，嵌入式电阻温度传感器技术在特制锂离子电池设计中也扮演了重要角色。例如，Wang 等[136]创新性地提出了全气候电池（ACB），即自热锂离子电池，通过在电池内部嵌入薄镍箔作为加热元件，实现在零度以下快速自我加热。如图 1-18d 和 e 所示，ACB 的结构示意图展示了内部嵌入的双标签镍箔，一端焊接于负极片上并与电池负极相连，另一端则延伸为第三终端——激活端口，此设计成为 ACB 与传统电池在外形上的显著区别。特别地，正极与激活端之间装备了开关，以控制内部加热过程的启动与停止。其工作原理为低温环境下，开关闭合，促使电流通过镍箔，因欧姆热效应产生热量；一旦温度达到预设值，开关断开，电流切换从而使电池回归常规工作模式。值得一提的是，在此特设结构中，镍箔还兼具电阻温度传感器功能，可用来测量电池内部温度[137]。试验数据显示，该镍箔电阻在汽车电池典型工作温度范围（−40℃至 60℃）内呈现高线性度，为锂离子电池的原位内部温度监测提供了新的可能性。对于 ACB 而言，精确监测内部温度尤为关键，试验观测指出，电池表面升温速率约为 0.6℃/s，而内部则高达约 3℃/s[138]，且得益于快速加热机制，内部温度可比外部最多高出 65℃[138]。内部温度的迅速提升及高温状态，若未能得到及时监测和调控，可能会诱发不利副反应，甚至引发锂离子电池热失控的严重后果。

（2）热电偶　热电偶具有成本低、尺寸便携、测量范围广、灵敏度和响应能力强等优点。因此，它们被视为工业标准并在许多工业领域中广泛使用，使用热电偶测量电池表面温度已被报道用于科学探索和工业应用。

无论是商业化还是实验室自制的热电偶，都被嵌入电池内部以实现单点或分布式温度监测，旨在支持模型校准及开发具备自主监控能力的锂离子电池系统。例如，T型热电偶被应用于圆柱形电池和软包电池内部[139, 140]，以实现对锂离子电池内部温度的实时追踪。Parhizi等[141]通过将T型热电偶布置在电池卷芯与外壳之间，深入探究了热失控的演化过程。研究结果显示，电池内部温度相较于表面可高出数百摄氏度，明确指示了监测电池内部温度对于及时预警和诊断潜在热失控事件的紧迫性。Dey等[142]则将T型热电偶集成至$LiCoO_2$/Graphite 18650型圆柱电池的核心区域，以此为模型驱动的热故障诊断技术提供了精确的温度参照，进一步验证了其有效性。

Waldmann等[143]通过在锂离子电池卷芯内部嵌入K型热电偶，对运行中的锂离子电池内部温度进行了测量。研究结果显示，在放电结束阶段，径向方向上的温度梯度达到显著的（3.5±0.2）℃/mm，这远大于Zhang等[144]此前报告的数值（仅0.17℃/mm）。如此显著的温度梯度被认为是导致电芯中观察到的明显机械形变的主要驱动力。温度梯度的显著差异可归因于电池设计的差异以及特定试验条件（充放电速率）。核心与表面之间存在的显著温差进一步强调了在实际操作中采用嵌入式传感器进行内部温度测量的重要性，以准确监测电池热状态。

Anthony等[145]设计了一款内置磁芯热电偶的锂离子电池，旨在验证一种非侵入式的磁芯温度检测技术。该嵌入式热电偶装置由三个独立的热电偶组成，它们被封装在热缩管内并用环氧树脂固化。通过在配备热电偶的电池与未嵌入热电偶的基础电池上进行EIS测试，评估了嵌入传感器对电池性能的潜在影响。研究结果显示，尽管热电偶组件导致电池的欧姆电阻有所增加，但电解液与活性材料间的电化学反应未受影响，活性物质内部的锂离子扩散等传输过程也未受干扰。在充电试验中，观察到电压平台略有上移，进一步暗示了电阻效应的轻微增加。但该研究尚未全面评估热电偶组件对电池长期寿命性能的具体影响。

Drake等[139]借鉴了Anthony等[145]的方法，采用相似的热电偶布局来监测$LiFePO_4$圆柱形电池的产热与散热。三个K型热电偶被封装于薄壁热缩管内，随后插入电池的中心空隙。与文献[144]中的发现相吻合，电池电阻仅在12mΩ至14mΩ间有微小增长，表明该热电偶组件对电池瞬时电气性能的影响甚微。

上述技术中热电偶通常被置于更安全的区域，比如圆柱电池的中间，这样的布置能够校准电池的集总热参数，例如集总热阻和电容。然而，为了深入了解锂离子电池内部的层间热流和热动力学，需要针对微观内部结构（包括电极、隔膜和界面）进行更细致的温度测量。为此，Heubner等[146]构建了一种特别设计的电化学电池，这种电池可以在负极－隔膜/电解质－正极界面上进行原位温度测量。由负极、隔膜和正极组成的平行排列单元被放置在壳体内。两个 K 型热电偶分别嵌入正负极的背面，而另一个热电偶则在穿透石墨电极后压在隔膜上，如图 1-18f 和 g 所示。多层温度的成功测量为深入研究电极和电解质内的热力学和传输过程提供了宝贵的数据。然而，目前尚未讨论传感器嵌入对锂离子电池性能的影响。这种设计可以在实验室条件下实施，但由于锂离子电池内部结构的复杂性，其在实际应用中的适用性无法得到保证。

随着电池尺寸的增长，尤其是在汽车应用领域，所带来的单体电池内部温度不均匀性问题日益显著，对此，空间温度的精确监测成了优化操作、控制策略及早期故障识别的必要条件。针对这一挑战，文献中已有多项研究聚焦于锂离子电池的空间温度测量技术。例如，Zhang 等[144]通过在商业 18650 圆柱形电池的径向上嵌入 5 个微型热电偶，实现了电池内部温度的精细测量。另一方面，Li 等[140]则利用 12 个空间分布的热电偶来监测锂离子电池内部的温度分布特性，发现在 1.5C 放电速率下，电池平面方向上的温度梯度超过了 10℃，显著地从锂离子电池的左上角延伸到右下角，这一发现强烈呼吁采用多点温度监测以实现更为可靠的热管理和安全保障。研究还指出，热电偶的嵌入对锂离子电池性能的影响微不足道，这一点通过放电曲线的前后一致性得以证明。然而，该研究尚未触及对锂离子电池长期循环寿命的潜在影响，这是一个与锂离子电池可靠性同样重要的考量因素。

上述研究使用导线热电偶对锂离子电池内部温度进行测量，对于原位热表征和管理提供了深刻的洞察。然而，这种测量方法依赖于具有集成传感器的特殊电池设计，或者需要对锂离子电池结构进行破坏性操作，例如，在商用锂离子电池中钻孔，传感器可能在几天后导致软包电池的铝层压板外壳密封处发生泄漏，这很可能是由于传感器的直径相对较大所致。这促使学者探索更灵活的薄膜热电偶用于锂离子电池的嵌入式温度测量[147]。

薄膜传感器可能减少电极内的机械应力，因为在密封过程中电极不会在传感器区域弯曲。另一个优点是薄膜设计具有较小的热阻和热质量，因此对热的影响较小。这些特性使得薄膜热电偶成为锂离子电池内部温度测量的理想选择，特别是考虑到它们对电池性能和寿命的潜在影响较小。通过在玻璃基板上制造柔性聚合物层并将其转移至超薄铜箔上，形成薄膜热电偶，这些热电偶被巧妙地嵌入锂离子软包电池内部，以实现原位监测电池的内部温度[147]。另外，Martiny 等[148]设计了一种创新的薄膜温度传感器矩阵，其厚度不足 27μm，能够被植入锂离子软包电池中，提供空间温度分布的详细信息。该传感器矩阵的特色在于拥有多个测量点并具有公共电势。研究同样考察了传感器矩阵集成对电池性能的潜在影响，发现嵌入后电池容量减少了 3.9%。这一容量衰减源于三方面因素：传感器直接占据了电极表面积、减少了电极间的物理接触，以及在装配过程中电解液的少许损失。传感器的加入还引起了过电势的增加，这一点在充放电周期中电压平台的上下偏移中得到体现。然而，经过15次充放电循环的测试，锂离子电池的电容性能显示出稳定性，表明嵌入的传感器矩阵对电池整体性能的影响甚微。

2. 机械传感

锂离子电池内部的形变主要源自其电化学 – 机械耦合行为，在短期循环、长期老化及异常工况下伴随明显的体积变化特征。特别是在常规充放电循环中，锂离子在负极晶格中的嵌入和脱嵌过程会导致显著的体积膨胀与收缩。有研究指出，在充电阶段，软包电池的厚度变化可高达总体厚度的4%[149]，而圆柱形电池完全充满时，其厚度增长大约1.5%[150]。此外，锂离子电池中可逆的应力与应变变化与电池SOC紧密相关，这一联系为通过机械测量手段间接评估锂离子电池的荷电状态开辟了新的途径。

在锂离子电池的衰退进程中，电极材料颗粒的破损与固体电解质界面（SEI）的生成被确认为造成电池体积不可逆性增大的核心因素。从物理学视角分析，电极结构的损伤与退化会引发电池内部永久性形变，由此，应变成了直接反映电池健康状态的一个重要且具备诊断意义的参数。实际上，通过监测得到的应变水平，能够对电池的剩余健康状态进行有效评估。此外，集成的压力传感技术，协同其他监测手段，被证实能显著提升电池状态的评估精度[151]。

面对非正常操作条件，电解液可能发生分解并释放气体，进一步促成电池体积的变动。尤其在热失控情境下，极端电化学反应激增所释出的大量气体，可致使电池体积极端膨胀。值得注意的是，与传统温度监测相比，精细的压力测量技术能在热失控初露端倪时即刻发出警报，为防范电池热失控事件提供了更为灵敏和可靠的前瞻指标。综合上述论点，显然，对体积变化实施严密监控，对于实现高效电池健康管理策略至关重要。

目前，大多数研究都集中在实验室条件下创造电池压力工作环境，即使用定制夹具固定电池，将电池膨胀转换为电池压力，并使用安装的压力传感器来测量电池压力。具体的测量方法包括通过高精度弹簧压缩计算电池压力[152]、单独使用称重传感器测量电池压力[153]，以及使用压敏箔实现对电池表面压力分布的空间分辨测量[154]。需要注意的是，由于压力测量组件的空间布置困难，上述方法不能直接应用于车载电池。

有研究针对实际应用场景下的体积变化测量技术进行探索，尽管此类研究目前尚不广泛。鉴于空间优化及提升电池的能量与功率密度需求，电池常被紧凑排列并固定于电池组的限定空间内，这一布置不仅约束了电池的自然膨胀过程，还间接促成了电池内部压力的累积。这一现象普遍存在于标准电池组与先进的智能电池系统中。由体积膨胀引起的电池压力波动，对电池性能表现有着直接的影响[154]，并且利用不同压力水平下电池特性的变化，软包电池可被转变为一种压力感知元件[154]。这些发现为基于层间材料的创新机械力传感器的开发提供了新的灵感方向。

通用电气的研究引入了一种创新方案，通过监测电池膨胀来实现电池压力传感。该传感器采用扁平线圈发射高频磁场，在电池表面的导电层激发涡电流。由于涡电流的强度与线圈到电池表面的距离成反比,故能依据涡电流的测量值推算出电池体积的微小变化。这款传感器设计精巧,其厚度仅为60μm,直径3mm,如图1-19a所示。得益于通用电气在柔性电子封装技术的深厚积累,此传感器即便是在自由状态下单个电池充电时也能精确捕捉到电池外壳100μm的微弱膨胀。而在实际电池组的应用案例中,它更是展现了分辨6μm厚度膨胀的高精准度。该压力传感器技术已成功应用于装配有76块电池的福特Fusion混合动力汽车上,实验证实传感器能够有效指示电池状态,从而助力提升整个电池系统的效能。

另一种有前景的探索方向是运用基于碳纳米管(CNT)的应变传感器来监测电池异常膨胀,这项技术通过在电池表面贴合的弹性基板上喷涂碳纳米管涂层实现,其结构如图1-19b所示[155]。在有效校正了温度对碳纳米管电阻的潜在影响后,该碳纳米管应变传感器展示出在高达90℃的温度条件下,仍能精确检测电池组膨胀达6mm的能力。这表明与诸多非原位检测技术(比如光学表征)相比,碳纳米管传感器在辨识锂离子电池细微膨胀方面展现出了更卓越的性能。

a) 涡流压力传感器

b) 基于碳纳米管的应变传感器

图1-19 传感器实物

上述研究揭示了新型感测技术在电池监测中的应用,这为实现电池状态的实时、高精度评估提供了前沿解决方案,在提升电池系统整体效能、精准状态估计及故障诊断等方面展现出巨大潜力。

1.3.2 基于新型感测技术的状态估计

常用的状态估计方法通常依赖于配备在电池管理系统内的传感器,而新的传感技术及其相关信号为高保真度的状态估计提供了新的可能性。

1. 基于应变传感的状态估计

基于应变传感的状态估计方法受到广泛关注,因为电池或电极中锂的嵌入和脱嵌会导致微观晶格结构的变化,进而引起周期性的膨胀和收缩,这与电池SOC有紧密的关系。通过监测应变信号，可以提供一种新的、改进现有纯电信号 SOC 估计技术的方法。使用基于 FBG 的传感器来测量应变，研究者开发了半经验模型，并结合滤波技术实现了 SOC 的实时估计[156]。此外，通过动态时间弯曲算法，基于 FBG 应变信号实现实时 SOC 估计[157]。进一步地，数据驱动方法的无模型估计通过将 FBG 测量的应变和电池温度作为深度神经网络（DNN）的输入[158]，以实现更精确的 SOC 估计。长期时间尺度上，应变变化也可用于估计电池的健康状态（SOH），因为电池老化过程中的容量损失与应变变化显示出强相关性。例如，循环试验显示，经过 400 次循环后，电池容量下降到 93.7%，同时充放电状态间的应变差异显著增加[159]。基于应变的数据驱动方法已初步用于估计电池的 SOH，其中 FBG 传感器在每个充电周期结束时收集的应变信号用于预测电池容量[156]。

值得注意的是，电池的不同状态之间存在相互耦合和影响，因此采用多维数据进行联合状态估计是一个有前景的研究方向。已有研究[160]提出了一个机器学习框架，用于 SOC 和 SOH 的联合估计，其中包含应变和温度信息的 FBG 测量数据直接输入高斯过程回归（GPR）模型中，用于估计 SOC 并进一步更新 SOH。

2. 基于热感测的状态估计

监测内部温度对于了解锂离子电池的热状态至关重要，为执行其他电池管理任务提供了基础。通常，锂离子电池的内部温度是通过各种算法间接估计的[161]，这些算法[162]依赖于直接测量的表面温度。然而，随着新的热传感技术的发展，嵌入式微传感器的出现意味着可以不依赖复杂算法直接监测电池的内部温度。例如，通过使用嵌入式微型热电偶，已能测量并观察到电池内部存在的超过 10℃ 的温度梯度[163]。在过充电条件下，试验记录显示锂离子纽扣电池的内部温度可达 48.4℃，而外部最高温度则仅为 27.9℃。

内部温度的监测不仅限于热状态分析，还能够促进其他关键电池状态的估计。例如，在一项研究中[164]，通过嵌入式分布式温度传感器同时估计了热阻抗、产热率、SOC 和最大容量。此外，分布式温度传感器还能有效校准热阻抗并精确估计热状态[165]。这些研究为未来智能电池的设计、实现更高效的自我状态监控提供了灵感。

3. 基于光信号的状态估计

从锂离子电池的内部环境中获取的光信号数据显示出与电池的电化学行为和衰减过程有强烈的相关性[166]。尽管如此，基于光信号的电池管理方法在学术文献中的讨论还相对较少。近年来，通过光纤传感器监测石墨的锂化过程，得到的光学信号已被证实可以有效地指示电池的 SOC[167]。在更长的时间尺度上，光透射率变化的斜率与电池的容量衰减之间存在高度相关性[166]，这支持了利用光信号来预测电池容量衰减的可能性。

此外，原位光纤倏逝波传感器被用于直接测量电池电极上的金属沉积过程，这种方法也有助于早期预警锂枝晶的形成[168]。这些进展表明，将光学技术应用于电池管理不仅可以为我们提供有关电池健康状态的深入见解，还能够在电池的维护和性能优化方面发挥重要作用。

1.3.3 基于新型感测技术的故障诊断

使用新型传感器可以显著提升锂离子电池的故障诊断能力。早期实验已经表明，各种微型传感器能够对电池故障进行早期预警。

1. 基于微型热传感器的诊断

基于微型热传感器的诊断方法利用表面和内部温度之间的不均匀性，尤其在不期望的热事件发生时，这种温度差异变得尤为重要。例如，在电池的外短路（ESC）滥用中，内部温度能在 6s 内急剧升高至 82℃，这一变化速率比表面温度快三倍，且高出 30℃ [163]。在过充电条件下，电池内部温度可以达到 48.4℃，而表面温度仅为 27.9℃。使用内部电阻温度传感器，可以在平均 7.45s 内检测到 90% 的最大温升 [169]，这比外部电阻温度传感器的反应要快。这一发现突显了内部热传感器在提供过充电警告方面的潜力。

在热失控事件中，内部温度的升高幅度可能比表面温度高几百摄氏度 [141]。表面温度传感器难以及时检测到这种快速的温度上升，而内部热传感器能够在严重后果发生之前提供及时警告。例如，在过充电引起的热失控期间，嵌入式电阻温度传感器能够比表面传感器提前 10s 检测到 SEI 分解的初始温度 [170]，从而有效预警电池的热失控风险。

2. 基于参比电极电位传感器的诊断

析锂现象会导致锂离子电池的不可逆容量衰减，并可能形成锂枝晶，这些枝晶能穿透隔膜引起内部短路，极端情况下甚至触发热失控。为了监测并指示析锂现象，通常采用参比电极法实时测量负极电位。利用金属锂作为参比电极的三电极电池已经被开发出来进行此类测量。研究结果指出 [109]，在充电过程中会发生锂枝晶，尤其是在高电流或低温条件下这一现象更为明显。基于这些发现，析锂检测技术进一步用于制定快速充电策略。例如，使用微探针锂/铜参比电极来表征石墨负极 [171]，当采用 6C 的快速充电方式时，通过参比电极测得的负极电位降至负值，后续分析也证实了析锂的发生。基于此，提出了一种在三电极软包电池中使用金属锂作参比电极的无析锂快速充电方法，通过将负极电位相对于 Li/Li$^+$ 保持在略高于 0V 的水平来实现 [172]。针对大容量（120A·h）的大型锂离子电池，同样提出了一种使用参比电极的无析锂快速充电策略，经过 100 次循环测试后，其容量衰减与缓慢充电相似 [173]。尽管参比电极在开发策略时取得了成功，但它们在商业电池中的应用面临挑战，因为在电池的内部环境中这些电极容易失效，从而丧失准确性。

3. 基于形变电位传感器的诊断

另外，基于形变传感器的诊断方法也被探索用于析锂的检测。随着析锂的出现，电池厚度预计会增加。2005 年首次使用厚度测量法来检测析锂 [174]，通过安装在软包电池顶部的刻度盘指示器来测量厚度变化，在 5C 充电条件下，因析锂而导致电池厚度逐步增加。激光扫描技术被用于测量电池多个位置的局部厚度变化[175]，进一步指示局部析锂现象。电池的厚度变化与析锂的程度紧密相关。此外，从机械传感器得到的可逆变形不均匀性也与析锂有关[176]，显示出变形传感方法在表征电池内部局部退化方面的潜力。

4. 基于压力、应变和气体传感器的诊断

在电池诊断领域，基于压力、应变和气体传感器的技术起着关键作用。对锂离子电池而言，内部压力的增加通常由电解质分解成气体引起，在故障工况期间更为明显。与常用的热传感器相比，压力传感器能更及时地诊断热失控事件[177]。例如，在一项试验中[178]，使用嵌入式光纤传感器测量内部压力以激活电流中断装置，在压力达到危险水平时自动断开电流，防止电池排气和引发火灾。

应变监测同样对故障诊断非常重要。使用FBG传感器，在过充电期间监测到的应变增加了$45\mu m/m$[159]。FBG传感器还能同时感应温度，因此在热失控期间观察到温度上升了$750K$[159]。此外，锂枝晶的形成会导致氢气产生，使氢传感器成为监测锂枝晶生长的敏感工具。

从气体监测的角度，CO_2是电解质分解反应的主要气体产物之一。因此，光纤比色传感器被开发用于实时监测软包电池内部的CO_2，这种方法有助于及时警告电池过充电的风险[178]，强化电池安全性管理。

参 考 文 献

[1] KOZLOWSKI J D. Electrochemical cell prognostics using online impedance measurements and model-based data fusion techniques [C]// 2003 IEEE Aerospace Conference Proceedings（Cat No03TH8652），March 8-15, 2003. New York：IEEE, 2003, 7：3257-3270.

[2] MEI W X, LIU Z, WANG C D, et al. Operando monitoring of thermal runaway in commercial lithium-ion cells via advanced lab-on-fiber technologies [J]. Nature Communications, 2023, 14（1）：5251.

[3] LIU F, LU W Q, HUANG J Q, et al. Detangling electrolyte chemical dynamics in lithium sulfur batteries by operando monitoring with optical resonance combs [J]. Nature Communications, 2023, 14（1）：7350.

[4] SALKIND A J, FENNIE C, SINGH P, et al. Determination of state-of-charge and state-of-health of batteries by fuzzy logic methodology [J]. Journal of Power Sources, 1999, 80（1）：293-300.

[5] PATTIPATI B, PATTIPATI K, CHRISTOPHERSON J P, et al. Automotive battery management systems [C]// 2008 IEEE AUTOTESTCON. New York：IEEE, 2008.

[6] NG M F, ZHAO J, YAN Q Y, et al. Predicting the state of charge and health of batteries using data-driven machine learning [J]. Nature Machine Intelligence, 2020, 2（3）：161-70.

[7] LIU K L, WEI Z B, ZHANG C H, et al. Towards long lifetime battery：AI-based manufacturing and management [J]. IEEE/CAA Journal of Automatica Sinica, 2022, 9（7）：1139-1165.

[8] HU X S, LI S E, YANG Y L. Advanced machine learning approach for lithium-ion battery state esti-

mation in electric vehicles [J]. IEEE Transactions on Transportation Electrification, 2016, 2 (2): 140-149.

[9] LIU K, WANG Y, LAI X. Data science-based full-lifespan management of lithium-ion battery: manufacturing, operation and reutilization [M]. Berlin: Springer Nature, 2022.

[10] WEI Z B, ZOU C F, LENG F, et al. Online model identification and state-of-charge estimate for lithium-ion battery with a recursive total least squares-based observer [J]. IEEE Transactions on Industrial Electronics, 2018, 65 (2): 1336-1346.

[11] ZHANG D, PARK S, COUTO L D, et al. Beyond battery state of charge estimation: observer for electrode-level state and cyclable lithium with electrolyte dynamics [J]. IEEE Transactions on Transportation Electrification, 2023, 9 (4): 4846-4861.

[12] CHEMALI E, KOLLMEYER P J, PREINDL M, et al. State-of-charge estimation of Li-ion batteries using deep neural networks: a machine learning approach [J]. Journal of Power Sources, 2018, 400: 242-255.

[13] RAGONE M, YURKIV V, RAMASUBRAMANIAN A, et al. Data driven estimation of electric vehicle battery state-of-charge informed by automotive simulations and multi-physics modeling [J]. Journal of Power Sources, 2021, 483: 229108.

[14] LI J, ZIEHM W, KIMBALL J, et al. Physical-based training data collection approach for data-driven lithium-ion battery state-of-charge prediction [J]. Energy and AI, 2021, 5: 100094.

[15] DONG G Z, ZHANG X, ZHANG C B, et al. A method for state of energy estimation of lithium-ion batteries based on neural network model [J]. Energy, 2015, 90: 879-888.

[16] SHRIVASTAVA P, SOON T K, BIN IDRIS M Y I, et al. Combined state of charge and state of energy estimation of lithium-ion battery using dual forgetting factor-based adaptive extended Kalman filter for electric vehicle applications [J]. IEEE Transactions on Vehicular Technology, 2021, 70 (2): 1200-1215.

[17] MA L, HU C, CHENG F. State of charge and state of energy estimation for lithium-ion batteries based on a long short-term memory neural network [J]. Journal of Energy Storage, 2021, 37: 102440.

[18] CAO W K, XU X, WEI Z B, et al. Synergized heating and optimal charging of lithium-ion batteries at low temperature [J]. IEEE Transactions on Transportation Electrification, 2023, 9 (4): 5002-5011.

[19] WANG Y J, ZHAO G H, ZHOU C J, et al. Lithium-ion battery optimal charging using moth-flame optimization algorithm and fractional-order model [J]. IEEE Transactions on Transportation Electrification, 2023, 9 (4): 4981-4989.

[20] WU X, XIA Y, DU J, et al. Multistage constant current charging strategy based on multiobjective current optimization [J]. IEEE Transactions on Transportation Electrification, 2023, 9 (4): 4990-5001.

[21] WANG R, LIU H, LI M J, et al. Fast charging control method for electric vehicle-to-vehicle energy interaction devices [J]. IEEE Transactions on Transportation Electrification, 2023, 9 (4): 4941-4950.

[22] MOHAMED A A S, JUN M, MAHMUD R, et al. Hierarchical control of megawatt-scale charging stations for electric trucks with distributed energy resources [J]. IEEE Transactions on Transportation Electrification, 2023, 9 (4): 4951-4963.

[23] SONG R, LIU X, WEI Z, et al. Safety and longevity-enhanced energy management of fuel cell hybrid

electric vehicle with machine learning approach [J]. IEEE Transactions on Transportation Electrification, 2024, 10（2）: 2562-2571.

[24] TANG X P, LIU K L, LIU Q, et al. Comprehensive study and improvement of experimental methods for obtaining referenced battery state-of-power [J]. Journal of Power Sources, 2021, 512: 230462.

[25] WEI Z B, YANG X F, LI Y, et al. Machine learning-based fast charging of lithium-ion battery by perceiving and regulating internal microscopic states [J]. Energy Storage Materials, 2023, 56: 62-75.

[26] WU J D, WEI Z B, LI W H, et al. Battery thermal- and health-constrained energy management for hybrid electric bus based on soft actor-critic DRL algorithm [J]. IEEE Transactions on Industrial Informatics, 2021, 17（6）: 3751-3761.

[27] WU J D, WEI Z B, LIU K L, et al. Battery-involved energy management for hybrid electric bus based on expert-assistance deep deterministic policy gradient algorithm [J]. IEEE Transactions on Vehicular Technology, 2020, 69（11）: 12786-12796.

[28] WEI Z B, QUAN Z Y, WU J D, et al. Deep deterministic policy gradient-DRL enabled multiphysics-constrained fast charging of lithium-ion battery [J]. IEEE Transactions on Industrial Electronics, 2022, 69（3）: 2588-2598.

[29] YANG X F, HE H W, WEI Z B, et al. Enabling safety-enhanced fast charging of electric vehicles via soft actor critic-Lagrange DRL algorithm in a cyber-physical system [J]. Applied Energy, 2023, 329: 120272.

[30] LI Y, WEI Z B, XIONG B Y, et al. Adaptive ensemble-based electrochemical-thermal degradation state estimation of lithium-ion batteries [J]. IEEE Transactions on Industrial Electronics, 2022, 69（7）: 6984-6996.

[31] SURYA S, SAMANTA A, MARCIS V, et al. Hybrid electrical circuit model and deep learning-based core temperature estimation of lithium-ion battery cell [J]. IEEE Transactions on Transportation Electrification, 2022, 8（3）: 3816-3824.

[32] FENG F, TENG S L, LIU K L, et al. Co-estimation of lithium-ion battery state of charge and state of temperature based on a hybrid electrochemical-thermal-neural-network model [J]. Journal of Power Sources, 2020, 455: 227935.

[33] LIU K L, LI K, PENG Q, et al. Data-driven hybrid internal temperature estimation approach for battery thermal management [J]. Complexity, 2018: 9642892.

[34] WANG N, ZHAO G C, KANG Y Z, et al. Core temperature estimation method for lithium-ion battery based on long short-term memory model with transfer learning [J]. IEEE Journal of Emerging and Selected Topics in Power Electronics, 2023, 11（1）: 201-213.

[35] GOU B, XU Y, FENG X. An ensemble learning-based data-driven method for online state-of-health estimation of lithium-ion batteries [J]. IEEE Transactions on Transportation Electrification, 2021, 7（2）: 422-436.

[36] HU X S, CHE Y H, LIN X K, et al. Battery health prediction using fusion-based feature selection and machine learning [J]. IEEE Transactions on Transportation Electrification, 2021, 7（2）: 382-398.

[37] WEI Z B, ZHAO J Y, JI D X, et al. A multi-timescale estimator for battery state of charge and capacity dual estimation based on an online identified model [J]. Applied Energy, 2017, 204: 1264-1274.

[38] ROMAN D, SAXENA S, ROBU V, et al. Machine learning pipeline for battery state-of-health estimation [J]. Nature Machine Intelligence, 2021, 3（5）: 447-456.

[39] TANG X P, GAO F R, LIU K L, et al. A balancing current ratio based state-of-health estimation solution for lithium-ion battery pack [J]. IEEE Transactions on Industrial Electronics, 2022, 69（8）: 8055-8065.

[40] BAMATI S, CHAOUI H. Developing an online data-driven state of health estimation of lithium-ion batteries under random sensor measurement unavailability [J]. IEEE Transactions on Transportation Electrification, 2023, 9（1）: 1128-1141.

[41] STROE D I, SCHALTZ E. Lithium-ion battery state-of-health estimation using the incremental capacity analysis technique [J]. IEEE Transactions on Industry Applications, 2020, 56（1）: 678-685.

[42] BIAN X L, WEI Z B, HE J T, et al. A novel model-based voltage construction method for robust state-of-health estimation of lithium-ion batteries [J]. IEEE Transactions on Industrial Electronics, 2021, 68（12）: 12173-12184.

[43] HE J T, WEI Z B, BIAN X L, et al. State-of-health estimation of lithium-ion batteries using incremental capacity analysis based on voltage-capacity model [J]. IEEE Transactions on Transportation Electrification, 2020, 6（2）: 417-426.

[44] LIU K L, HU X S, WEI Z B, et al. Modified Gaussian process regression models for cyclic capacity prediction of lithium-ion batteries [J]. IEEE Transactions on Transportation Electrification, 2019, 5（4）: 1225-1236.

[45] WEI Z B, RUAN H K, LI Y, et al. Multistage state of health estimation of lithium-ion battery with high tolerance to heavily partial charging [J]. IEEE Transactions on Power Electronics, 2022, 37（6）: 7432-7442.

[46] RUAN H, WEI Z, SHANG W, et al. Artificial intelligence-based health diagnostic of lithium-ion battery leveraging transient stage of constant current and constant voltage charging [J]. Applied Energy, 2023, 336: 120751.

[47] RUAN H K, HE H W, WEI Z B, et al. State of health estimation of lithium-ion battery based on constant-voltage charging reconstruction [J]. IEEE Journal of Emerging and Selected Topics in Power Electronics, 2023, 11（4）: 4393-4402.

[48] JI D, WEI Z, TIAN C, et al. Deep transfer ensemble learning-based diagnostic of lithium-ion battery [J]. IEEE/CAA Journal of Automatica Sinica, 2023, 10（9）: 1899-1901.

[49] LIU K L, GAO Y Z, ZHU C, et al. Electrochemical modeling and parameterization towards control-oriented management of lithium-ion batteries [J]. Control Engineering Practice, 2022, 124: 105176.

[50] LEE P H, WU S H, PANG W K, et al. The storage degradation of an 18650 commercial cell studied using neutron powder diffraction [J]. Journal of Power Sources, 2018, 374: 31-39.

[51] TANG X P, LIU K L, WANG X, et al. Model migration neural network for predicting battery aging trajectories [J]. IEEE Transactions on Transportation Electrification, 2020, 6（2）: 363-374.

[52] XU L, DENG Z W, XIE Y, et al. A novel hybrid physics-based and data-driven approach for degradation trajectory prediction in Li-ion batteries [J]. IEEE Transactions on Transportation Electrification, 2023, 9（2）: 2628-2644.

[53] LIU K L, PENG Q, SUN H B, et al. A transferred recurrent neural network for battery calendar health prognostics of energy-transportation systems [J]. IEEE Transactions on Industrial Informatics, 2022, 18（11）: 8172-8181.

[54] HU T Y, MA H M, LIU K L, et al. Lithium-ion battery calendar health prognostics based on knowledge-data-driven attention [J]. IEEE Transactions on Industrial Electronics, 2023, 70（1）: 407-417.

[55] JIA X, ZHANG C, WANG L Y, et al. Early diagnosis of accelerated aging for lithium-ion batteries with an integrated framework of aging mechanisms and data-driven methods [J]. IEEE Transactions on Transportation Electrification, 2022, 8（4）: 4722-4742.

[56] MENG J W, YUE M L, DIALLO D. A degradation empirical-model-free battery end-of-life prediction framework based on Gaussian process regression and Kalman filter [J]. IEEE Transactions on Transportation Electrification, 2023, 9（4）: 4898-4908.

[57] ZHANG H, SU Y, ALTAF F, et al. Interpretable battery cycle life range prediction using early cell degradation data [J]. IEEE Transactions on Transportation Electrification, 2023, 9（2）: 2669-2682.

[58] ZHANG Y W, TANG Q C, ZHANG Y, et al. Identifying degradation patterns of lithium ion batteries from impedance spectroscopy using machine learning [J]. Nature Communications, 2020, 11（1）: 1706.

[59] YANG F F, SONG X B, DONG G Z, et al. A coulombic efficiency-based model for prognostics and health estimation of lithium-ion batteries [J]. Energy, 2019, 171: 1173-1182.

[60] AITIO A, HOWEY D A. Predicting battery end of life from solar off-grid system field data using machine learning [J]. Joule, 2021, 5（12）: 3204-3220.

[61] SCHOFER K, LAUFER F, STADLER J, et al. Machine learning-based lifetime prediction of lithium-ion cells [J]. Advanced Science, 2022, 9（29）: 2200630.

[62] DU Z K, ZUO L, LI J J, et al. Data-driven estimation of remaining useful lifetime and state of charge for lithium-ion battery [J]. IEEE Transactions on Transportation Electrification, 2022, 8（1）: 356-367.

[63] LIU K L, SHANG Y L, OUYANG Q, et al. A data-driven approach with uncertainty quantification for predicting future capacities and remaining useful life of lithium-ion battery [J]. IEEE Transactions on Industrial Electronics, 2021, 68（4）: 3170-3180.

[64] XIE W L, LIU X H, HE R, et al. Challenges and opportunities toward fast-charging of lithium-ion batteries [J]. Journal of Energy Storage, 2020, 32: 101837.

[65] SEVERSON K A, ATTIA P M, JIN N, et al. Data-driven prediction of battery cycle life before capacity degradation [J]. Nature Energy, 2019, 4（5）: 383-391.

[66] HU T Y, MA H M, SUN H B, et al. Electrochemical-theory-guided modeling of the conditional generative adversarial network for battery calendar aging forecast [J]. IEEE Journal of Emerging and Selected Topics in Power Electronics, 2023, 11（1）: 67-77.

[67] SULZER V, MOHTAT P, AITIO A, et al. The challenge and opportunity of battery lifetime prediction from field data [J]. Joule, 2021, 5（8）: 1934-1955.

[68] LIU K L, TANG X P, TEODORESCU R, et al. Future ageing trajectory prediction for lithium-ion battery considering the knee point effect [J]. IEEE Transactions on Energy Conversion, 2022, 37（2）:

1282-1291.

[69] PAULSON N H, KUBAL J, WARD L, et al. Feature engineering for machine learning enabled early prediction of battery lifetime [J]. Journal of Power Sources, 2022, 527: 231127.

[70] BERECIBAR M. Accurate predictions of lithium-ion battery life [J]. Nature, 2019, 568 (7752): 325-326.

[71] LIU K L, NIRI M F, APACHITEI G, et al. Interpretable machine learning for battery capacities prediction and coating parameters analysis [J]. Control Engineering Practice, 2022, 124: 105202.

[72] RUMPF K, RHEINFELD A, SCHINDLER M, et al. Influence of cell-to-cell variations on the inhomogeneity of lithium-ion battery modules [J]. Journal of The Electrochemical Society, 2018, 165 (11): A2587.

[73] WEI Z, ZHAO D, HE H, et al. A noise-tolerant model parameterization method for lithium-ion battery management system [J]. Applied Energy, 2020, 268: 114932.

[74] CUI H Y, WEI Z B, HE H W, et al. Novel reconfigurable topology-enabled hierarchical equalization of lithium-ion battery for maximum capacity utilization [J]. IEEE Transactions on Industrial Electronics, 2023, 70 (1): 396-406.

[75] OMARIBA Z B, ZHANG L J, SUN D B. Review of battery cell balancing methodologies for optimizing battery pack performance in electric vehicles [J]. IEEE Access, 2019, 7: 129335-129352.

[76] NARAYANASWAMY S, STEINHORST S, LUKASIEWYCZ M, et al. Optimal dimensioning and control of active cell balancing architectures [J]. IEEE Transactions on Vehicular Technology, 2019, 68 (10): 9632-9646.

[77] SHANG Y, ZHANG C, CUI N, et al. A cell-to-cell battery equalizer with zero-current switching and zero-voltage gap based on quasi-resonant LC converter and boost converter [J]. IEEE Transactions on Power Electronics, 2014, 30 (7): 3731-3747.

[78] CAO J, SCHOFIELD N, EMADI A. Battery balancing methods: a comprehensive review[C]//2008 IEEE Vehicle Power and Propulsion Conference. New York: IEEE, 2008.

[79] FENG F, HU X, LIU J, et al. A review of equalization strategies for series battery packs: variables, objectives, and algorithms [J]. Renewable and Sustainable Energy Reviews, 2019, 116: 109464.

[80] BOUCHHIMA N, SCHNIERLE M, SCHULTE S, et al. Optimal energy management strategy for self-reconfigurable batteries [J]. Energy, 2017, 122: 560-569.

[81] HU X S, ZHANG K, LIU K L, et al. Advanced fault diagnosis for lithium-ion battery systems: a review of fault mechanisms, fault features, and diagnosis procedures [J]. IEEE Industrial Electronics Magazine, 2020, 14 (3): 65-91.

[82] CHUNG S H, TANCOGNE-DEJEAN T, ZHU J, et al. Failure in lithium-ion batteries under transverse indentation loading [J]. Journal of Power Sources, 2018, 389: 148-159.

[83] WANG H, SIMUNOVIC S, MALEKI H, et al. Internal configuration of prismatic lithium-ion cells at the onset of mechanically induced short circuit [J]. Journal of Power Sources, 2016, 306: 424-430.

[84] FENG X N, OUYANG M G, LIU X, et al. Thermal runaway mechanism of lithium ion battery for electric vehicles: a review [J]. Energy Storage Materials, 2018, 10: 246-267.

[85] HONG J C, WANG Z P, MA F, et al. Thermal runaway prognosis of battery systems using the modi-

fied multiscale entropy in real-world electric vehicles [J]. IEEE Transactions on Transportation Electrification, 2021, 7 (4): 2269-2278.

[86] XUE Q, LI G, ZHANG Y J, et al. Fault diagnosis and abnormality detection of lithium-ion battery packs based on statistical distribution [J]. Journal of Power Sources, 2021, 482: 228964.

[87] WEI Z B, HU J, LI Y, et al. Hierarchical soft measurement of load current and state of charge for future smart lithium-ion batteries [J]. Applied Energy, 2022, 307: 118246.

[88] WEI Z B, DONG G Z, ZHANG X A, et al. Noise-immune model identification and state-of-charge estimation for lithium-ion battery using bilinear parameterization [J]. IEEE Transactions on Industrial Electronics, 2021, 68 (1): 312-323.

[89] YAO Q, LU D D C, LEI G. A surface temperature estimation method for lithium-ion battery using enhanced GRU-RNN [J]. IEEE Transactions on Transportation Electrification, 2023, 9 (1): 1103-1112.

[90] HUSSEIN A A, CHEHADE A A. Robust artificial neural network-based models for accurate surface temperature estimation of batteries [J]. IEEE Transactions on Industry Applications, 2020, 56 (5): 5269-5278.

[91] LI D, LIU P, ZHANG Z S, et al. Battery thermal runaway fault prognosis in electric vehicles based on abnormal heat generation and deep learning algorithms [J]. IEEE Transactions on Power Electronics, 2022, 37 (7): 8513-8525.

[92] OJO O, LANG H X, KIM Y, et al. A neural network based method for thermal fault detection in lithium-ion batteries [J]. IEEE Transactions on Industrial Electronics, 2021, 68 (5): 4068-4078.

[93] LI M R, DONG C Y, XIONG B Y, et al. STTEWS: a sequential-transformer thermal early warning system for lithium-ion battery safety [J]. Applied Energy, 2022, 328: 119965.

[94] DING S Y, DONG C Y, ZHAO T Y, et al. A meta-learning based multimodal neural network for multistep ahead battery thermal runaway forecasting [J]. IEEE Transactions on Industrial Informatics, 2021, 17 (7): 4503-4511.

[95] ZHOU Y, DENG H, LI H X, et al. Data-driven real-time prediction of pouch cell temperature field under minimal sensing [J]. IEEE Transactions on Transportation Electrification, 2023, 9 (1): 1034-1041.

[96] NAGUIB M, KOLLMEYER P, EMADI A. Application of deep neural networks for lithium-ion battery surface temperature estimation under driving and fast charge conditions [J]. IEEE Transactions on Transportation Electrification, 2023, 9 (1): 1153-1165.

[97] ZHAO R, LIU J, GU J J. Simulation and experimental study on lithium ion battery short circuit [J]. Applied Energy, 2016, 173: 29-39.

[98] LAI X, JIN C Y, YI W, et al. Mechanism, modeling, detection, and prevention of the internal short circuit in lithium-ion batteries: recent advances and perspectives [J]. Energy Storage Materials, 2021, 35: 470-499.

[99] HU J, HE H W, WEI Z B, et al. Disturbance-immune and aging-robust internal short circuit diagnostic for lithium-ion battery [J]. IEEE Transactions on Industrial Electronics, 2022, 69 (2): 1988-1999.

[100] YANG R X, XIONG R, MA S X, et al. Characterization of external short circuit faults in electric vehicle Li-ion battery packs and prediction using artificial neural networks [J]. Applied Energy, 2020,

[101] XIA B, SHANG Y, NGUYEN T, et al. A correlation based fault detection method for short circuits in battery packs [J]. Journal of Power Sources, 2017, 337: 1-10.

[102] TIAN J Q, WANG Y J, LIU C, et al. Consistency evaluation and cluster analysis for lithium-ion battery pack in electric vehicles [J]. Energy, 2020, 194: 116944.

[103] TIAN J Q, LIU X H, CHEN C B, et al. Feature fusion-based inconsistency evaluation for battery pack: improved Gaussian mixture model [J]. IEEE Transactions on Intelligent Transportation Systems, 2023, 24(1): 446-458.

[104] XIE J L, WANG G, LIU J, et al. Faults diagnosis for large-scale battery packs via texture analysis on spatial-temporal images converted from electrical behaviors [J]. IEEE Transactions on Transportation Electrification, 2023, 9(4): 4876-4887.

[105] ZHANG Y M, DU X H, MENG J H, et al. Rapid broadband impedance acquisition of lithium-ion batteries based on measurement evaluating and impedance filtering [J]. IEEE Transactions on Transportation Electrification, 2023, 9(4): 4888-4897.

[106] ANSEÁN D, GONZÁLEZ M, VIERA J C, et al. Fast charging technique for high power lithium iron phosphate batteries: a cycle life analysis [J]. Journal of Power Sources, 2013, 239: 9-15.

[107] ARYANFAR A, BROOKS D, MERINOV B V, et al. Dynamics of lithium dendrite growth and inhibition: pulse charging experiments and Monte Carlo calculations [J]. Journal of Physical Chemistry Letters, 2014, 5(10): 1721-1726.

[108] XU M, WANG R, ZHAO P, et al. Fast charging optimization for lithium-ion batteries based on dynamic programming algorithm and electrochemical-thermal-capacity fade coupled model [J]. Journal of Power Sources, 2019, 438: 227015.

[109] ZHANG S S, XU K, JOW T R. Study of the charging process of a $LiCoO_2$-based Li-ion battery [J]. Journal of Power Sources, 2006, 160(2): 1349-1354.

[110] OUYANG M G, CHU Z Y, LU L G, et al. Low temperature aging mechanism identification and lithium deposition in a large format lithium iron phosphate battery for different charge profiles [J]. Journal of Power Sources, 2015, 286: 309-320.

[111] ABDEL-MONEM M, TRAD K, OMAR N, et al. Influence analysis of static and dynamic fast-charging current profiles on ageing performance of commercial lithium-ion batteries [J]. Energy, 2017, 120: 179-191.

[112] WALDMANN T, KASPER M, WOHLFAHRT-MEHRENS M. Optimization of charging strategy by prevention of lithium deposition on anodes in high-energy lithium-ion batteries-electrochemical experiments [J]. Electrochimica Acta, 2015, 178: 525-532.

[113] 陈玲, 李雪莉, 赵强, 等. 双向脉冲充电法对锂枝晶生成的抑制 [J]. 物理化学学报, 2006, 22(9): 1155-1158.

[114] REMMLINGER J, TIPPMANN S, BUCHHOLZ M, et al. Low-temperature charging of lithium-ion cells Part II: model reduction and application [J]. Journal of Power Sources, 2014, 254: 268-276.

[115] 王泰华, 张书杰, 陈金干. 基于BP-PSO算法的锂电池低温充电策略优化 [J]. 储能科学与技术, 2020, 9(6): 1940-1947.

[116] YOU H Z, DAI H F, LI L Z, et al. Charging strategy optimization at low temperatures for Li-ion batteries based on multi-factor coupling aging model [J]. IEEE Transactions on Vehicular Technology, 2021, 70（11）: 11433-11445.

[117] WANG C Y, ZHANG G S, GE S H, et al. Lithium-ion battery structure that self-heats at low temperatures [J]. Nature, 2016, 529（7587）: 515-518.

[118] WANG C Y, XU T, GE S H, et al. A fast rechargeable lithium-ion battery at subfreezing temperatures [J]. Journal of The Electrochemical Society, 2016, 163（9）: A1944-A1950.

[119] ZHANG G S, GE S H, YANG X G, et al. Rapid restoration of electric vehicle battery performance while driving at cold temperatures [J]. Journal of Power Sources, 2017, 371: 35-40.

[120] JI Y, WANG C Y. Heating strategies for Li-ion batteries operated from subzero temperatures [J]. Electrochimica Acta, 2013, 107: 664-674.

[121] ZHAO X W, ZHANG G Y, YANG L, et al. A new charging mode of Li-ion batteries with LiFePO$_4$/C composites under low temperature [J]. Journal of Thermal Analysis and Calorimetry, 2011, 104（2）: 561-567.

[122] ZHANG J B, GE H, LI Z, et al. Internal heating of lithium-ion batteries using alternating current based on the heat generation model in frequency domain [J]. Journal of Power Sources, 2015, 273: 1030-1037.

[123] LI J Q, FANG L L, SHI W T, et al. Layered thermal model with sinusoidal alternate current for cylindrical lithium-ion battery at low temperature [J]. Energy, 2018, 148: 247-257.

[124] Wang K. Study on low temperature performance of Li ion battery [J]. Open Access Library Journal, 2017, 4（11）: 1-12.

[125] SHANG Y L, ZHU C, LU G P, et al. Modeling and analysis of high-frequency alternating-current heating for lithium-ion batteries under low-temperature operations [J]. Journal of Power Sources, 2020, 450: 227435.

[126] ZHANG W J. A review of the electrochemical performance of alloy anodes for lithium-ion batteries [J]. Journal of Power Sources, 2011, 196（1）: 13-24.

[127] JAIN M K, SCHMIDT S, MUNGLE C, et al. Measurement of temperature and liquid viscosity using wireless magneto-acoustic/magneto-optical sensors [J]. IEEE Transactions on Magnetics, 2001, 37（4）: 2767-2769.

[128] CAO J, EMADI A. Batteries need electronics [J]. IEEE Industrial Electronics Magazine, 2011, 5（1）: 27-35.

[129] DEBERT M, COLIN G, BLOCH G, et al. An observer looks at the cell temperature in automotive battery packs [J]. Control Engineering Practice, 2013, 21（8）: 1035-1042.

[130] DAUD Z H C, CHRENKO D, DOS SANTOS F, et al. 3D electro-thermal modelling and experimental validation of lithium polymer-based batteries for automotive applications [J]. International Journal of Energy Research, 2016, 40（8）: 1144-1154.

[131] WANG P, ZHANG X, YANG L, et al. Real-time monitoring of internal temperature evolution of the lithium-ion coin cell battery during the charge and discharge process [J]. Extreme Mechanics Letters, 2016, 9: 459-466.

[132] FLEMING J, AMIETSZAJEW T, CHARMET J, et al. The design and impact of in-situ andoperando thermal sensing for smart energy storage [J]. Journal of Energy Storage, 2019, 22: 36-43.

[133] LEE C Y, LEE S J, TANG M S, et al. In situ monitoring of temperature inside lithium-ion batteries by flexible micro temperature sensors [J]. Sensors, 2011, 11 (10): 9942-9950.

[134] LEE C Y, LEE S J, HUNG Y M, et al. Integrated microsensor for real-time microscopic monitoring of local temperature, voltage and current inside lithium ion battery [J]. Sensors and Actuators A: Physical, 2017, 253: 59-68.

[135] ZHU S, HAN J, AN H Y, et al. A novel embedded method for in-situ measuring internal multi-point temperatures of lithium ion batteries [J]. Journal of Power Sources, 2020, 456: 227981.

[136] WANG C Y, XU T, GE S, et al. A fast rechargeable lithium-ion battery at subfreezing temperatures [J]. Journal of The Electrochemical Society, 2016, 163 (9): A1944-A1950.

[137] YANG X G, ZHANG G, WANG C Y. Computational design and refinement of self-heating lithium ion batteries [J]. Journal of Power Sources, 2016, 328: 203-211.

[138] ZHANG G, GE S, XU T, et al. Rapid self-heating and internal temperature sensing of lithium-ion batteries at low temperatures [J]. Electrochimica Acta, 2016, 218: 149-155.

[139] DRAKE S J, MARTIN M, WETZ D A, et al. Heat generation rate measurement in a Li-ion cell at large C-rates through temperature and heat flux measurements [J]. Journal of Power Sources, 2015, 285: 266-273.

[140] LI Z, ZHANG J, WU B, et al. Examining temporal and spatial variations of internal temperature in large-format laminated battery with embedded thermocouples [J]. Journal of Power Sources, 2013, 241: 536-553.

[141] PARHIZI M, AHMED M B, JAIN A. Determination of the core temperature of a Li-ion cell during thermal runaway [J]. Journal of Power Sources, 2017, 370: 27-35.

[142] DEY S, BIRON Z A, TATIPAMULA S, et al. Model-based real-time thermal fault diagnosis of lithium-ion batteries [J]. Control Engineering Practice, 2016, 56: 37-48.

[143] WALDMANN T, WOHLFAHRT-MEHRENS M. In-operando measurement of temperature gradients in cylindrical lithium-ion cells during high-current discharge [J]. ECS Electrochemistry Letters, 2015, 4 (1): A1-A3.

[144] Zhang G, Cao L, Ge S, et al. In situ measurement of radial temperature distributions in cylindrical Li-ion cells[J]. Journal of The Electrochemical Society, 2014, 161 (10): A1499-A1507.

[145] ANTHONY D, WONG D, WETZ D, et al. Non-invasive measurement of internal temperature of a cylindrical Li-ion cell during high-rate discharge [J]. International Journal of Heat and Mass Transfer, 2017, 111: 223-231.

[146] HEUBNER C, SCHNEIDER M, LAEMMEL C, et al. In-operando temperature measurement across the interfaces of a lithium-ion battery cell [J]. Electrochimica Acta, 2013, 113: 730-734.

[147] MUTYALA M S K, ZHAO J, LI J, et al. In-situ temperature measurement in lithium ion battery by transferable flexible thin film thermocouples [J]. Journal of Power Sources, 2014, 260: 43-49.

[148] MARTINY N, RHEINFELD A, GEDER J, et al. Development of an all kapton-based thin-film thermocouple matrix for in situ temperature measurement in a lithium ion pouch cell [J]. IEEE Sensors

Journal, 2014, 14(10): 3377-3384.

[149] LEE J H, LEE H M, AHN S. Battery dimensional changes occurring during charge/discharge cycles-thin rectangular lithium ion and polymer cells [J]. Journal of Power Sources, 2003, 119: 833-837.

[150] OH K Y, SIEGEL J B, SECONDO L, et al. Rate dependence of swelling in lithium-ion cells [J]. Journal of Power Sources, 2014, 267: 197-202.

[151] SAMAD N A, KIM Y, SIEGEL J B, et al. Battery capacity fading estimation using a force-based incremental capacity analysis [J]. Journal of The Electrochemical Society, 2016, 163(8): A1584-A1594.

[152] MUSSA A S, KLETT M, LINDBERGH G, et al. Effects of external pressure on the performance and ageing of single-layer lithium-ion pouch cells [J]. Journal of Power Sources, 2018, 385: 18-26.

[153] KIM Y, SAMAD N A, OH K Y, et al. Estimating state-of-charge imbalance of batteries using force measurements[C]//2016 American control conference(ACC). New York: IEEE, 2016: 1500-1505.

[154] MUELLER V, SCURTU R G, MEMM M, et al. Study of the influence of mechanical pressure on the performance and aging of lithium-ion battery cells [J]. Journal of Power Sources, 2019, 440: 227148.

[155] RAIJMAKERS L H J, DANILOV D L, EICHEL R A, et al. A review on various temperature-indication methods for Li-ion batteries [J]. Applied Energy, 2019, 240: 918-945.

[156] GANGULI A, SAHA B, RAGHAVAN A, et al. Embedded fiber-optic sensing for accurate internal monitoring of cell state in advanced battery management systems part 2: internal cell signals and utility for state estimation [J]. Journal of Power Sources, 2017, 341: 474-482.

[157] RENTE B, FABIAN M, VIDAKOVIC M, et al. Lithium-ion battery state-of-charge estimator based on FBG-based strain sensor and employing machine learning [J]. IEEE Sensors Journal, 2021, 21(2): 1453-1460.

[158] EE Y J, TEY K S, LIM K S, et al. Lithium-ion battery state of charge(SoC) estimation with non-electrical parameter using uniform fiber Bragg grating(FBG) [J]. Journal of Energy Storage, 2021, 40: 102704.

[159] MEYER J, NEDJALKOV A, DOERING A, et al. Fiber optical sensors for enhanced battery safety[C]//Fiber Optic Sensors and Applications XII. Bellingham: SPIE, 2015, 9480: 190-201.

[160] LI Y, LI K, LIU X, et al. A hybrid machine learning framework for joint SOC and SOH estimation of lithium-ion batteries assisted with fiber sensor measurements [J]. Applied Energy, 2022, 325: 119787.

[161] SUN Z, GUO Y, ZHANG C, et al. A novel hybrid battery thermal management system for prevention of thermal runaway propagation [J]. IEEE Transactions on Transportation Electrification, 2023, 9(4): 5028-5038.

[162] ZHU C, DU L, GUO B, et al. Internal heating techniques for lithium-ion batteries at cold climates: an overview for automotive applications [J]. IEEE Transactions on Transportation Electrification, 2023, 9(4): 5012-5027.

[163] ZHANG G, CAO L, GE S, et al. Reaction temperature sensing(RTS)-based control for Li-ion battery safety [J]. Scientific Reports, 2015, 5(1): 18237.

[164] WEI Z, HU J, HE H, et al. Embedded distributed temperature sensing enabled multistate joint observation of smart lithium-ion battery [J]. IEEE Transactions on Industrial Electronics, 2023, 70(1):

555-565.

[165] WEI Z, LI P, CAO W, et al. Machine learning-based hybrid thermal modeling and diagnostic for lithium-ion battery enabled by embedded sensing [J]. Applied Thermal Engineering, 2022, 216: 119059.

[166] GHANNOUM A, NIEVA P. Graphite lithiation and capacity fade monitoring of lithium ion batteries using optical fibers [J]. Journal of Energy Storage, 2020, 28: 101233.

[167] RITTWEGER F, MODRZYNSKI C, SCHIEPEL P, et al. Self-compensation of cross influences using spectral transmission ratios for optical fiber sensors in lithium-ion batteries[C]//2021 IEEE Sensors Applications Symposium (SAS). New York: IEEE, 2021: 1-6.

[168] HEDMAN J, MOGENSEN R, YOUNESI R, et al. Fiber optic sensors for detection of sodium plating in sodium-ion batteries [J]. ACS Applied Energy Materials, 2022, 5(5): 6219-6227.

[169] LI B, PAREKH M H, ADAMS R A, et al. Lithium-ion battery thermal safety by early internal detection, prediction and prevention [J]. Scientific Reports, 2019, 9(1): 13255.

[170] LI B, PAREKH M H, POL V G, et al. Operando monitoring of electrode temperatures during overcharge-caused thermal runaway [J]. Energy Technology, 2021, 9(11): 2100497.

[171] RODRIGUES M-T F, KALAGA K, TRASK S E, et al. Fast charging of Li-ion cells: Part I. Using Li/Cu reference electrodes to probe individual electrode potentials [J]. Journal of The Electrochemical Society, 2019, 166(6): A996-A1003.

[172] SIEG J, BANDLOW J, MITSCH T, et al. Fast charging of an electric vehicle lithium-ion battery at the limit of the lithium deposition process [J]. Journal of Power Sources, 2019, 427: 260-270.

[173] LIU J, CHU Z, LI H, et al. Lithium-plating-free fast charging of large-format lithium-ion batteries with reference electrodes [J]. International Journal of Energy Research, 2021, 45(5): 7918-7932.

[174] BITZER B, GRUHLE A. A new method for detecting lithium plating by measuring the cell thickness [J]. Journal of Power Sources, 2014, 262: 297-302.

[175] RIEGER B, SCHUSTER S F, ERHARD S V, et al. Multi-directional laser scanning as innovative method to detect local cell damage during fast charging of lithium-ion cells [J]. Journal of Energy Storage, 2016, 8: 1-5.

[176] LI R, REN D, WANG S, et al. Non-destructive local degradation detection in large format lithium-ion battery cells using reversible strain heterogeneity [J]. Journal of Energy Storage, 2021, 40: 102788.

[177] KOCH S, BIRKE K P, KUHN R J B. Fast thermal runaway detection for lithium-ion cells in large scale traction batteries [J]. Batteries, 2018, 4(2): 16.

[178] LOCHBAUM A, KIESEL P, WILKO L, et al. Embedded fiber optic chemical sensing for internal cell side-reaction monitoring in advanced battery management systems [J]. MRS Online Proceedings Library, 2014, 1681: 8-13.

第 2 章

电池光纤传感技术

2.1 引言

电池内部状态非常复杂，包括力学、热学等各种现象，尤其许多状态是耦合的。为了进行有效控制，电池管理系统需要计算电池的状态，包括荷电状态、健康状态、温度状态（SOT）、功率状态（SOP）和安全状态（SOS）等。此外，锂离子电池最严重的风险之一是热失控，这与力学条件和热机理有关。然而，用电压、电流和表面温度等有限的参数难以全面表征锂离子电池的特性，这对高性能电池管理系统提出了挑战。锂离子电池的性能、安全性和寿命受到热行为的影响，例如产热和散热。使用传统的测量方法很难测量更多的温度信息。随着能量密度和电池复杂度的增加，锂离子电池的外部参数不足以获得全面的电池状态。此外，电池的大多数内部状态都是通过算法估算的。尽管已经实现了高精度，但为了诊断和安全性，仍然需要直接测量状态，例如锂化状态、内部短路（ISC）、锂枝晶和固体电解质界面评估。

在实验室中，已经开发出许多分析技术来解开电池的底层科学机理，这些技术采用了先进的仪器，并且可以在原位运行或电池循环时运行。然而，这些分析技术依赖于特殊的设备和电池设计，而这些设备和设计不能直接部署在商用电池中。传统的电池管理系统监控电池的功能状态（端电压、电流和电池组温度），以进一步估计充电状态以及健康状态，并在充放电循环过程中管理电池。然而，由于监控参数相对较少，对电池操作的了解有限，导致电池仍然面临准确预测状态和控制操作的技术挑战，这严重影响了电池的安全和寿命。对于电动汽车应用，温度及其梯度（主要决定电池化学性质和寿命）目前不是直接在电池级测量，而是在模组级测量。温度传感器正在用于单体电池感测，但其尺寸和必要的接线阻碍了集成。然而，即使精确测量电池温度，电池管理系统单元仍然只能使用统计方法来指示可靠性和性能。锂离子电池作为新的能量来源，追求高价值信息以延长电池使用寿命是合理且必要的。理想情况下，新的单体电池级传感器将能够监测化学–物理–热指标，这将提供更准确的充电状态和健康状态估计以及早期故障指标。

光纤传感是一种新兴技术，它既可以贴在电池表面，也可以植入电池内部，实时测量温度、应变、浓度和其他参数，并借助算法估算荷电状态、安全状态等。精确的时间和空间传感分辨率对于先进智能的电池至关重要，以确保安全可靠地运行，并为电池的热管理、电源管理和寿命管理提供依据。

近年来，光纤传感器在锂离子电池中的植入为锂离子电池内部状态的原位/操作（Operando/In-situ）测量开辟了新思路。使用光纤布拉格光栅（FBG）传感器对锂离子电池的研究始于2013年，成为测量新型信息的有吸引力的选择。光纤倏逝波传感器（FOEW）集成到锂离子电池的研究始于2016年。由于倏逝波可以表征锂离子在石墨电极中的嵌入情况，光纤倏逝波传感器已用于研究锂离子电池的传感和在线管理。通过将混合传感网络植入锂离子软包电池中，实时监控、解耦内部应变和温度变化，结果直接为状态估计提供了更准确的信息，这对于安全可靠的操作至关重要。此外，传感数据集提供了锂离子电池中热量和应力演变的细节，可以帮助科学家和工程师加深对内部结构的理解，并为建立新的锂离子电池数学模型奠定基础。这反过来又会进一步促进锂离子电池化学的发展并优化未来的锂离子电池设计。此外，锂离子电池传感可以提供性能下降的早期迹象。

与传统电气传感器相比，光纤传感器具有几个关键优势，使其成为集成到电池管理系统中用于测量关键电池状态参数的有效方案。第一，硅基光纤本身不受电磁干扰和射频干扰的影响，并且具有电绝缘性。光纤还能抵抗锂离子电池电解质中可能形成的腐蚀性化学物质，例如氟化氢。第二，光纤重量轻、柔韧性好、成本低，可以将其植入单个电池中，而几乎不增加体积和重量，而传统热敏电阻则无法做到这一点。将光纤部署到锂离子电池内部，不仅可以监测电池内部温度，还可以监测触发容量衰减的电极材料体积膨胀和相变。第三，高灵敏度、多路复用能力和多功能化潜力可以测量各种参数，使光纤传感器能够检测应变、温度，以及浓度、气体等化学成分，这些都是电池状态和健康状况的有力指标。

因此，本章对光纤传感器及其在锂离子电池内部的植入、集成与应用进行介绍。在多种新型感测技术中，光纤传感器以其高灵敏度、耐腐蚀性、抗电磁干扰能力强等特点，在严苛环境下的性能表现出色，在锂离子电池传感中显示出大的潜力。光纤传感器能够在预设的工作条件下实时监测电池的内部状态，包括温度、压力、应变、浓度等关键参数。在提高电动汽车动力电池的可靠性和寿命方面发挥着关键作用，有助于实现更高效的电池管理和维护，助力电动汽车产业的持续发展和实现环境保护目标。接下来将对光纤传感技术及其在电池内部应用进行说明与讨论，以期在新能源汽车、电化学储能等能源领域，洞察新一代电池管理与能量系统发展趋势。

2.2 测量原理与多变量解耦测量

电池感测的目的是协助电池管理系统控制进出电池的能量流，以及确保电池内能量的安全和最佳使用。在电池采用的所有传感方法中，能够实时测量电池内外各个位置的多个参数的方法至关重要。光纤传感方法有望成为未来有前途的电池传感方法之一，因为它们能够高速、高灵敏度地获取多个参数，能够以多路复用配置进行复合，工作时不会干扰电池性能，并且能够耐受各种恶劣的环境条件。针对锂离子电池的光纤传感方法有以下代表性类型：光纤光栅传感器、光纤倏逝波传感器、分布式光纤传感器等。

2.2.1 光纤光栅传感器测量原理

光纤光栅传感器（Fiber Bragg Grating，FBG）是对光纤纤芯中折射率进行周期性调制的光栅。作为均匀的光纤光栅，光栅平面垂直于光纤纵向，按恒定的周期排列，这被认为是布拉格光栅的基本结构，如图 2-1 所示。当入射光沿光纤纤芯发射和传导时，它会在各个光栅平面上发生反射。当满足布拉格条件时，每个光栅平面反射的波会叠加，形成一个反射波长峰。根据布拉格条件，布拉格波长 λ_B 为

$$\lambda_B = 2n_{eff}\Lambda \tag{2.1}$$

其中，n_{eff} 是光纤纤芯的有效折射率；Λ 是调制折射率的周期以及光栅间距。从式（2.1）可知，n_{eff} 或 Λ 的任何变化都会引起反射波长中心 λ_B 的变化。

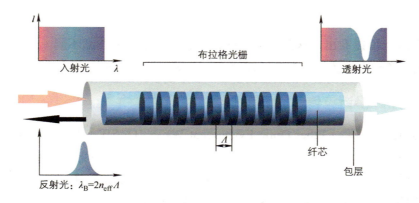

图 2-1 FBG 在纤芯内的微结构以及对光的调制原理

外力引起的纵向变形将因光弹效应改变 n_{eff}，并因栅距变化进一步改变 Λ。同样，温度变化也会因热光效应和热膨胀而导致 n_{eff} 和 Λ 的变化。光纤光栅传感器刻写到导光光纤纤芯中并进行编码形成的传感器，称为光学光纤光栅传感器，由光纤纤芯、包层和布拉格光栅组成。

应变灵敏度是式（2.1）关于位移的偏导数，如下所示：

$$\frac{\Delta\lambda_B}{\Delta L} = 2n_{eff}\frac{\partial\Lambda}{\partial L} + 2\Lambda\frac{\partial n_{eff}}{\partial L} \tag{2.2}$$

$$\frac{\Delta\lambda_B}{\lambda_B} = (1-p_e)\varepsilon_z \tag{2.3}$$

其中，p_e 是有效应变光学常数。应变通过光栅平面的膨胀或收缩以及光弹效应直接影响 λ_B。在这方面，光纤光栅传感器波长随施加的应变线性移动。

参考式（2.1），光纤光栅传感器的温度灵敏度可以用波长偏移关于温度的偏导数来反映，如下所示：

$$\frac{\Delta \lambda_B}{\Delta T} = 2n_{\text{eff}} \frac{\partial \Lambda}{\partial T} + 2\Lambda \frac{\partial n_{\text{eff}}}{\partial T} \quad (2.4)$$

$$\frac{\Delta \lambda_B}{\lambda_B} = (\alpha + \zeta)\Delta T \quad (2.5)$$

其中，α 是热膨胀系数；ζ 是热光系数。从式（2.5）可以明确看出，波长偏移 λ_B 和温度变化 ΔT 也呈线性关系，温度灵敏度的典型值在 1550nm 处约为 10pm/℃。

由于波长偏移 λ_B 是多种物理效应的叠加，因此光学光纤光栅传感器对应变和温度等多个物理参数具有交叉敏感性。举例来说，结合式（2.3）和式（2.5），可以得到光学光纤光栅传感器的应变和温度的交叉敏感性：

$$\frac{\Delta \lambda_B}{\lambda_B} = (1 - p_e)\varepsilon_z + (\alpha + \zeta)\Delta T \quad (2.6)$$

从式（2.6）可以看出，这两个物理参数对总波长偏移的贡献不同。已经提出了一系列用于解耦锂离子电池传感的温度、应变或压力交叉敏感性的技术。

2.2.2 光纤倏逝波传感器测量原理

光纤倏逝波传感器（Fiber Optic Evanescent Wave，FOEW）基于被测对象对光倏逝波的吸收，如图 2-2a 所示。光纤通常由折射率为 n_{co} 的圆柱形纤芯和折射率为 n_{cl} 的外层包层组成。纤芯和包层均由二氧化硅制成，而纤芯则掺杂了锗以使 $n_{co} > n_{cl}$[1,2]。当入射光角度 θ_i 大于临界角 θ_c（$\theta_c = \sin^{-1} n_{co}/n_{cl}$）时，纤芯-包层界面会发生全内反射。在全内反射条件下，横向电波和横向磁波的菲涅尔透射系数不为零[3]。这意味着虽然光能被完全反射到更密集的纤芯，但电磁场会从界面延伸到较低折射率的介质中。场随与表面距离的增加而呈指数衰减，这被称为衰减波，场振幅 E 可描述为[4]

$$E(x) = E_0 \exp\left(\frac{-x}{d_p}\right) \quad (2.7)$$

其中，E_0 是界面处的场；d_p 是穿透深度，定义为从界面到衰减波强度衰减到其原始值的 1/e（37%）处的距离。d_p 的大小可以表示为[4]

$$d_p = \frac{\lambda}{2\pi\sqrt{(n_{co}^2 \sin^2 \theta_i - n_{cl}^2)}} \quad (2.8)$$

其中，λ 是光的波长；θ_i 是光的入射角；n_{co}、n_{cl} 是光纤芯和包层的折射率。穿透深度 d_p 通常小于 λ，一般在 0.1~5μm 的距离上[3,5]。反射光的强度减小，这称为衰减全反射。

当光纤包层被移除或变薄并被测量物取代时,光纤芯将直接接触被测物体。从光纤芯中逸出的衰减波将被光纤表面附近的分析物吸收,从而导致透射光强度的调制。当通过植入式光纤倏逝波传感器感测锂离子电池时,可以通过分析输出光谱来表征与光纤芯接触的固体、液体或气体的性质。

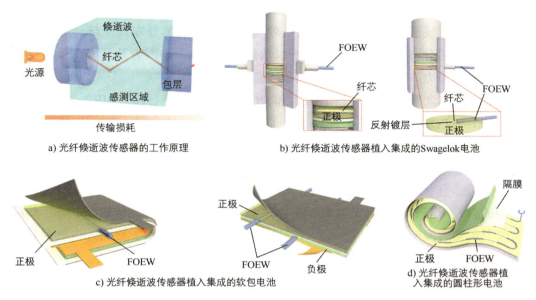

图 2-2 光纤倏逝波传感器示意图

2.2.3 分布式光纤传感器测量原理

分布式光纤传感器能够连续获取待测物体在空间上的温度、应变、振动等物理量信息,传感光纤本身既是传感器又是信号传输通道,具有测量距离长、范围广、点数多等优点,受到广泛关注。目前,基于后向散射(瑞利散射、布里渊散射和拉曼散射)的分布式光纤传感技术在电池状态监测中受到关注。基于后向瑞利散射的分布式光纤传感系统结构相对简单,更易于实现光信号的探测,主要分为光时域反射技术(OTDR)和光频域反射技术(OFDR)。与米级空间分辨率的光时域反射技术相比,光频域反射技术具有毫米级空间分辨率,适用于锂离子电池电芯、模组等短距离、高空间分辨率场景下的应用。

基于瑞利散射的光纤传感器,同样具有高化学稳定性和细小直径。此类光纤被植入原型软包电池的负电极层中,以在各种操作(Operando/In-situ)条件下实时监测分布的应变和温度。

当电磁波进入光纤时,光将通过瑞利散射重新分布。如果温度和应变的局部变化传递到光纤,光纤中的散射信号将被这些物理参数调制。因此,通过测量调制信号的变化,可以量化温度和应变的局部物理变量。基于瑞利散射的光纤传感技术的优点是可以进行具有毫米级空间分辨率和高测量精度的分布式测量,使其成为锂离子电池原位和现场应用的合适解决方案。部署一对 DFOS，即温度 DFOS（T-DFOS）和应变 DFOS（ε-DFOS），以测量和区分分布式温度和应变。由于温度和应变是同时测量的，因此可以针对各种不同的使用情况实时推导和研究负电极层的热应变和机械应变。探索的条件包括但不限于：制造后锂离子电池的化成以及使用恒定电流（CC）和恒定电压（CV）曲线进行长时间电负载来定义锂离子电池的性能和退化。

相干光频域反射法（C-OFDR）是一种基于瑞利散射的分布式光纤传感器，用于监测负电极层的分布应变和温度。之所以选择 C-OFDR，是因为其具有高空间分辨率（2.6mm）测量能力。该配置由主干涉仪和辅助干涉仪组成。

主干涉仪包含两个光耦合器（OC1 和 OC2）、一个光环行器（CIR）、两个偏振控制器（PC1 和 PC2）、一个被测光纤（FUT）和一个偏振分束器（PBS）。辅助干涉仪包含两个光耦合器（OC3 和 OC4）。可调激光源（TLS）输出激光的光频率经过时间调谐，激光经过 OC0 后分裂成两个分支。然后，发射到主干涉仪的频率调谐激光在 OC1 处分裂成两部分：一部分（光 a）进入 CIR、PC1 和 FUT，参考光（光 b）进入 PC2。FUT 中的自发瑞利背向散射光与光 b 在 OC2 处发生干涉。干涉光传输到 PBS，然后分裂成两个正交的偏振分量（P 和 S）。P 和 S 由光电探测器（PD）检测并由数据采集卡（DAQ）存储。这样偏振态对瑞利背向散射振幅的大小没有影响，同时，射入辅助干涉仪的激光分裂为光 c 和光 d，在 OC4 处发生干涉，以干涉光作为触发信号，缓解调谐非线性。

通过使用适当的校准常数，T-DFOS 和 ε-DFOS 可以揭示整个光纤的局部信息。温度或应变相对于基线条件的变化会导致光纤中散射光的光谱频率发生偏移。瑞利散射局部周期的变化会导致局部反射光谱的时间和光谱偏移，这可以缩放以形成分布式传感器。应变响应是由于传感器的物理伸长和压缩以及光弹效应引起的光纤折射率的变化而产生的。热响应是由于光纤材料固有的热膨胀和折射率的温度依赖性而产生的。

光纤可以采用聚酰亚胺涂层、低弯曲损耗、单模光纤。光纤的物理长度和折射率本质上对温度和应变的测量敏感；因此，单模光纤传感器用作 ε-DFOS。ε-DFOS 可同时测量应变和温度。单模光纤松散地安装在聚四氟乙烯（PTFE）套管中，以确保机械应变引起的干扰最小。由此产生的测量结果仅与温度变化有关。因此，该光纤用作 T-DFOS，仅对温度敏感。通过将一对 ε-DFOS 和 T-DFOS 平行并排放置在被测对象上，然后进行应变校准的温度补偿，实现分布式应变和温度的解耦与实时测量。

2.2.4　光纤测量发展趋势

作为一种越来越多地用于电池监控的新兴技术，光纤光栅传感器与其他传感器相比具有多种优势：

1）体积小、热响应快。光纤光栅传感器是一种长度为 1～20mm 的微结构。光纤芯的直径仅在 10μm 左右，包层的直径约为 125μm。小尺寸保证了其热影响最小，并且非常适合嵌入式测量，同时对电池寿命性能的损害有限。这已在文献中得到验证，其中研究了数百次循环后的容量保持率和长期稳定性。例如，对于 5A·h 软包电池，虽然光纤在隔膜和阳极背面留下了轻微可识别的痕迹，但循环结果表明光纤不会对锂离子电池的寿命性能造成可测量的负面影响。此外，与最广泛使用的热电偶相比，光纤光栅传感器的热响应更快，温升时间缩短了 28.2%。更高的灵敏度和快速的热响应对于检测快速急剧的温升至关重要，这在热失控等滥用条件下很常见。

2）同步测量温度和体积变化。光纤光栅传感器可以经济高效地测量电池内部应变。这一点至关重要，因为揭示真实电池内部状态的电极级应变与易于测量的表面应变有很大不同。例如，在循环过程中，植入电极材料并附着在表面的光纤光栅传感器的波长偏移分别为 390pm 和 110pm，这表明电极级的体积变化是电池表面级的 3 倍。光纤光栅传感器的另一个独特优点是，它可以通过每个测量点的专用去耦，使用单根光纤同步测量应变和温度。它可以解释为一个"二合一"微传感器，监测电池管理中两个最关键的变量。同步信息采集也有助于交叉验证的电池故障诊断和预警。

3）多路复用和分布式测量。用激光可以将多个布拉格光栅写入一根光纤中，每个光栅的波长偏移物理量很小，这意味着可以用一个通道读取来自多个光栅敏感区的信号，通常灵敏度为 1pm/0.1℃和 1pm/1με。由于光纤的可弯曲性，它可以灵活地排列在锂离子电池中，实现多点测量，这在文献中已有报道。空间热图中热点的准确识别有助于寒冷气候下有效的热管理和电池加热。除了电池内部特性的多点测量外，光纤光栅传感器的复用能力也有利于大规模电池组的分布式监控。据报道，集成了复用 100 个光纤光栅传感器的监测单元用于电池模块的监测。

尽管有多种好处和实际应用，但光纤光栅传感器的植入也带来了一些实际挑战，应充分考虑。光纤光栅传感器的设计、集成到锂离子电池中预计需要遵循某些要求，以简化实际应用，而不会造成太多不利后果。这可以总结如下：

1）电池内部环境耐受性。对于嵌入式测量，传感器应能耐受锂离子电池内部的电化学条件。为此，光纤光栅传感器由光纤芯和通常由硅制成的包层组成。元件的化学惰性使光纤光栅传感器在高腐蚀环境中保持良好的安全性和稳定性。然而，光纤光栅传感器易受弯曲和振动的影响，这可能会影响长期可靠性。光纤光栅传感器的显著弯曲增加了传感器损坏的风险，特别是在锂离子电池密封或激活过程中的高内部压力下。因此，考虑到机械强度和光学特性，光纤光栅传感器应嵌入锂离子电池中的适当位置，以避免传感器损坏并确保长寿命稳定运行。

2）解耦应变和温度信号。根据光纤光栅传感器的交叉敏感性，必须准确地将应变和温度的影响解耦。应变释放微管解耦方法实现简单、成本低，但它增加了传感器直径，对锂离子电池的侵入性更强，并可能降低机械稳定性。由于尺寸不兼容，引入额外松散连接传感器的方法只能在锂离子电池表面工作。虽然混合和微结构光纤光栅传感器对内部电池组件的解耦影响不大，但它们需要具有复杂微结构的特殊光纤，这增加了制造难度和成本。因此，值得深入研究一种电池友好且经济高效的解耦方法，以提高嵌入式光纤光栅传感器的耐用性和整体性能。

3）小型化、经济型解调仪。解调仪是光纤光栅传感器中不可或缺的组成部分。然而，对于便携式电子设备等特殊应用来说，其空间占用、额外重量和资本成本并不理想。相比之下，由于光纤光栅传感器的多路复用能力和紧凑的解调仪设计，额外的空间和重量并不是电动汽车和静态存储等应用面临的主要挑战。一般来说，为了实现广泛的应用，人们非常希望设计出尺寸/重量更小、成本更低、对振动等复杂工作条件具有良好稳定性的新型解调仪，尽管这可能颇具挑战性。

新型光学传感器正在迅速提高跟踪关键物理 – 化学 – 热指标并将其与锂离子电池的 SOC、SOH、SOP 和 SOS 相关联的可行性。除了状态估计之外，传感器还可以即时识别灾难性故障和极端滥用。所考虑的各种传感方法对电池化学性质都是中性的，因为它们既可以在非水环境（锂/钠离子、锂硫和固态电池）中使用，也可以在水环境（锌 – 二氧化锰电池等）中使用。

上文介绍了具备有效空间和时间分辨的嵌入式光纤传感技术，为锂离子电池带来了新的发展前景，将使未来的锂离子电池系统更加智能与环保。但要实现微型光纤传感平台，现实中仍然存在着许多亟待解决的挑战。总而言之，锂离子电池的实际运行过程中的监测受到不同监测设备与方法的影响，由此对于新型传感器，特别是光纤传感器，其设计、制造和检测将会提升锂离子电池的检测精度与性能。

综上所述，光纤传感器具有体积小、热响应快、可同时测量温度和应变变化、多路复用和分布式测量等优点，具有广阔的应用前景。将光纤与人工智能算法相结合，智能电池可实现优越的性能。在进一步的工作中，应认真考虑并妥善解决以下问题：对电池内部环境的耐受性、温度和应变信号的解耦以及小型化和经济型的解调仪。

2.3　锂离子电池光纤传感综述

1）基于光纤光栅传感器的温度测量。独立的温度敏感性最初是通过将温度与应变机械分离来实现的。光纤光栅传感器可以非接触地贴附或封装在微管中，以便仅与锂离子电池进行热连接，没有作用力被传导到光栅。因此，波长偏移仅由温度引起。除了测量温度外，独立的温度敏感性光纤光栅传感器还可用作应变补偿的参考。

2）基于光纤光栅传感器的应变测量。除了温度测量外，文献中还研究了使用光纤光栅传感器进行应变测量。由于光纤光栅传感器的交叉敏感性问题，在实际测量中有必要

第 2 章
电池光纤传感技术

将应变与温度解耦分离。

2.3.1 基于光纤传感的温度监测

通过与应变机械解耦，独立的温度测量在光学领域得到了初步研究。通过在微管中松散地附着或封装 FBG 传感器，FBG 可在微管内自由滑动，可以确保它们仅与锂离子电池热耦合，同时应变被机械方式释放[6,7]，使得光纤光栅传感器的波长偏移仅由温度变化引起。这种独立的温度灵敏 FBG 传感器除了用于测量温度外，也可以作为应变补偿[8,9]。

研究展示了光纤光栅传感器在锂离子电池表面温度测量中的应用。例如，Yang 等[9]将外部 FBG 传感器附加到锂离子纽扣电池的正极和负极上，如图 2-3a 所示，用于测量过充电工况下的表面温度，发现在过充电期间，电池温度升高了 11.7℃。此外，两个光纤光栅传感器分别连接到圆柱电池的外壳和负极表面，如图 2-3b 所示，实时监测外部短路条件下的温度变化，触发短路后侧面和底部的温度分别急剧上升 73.8℃ 和 71.2℃。Nascimento 等[10,11]将三个光纤光栅传感器胶合在电池表面的三个测量点上进行温度监测，如图 2-3c 所示。与热电偶共用时[11]，光纤光栅传感器显示了 4.88℃/min 的温度变化率，快于热电偶的 4.10℃/min，展示了光纤光栅传感器在实时监测电池温度方面更快的响应速度和更高的灵敏度。此外，通过将传感器数量增加到五个，实验组评估了整个电池表面的温度变化，在不同温度和湿度条件下对 1440mA·h 的锂离子电池进行测试，结果显示 FBG 传感器能够准确且稳定地测量温度梯度。

为了更有效地进行热管理，光学 FBG 传感器植入锂离子电池内部进行原位和实时测量。Fortier 等[12]将 FBG 传感器嵌入锂离子纽扣电池的隔膜和集流体之间，通过预开槽将光纤引出电池外壳，如图 2-3d 所示。经过多次充放电循环测试，发现电池内部温度与外界环境相比差异约为 10℃，证明了 FBG 传感器的有效集成及其监测内部温度的能力。

Novais 等[13]在两层浸有电解液的隔膜之间插入 FBG 光学传感器，如图 2-3e 所示，监测锂离子电池活性区域和极耳的温度变化。而 Amietszajew[14]、Fleming[15]以及 Mc-Turk 等[16]则将 FBG 传感器通过顶盖中间的预钻孔插入 18650 电池的内部空隙中，这种方法类似于使用热电偶测量电池内部温度，如图 2-3f 所示。测试显示，在 1C 放电结束时，锂离子电池核心温度比表面温度高出 5℃。Huang 等[17]通过在 18650 电池的卷芯中插入直径为 150μm 的单模光纤传感器，消除了应变耦合效应，如图 2-3g 所示。传感器以一致的位置沿锂离子电池中心空隙插入，界面使用环氧树脂密封以确保绝缘，实现了温度和压力的同时监测。Peng 等[18]设计的基于机械结构的 FBG 传感器用于监测 60A·h 磷酸铁锂电池的外部电极温度。FBG 光纤被松散地贴附在具有安装孔的金属环上，如图 2-3h 所示，该传感器展现了温度灵敏度 10.39pm/℃，证明了其监测能力和效率。

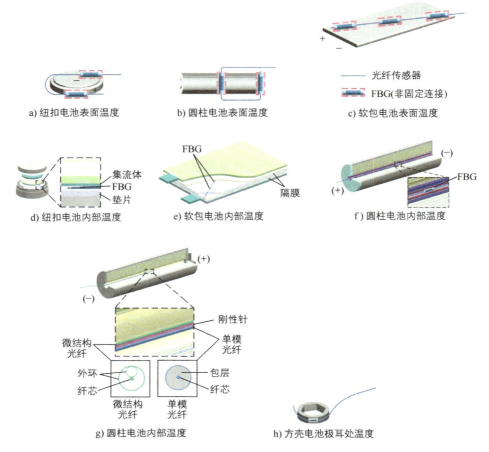

图 2-3　通过光纤光栅传感器测量电池温度

2.3.2　基于光纤传感的应变监测

在研究中，除了测量温度，使用光学 FBG 传感器测量应变也受到广泛关注。为了解决光学 FBG 传感器的交叉灵敏性问题，即应变和温度之间的耦合，有必要进行解耦处理。Meyer 等[19]采用两个 FBG 传感器在同一测量点进行解耦实验，其中一个传感器刚性固定以测量由应变和温度共同引起的波长偏移，而另一个则松散放置于定制套管中作为温度补偿，其波长偏移仅由温度变化引起，如图 2-4a 所示。通过这种配置，可以从总波长变化中减去温度影响，从而补偿应变测量中的热误差。在 40A·h 软包电池的循环使用过程中，通过集成的 FBG 传感器检测到与 SOC 相关的应变变化。400 次加速老化循环后，容量衰减了 6.3%，相应的不可逆应变也从 40μm/m 增加到 120μm/m，显示出应变和锂离子电池 SOH 之间的密切关系。进一步的过充电测试在 20A 条件下进行，9min 内应变增加了 45μm/m，这强调了应变测量在过充电诊断中的潜在应用。热失控实验中观察到的 FBG 测量温度上升约 750℃。Sommer 等[20]通过在锂离子电池表面平行布置两个 FBG 传感器来补偿应变，其中一个用环氧树脂胶牢固粘贴，而另一个用导热膏松散附着，如图 2-4b 所示，研究快/慢速离子扩散[21]和嵌入过程[22]。在高 SOC 阶段，应变增加更为显著，而随后的弛豫过程减轻了约 15% 的应变积累，这种现象可能由锂离子在电极区域的不均匀分布引起。Nascimento 等[23]使用了类似的传感器布置方法，通过将 FBG 传感器沿圆柱电池的长度和宽度方向分别安装到顶面和底面，如图 2-4b 所示，这种设计有效监测了锂离子电池表面的状态。以上研究展示了 FBG 传感器在实时状态估计和电池管理中的应用潜力。

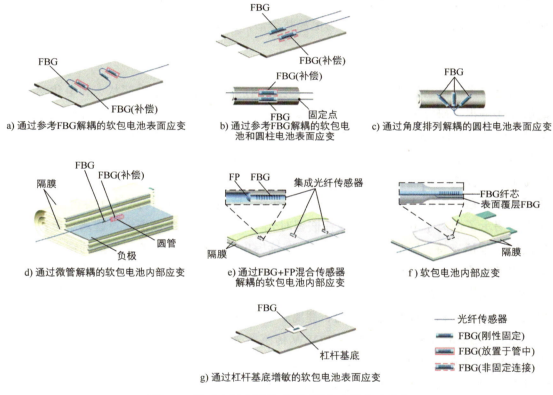

图 2-4 通过光纤光栅传感器测量锂离子电池应变

在光学 FBG 传感器的应用研究中，对于将应变测量从外部扩展到内部以提升锂离子电池管理的需求日益增长。Rente 等[24]开发了一种基于实时 FBG 测量的 SOC 估计器，并采用动态时间规整算法来实现最佳匹配。在实际应用中，这些通过 FBG 传感器获取的应变数据用于机器学习算法中进行 SOC 估计，实现了高达 2% 以内的估计精度。Pereira 等[25]将三个光学 FBG 传感器呈放射状布置在圆柱形电池的表面，通过特定的传感器布置角度，有效地提取了径向应变，如图 2-4c 所示。Schwartz 等[26]和 Raghavan 等[27]则专注于锂离子电池内部的温度梯度问题，将光学 FBG 传感器与参考补偿 FBG 传感器结合，实现了温度和应变的解耦测量。例如，一个 FBG 传感器牢固粘贴到负极层，而另一个通过微管道封装以独立测量温度，应用特定的补偿因子，可以从测量中提取和补偿应变，如图 2-4d 所示。为了提升测量灵敏度并减少侵入性，Nascimento 等开发了一种结合 FBG 和 Fabry-Pérot（FP）腔的混合传感器，如图 2-4e 所示，实现了电池内部的多点和实时温度及应变监测。Nedjalkov 等[28]则通过在光纤外层边缘区域添加包层波导布拉格光栅，如图 2-4f 所示，丰富了 FBG 传感器的功能，使其能同时监测电池内部的温度、应变和折射率变化。Peng 等[29]设计了一种基于应变集中和杠杆放大理论的高灵敏度光学 FBG 传感器。通过在电池表面安装双杠杆机构，该传感器实现了应变的机械放大，进一步提高了测量精度，如图 2-4g 所示。这些发展表明，新型 FBG 设计正朝着提高测量保真度和降低侵入性的方向发展，为电池状态估计提供了更多可能性。

2.3.3 基于光纤传感的电化学监测

通过将光纤倏逝波传感器植入锂离子电池内部，锂离子电池内部状态和电化学特性能够直接测得。研究者使用光纤传感器直接测量与锂离子电池的锂化状态和健康状态相关的光学特性。Ghannoum 等[30]利用实时光纤倏逝波光谱对正在嵌锂的石墨电极进行了光学表征，如图 2-2b 左图所示。光纤植入由石墨和磷酸铁锂制成的电池中，使用 30% ~ 80%SOC 的锂离子电池，研究了石墨电极光学特性的变化。结果表明，在 700 ~ 900nm 的近红外波段，SOC 与测量的折射率直接相关，这表明了光纤传感器直接测量 SOC 的潜力，揭示了锂离子电池石墨电极在嵌锂时光学特性，为光纤倏逝波对锂离子电池的表征提供了理论支持。随后，Ghannoum[31]继续提出了一种基于倏逝波光谱的锂离子软包电池的光纤监测方案。光纤传感器植入软包电池中，使 FOEW 传感器能够直接与石墨发生光学相互作用。该测试技术在定期测试中显示出可重复的信号，这与石墨的锂化直接相关，验证了将 FOEW 传感器应用于锂离子电池的原型方案。

随后，Ghannoum 等[32]开发了 FOEW 传感器来监测锂离子电池的 SOC 和 SOH，并将 FOEW 与软包电池集成在一起，如图 2-2c 左图所示。FOEW 传感器集成到 Swagelok 和软包电池中，用于监测锂离子电池的 SOC 和 SOH。随后，Ghannoum 等[33]分析了 FOEW 传感器与锂离子电池内石墨颗粒之间的相互作用，发现 FOEW 传感器与石墨颗粒表面的锂离子浓度具有一定的相关性。充电过程中 FOEW 信号显示三个峰值。相应地，同步可以观察到电池容量的下降。这项研究展示了 FOEW 传感器在最大化电池容量和循环寿命方面的应用潜力。

同时，Roscher 等[34]提出了一种使用光纤倏逝场传感的电池传感系统。FOEW 传感器用于测量电池循环过程中阴极的折射率和颜色，发现它与充电状态密切相关。这项研究从另一个角度为 FOEW 传感器的应用提供了理论支持，并提出了一种在圆柱形电池单元内使用光纤的传感器概念，如图 2-2d 所示。随后，Roscher 等[35]提出了一种直接确定 SOC 的方法，该方法可以使用倏逝场传感或带弯曲的光纤传感器。氧化铟锡（ITO）被用作磷酸铁锂电池阴极中的有效电致变色标记物，以研究电化学过程中的光学效应，发现它与 SOC 精确相关。在此实验的基础上，提出了一种将 FOEW 传感器集成到软包电池中监测 SOC 的原型方案。

为了进一步推动 FOEW 传感器在锂离子电池中的应用，上述研究者进行了合作。Modrzynski 等[36]将 FOEW 传感器植入锂离子电池中，可同时监测阳极和阴极，如图 2-2c 左图所示。ITO 继续用作锂离子电池阴极材料的电致变色标记，并观察到光纤传感器信号随 SOC 增加或减少的行为。这项研究表明 FOEW 传感器在锂离子电池中的应用进一步走向商业化。

此外，Hedman 等[37]提出了一种用于监测锂离子电池阴极材料的 FOEW 传感器，如图 2-2b 右图所示。将 FOEW 传感器插入改进的 Swagelok 电池中。当电池进行恒流循环和循环伏安法测试时，通过传感器记录光强度信号。测量结果表明，光信号与 SOC 具有良好的相关性，并且在多个循环中表现出一致性。这项研究表明，光纤传感器可用于直接评估与储能相关的材料特性，以及监测动态条件下的充电状态和电极特性。

除了直接光学表征锂离子电池的电化学反应外，读取和分析光信号也是电池管理系统中 FOEW 传感器的一个重要问题。为此，提出了用于锂离子电池光学传感的无线传感器概念。在上述研究中，Modrzynski 等[36]提出了一种用于光纤电池状态监控的无线信号传输方案。为了将 FOEW 传感器集成到锂离子电池储能系统的现场应用中，需要降低光谱分析仪的复杂性。为此，开发了一种基于多色 LED 和光传感器的简化光学系统。此外，Schneider 等[38]提出了一种用于监测每个电池温度和电压的无线传感器架构。Roscher 等[39]提出了一种用于测量电池电化学阻抗谱的无线传感器解决方案，研究了 FOEW 传感器的无线通信系统[36]，移植了以前的电池管理系统通信研究，以实现有效且简化的光学传感系统[38, 39]。

2.4 光纤传感测量案例分析

2.4.1 光纤光栅测量电池内部温度应变

在使用光纤光栅传感器测量电池内部物理量之前，需要了解电池的体积变化及温度变化特性，因此使用 FBG 传感器对软包电池表面的温度和应变进行测量。FBG 对应变和温度变化都有响应，其中应变是由电极活性材料的体积在充电–放电循环中的变化，以及温度变化引起的热膨胀或收缩引起的。由于光纤光栅的反射波长对所受的应变和温度变化敏感，因此使用参考传感器方法来补偿温度影响。

使用两个 FBG 传感器，其中一个 FBG2 被封装在特殊套管中，使其选择性地仅对温度敏感。然后从对应变和温度都敏感的相邻 FBG1 传感器的总波长偏移中减去套管中"参考"FBG2 传感器的测量波长偏移,从而补偿温度变化。因此,FBG 传感器可以监测锂离子电池所有运行和安全关键场景中的电极应变和温度。光信号通过光谱仪来采集。在一支光纤上,可以刻蚀多个光栅。而通过光开关来切换轮询每一支光纤光栅,可以构成一个光纤光栅传感器阵列,形成多点测量、准分布式测量的能力。

图 2-5a 显示了由两个 FBG 组成的 FBG 阵列,布拉格波长分别为 1550nm 和 1555nm(在图 2-5 中表示为 FBG1 和 FBG2),用于电池的应变和温度监测。电池采用额定容量为 25A·h 的锰酸锂电池。在安装过程中,FBG1 在预应变条件下部署到电池表面,其两端都用环氧树脂牢固黏合在电池表面。此时 FBG1 对电池体积膨胀和电池热膨胀敏感。另一方面,作为温度补偿的 FBG2 通过套管附着在电池表面,可以在套管内自由滑动,因此只对电池表面温度敏感,而不受任何应变的影响。两个 FBG 放置在电池中心,这是为了确保它们经受相同的温度变化并能有效地实现温度补偿。

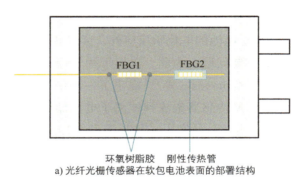

a) 光纤光栅传感器在软包电池表面的部署结构

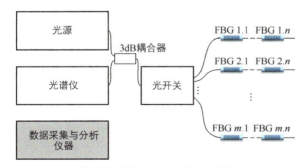

b) 光纤光栅传感器阵列与光信号采集仪器

c) 安装有光纤光栅传感器的软包电池实物

图 2-5 光纤光栅传感器测量系统

在使用光纤光栅测量电池时,固定光纤光栅 FBG1 的波长偏移主要由电池体积膨胀、电池热膨胀和温度引起。电池体积膨胀在此处指由锂离子嵌入石墨,从而引起石墨颗粒体积变大,进而使整个电池体积膨胀的现象,此处称由石墨体积变化引起的应变为嵌锂应变。电池热膨胀是指由于温度升高引起电池体积变大。在图 2-6 中,对电池的热膨胀进行了研究，即仅改变电池温度、不对电池进行充放电。电池被置于恒温试验箱中，设定于指定温度并充分静置。图 2-6a 和图 2-6b 分别是应变片和光纤光栅牢固粘贴到软包电池表面之后，在不同温度下的信号变化。在 20℃ 到 30℃ 范围内，应变片和光纤光栅的信号呈现出线性变化；随着温度继续升高，应变片和光纤光栅信号出现一定程度的离散。由于电池的推荐工作温度范围主要在 20℃ 到 30℃ 范围内，因此将应变片和光纤光栅的热输出拟合后采用线性模式进行补偿。由图 2-6c 可以看出，在套管内自由滑动的 FBG2，在温度范围内呈现出良好的线性，其波长偏移仅由温度引起。

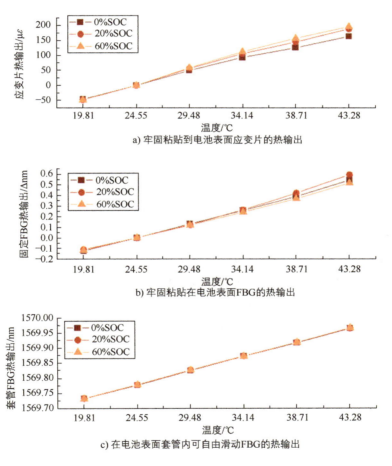

图 2-6 FBG 热输出分析

使用 $1C$ 倍率对软包电池进行恒流恒压充电，电池的体积会由于锂离子嵌入石墨中而膨胀。根据测量得到的温度值，分别使用应变片和光纤光栅 FBG1 测量的信号，减去相应的电池热膨胀，得到嵌锂应变的图形，如图 2-7 所示，应变片信号与光纤光栅信号具备高重合性，显示出光纤光栅具备传统上测量体积形变的应变片相同的测量能力。此外，可以看出在充电过程中，软包锰酸锂电池体积呈现出接近单调上升的特性，并且在约 30%SOC 处呈现出速率转折，这可能是石墨发生相变导致的。在约 90%SOC 处曲线开始转为下降，是因为恒流恒压充电协议，达到了充电上限截止电压，从恒流充电转为恒压充电，温升降低以及内部锂离子浓度变化。

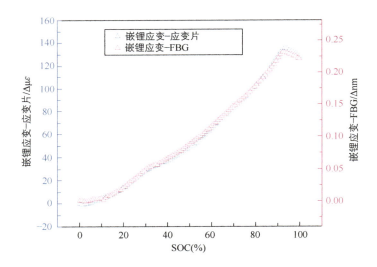

图 2-7 在软包电池充电过程中 FBG 与应变片所测量应变的对比

不同充电倍率的产热情况具有明显的差异性。图 2-8 是套管中的光纤光栅 FBG2 所测量的温度数据。高倍率充电时，电池产热显著增大。随着倍率增高，电池产热也相应增多。电池自身的产热，会加热电池，导致热膨胀。图 2-8 不仅显示出光纤光栅对温度的测量能力，而且显示出对于固定光纤光栅 FBG1，为了准确测量由锂离子嵌入引起的嵌锂应变，需要排除热膨胀的必要性。

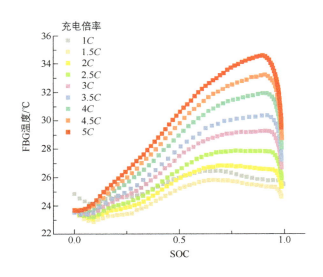

图 2-8 在多种充电倍率下使用 FBG 测量软包电池的表面温度

牢固粘贴 FBG 的信号，减去由套管 FBG 测量的热输出，得到软包锂离子电池在不同充电倍率下的嵌锂应变，如图 2-9 所示。可以看到，随着充电倍率增高，嵌锂应变曲线也相应增高，这一现象被称为"超调"（Overshooting）。已经采取措施在一定程度上排除温度引起的热膨胀的影响，因此超调现象可能是由于锂离子浓度不均匀引起的。在由恒流充电转为恒压充电后，应变曲线回调，超调现象逐渐减小，嵌锂应变的数值趋于一致。0.1C 充电由于一直是恒流充电直至上限截止电压，因此在高 SOC 阶段没有出现向下的转折。0.1C 的小倍率充电显示出更多细节，充电时电池嵌锂应变基本分为三阶段，由两次速率变化所划分：在 30%SOC 区间，出现第一次转折，速率轻微放缓；在约 75%SOC 区间，出现第二次转折。这可能是由于石墨嵌锂之后发生相变导致的，因此由光纤光栅测量的嵌锂应变曲线能够反映出锂离子电池内部材料的状态特性，这对于电池管理及诊断会带来新的前景。

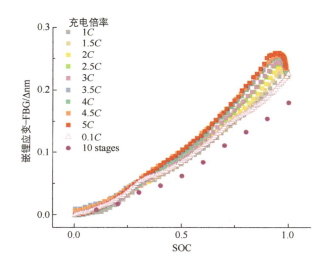

图 2-9　在多种充电倍率下使用 FBG 测量软包电池表面应变

在放电过程中，锂离子从石墨层和石墨颗粒中脱嵌，导致石墨体积收缩。图 2-10 是光纤光栅传感器，在软包电池 1C-CCCV 恒流恒压充电，以及恒流放电过程中测量得到的应变数据。初始阶段软包电池 SOC 为 0，随着充电开始，嵌锂应变上升。随着从恒流充电转换为恒压充电，以及静置过程，嵌锂应变缓慢下降并逐渐平缓。在恒流放电开始时，嵌锂应变快速下降。整个过程的光纤光栅显示出嵌锂应变与 SOC 呈现出高度相关性。

在对软包锂离子电池的表面温度及表面应变进行试验后，验证光纤光栅传感器能够测量电池温度及嵌锂应变，从体积、热等新的方面揭示锂离子电池运行机制。然而，受散热条件影响，热量会在电池内积累，导致内部温度高于表面温度；软包电池的封装也会阻隔石墨体积变化的传递，对嵌锂应变的测量造成一定干扰。因此，进一步把 FBG 植入软包电池内部。首先，FBG1被放置在石墨极电极层上，并使用苯乙烯－丁二烯－橡胶黏合到石墨电极层上。这种黏合剂与将石墨颗粒黏合在集电器上的黏合剂相同，并且在整个电池寿命期间都有效。因此，它可以让FBG可靠地监测电极状态。黏合后，将双电池层折叠起来，形成电池堆栈。FBG2被封装到特殊的微型套管中，放置于石墨电极层与隔膜中间，形成对电池内部应变与温度的监测能力，电池多维传感监测能力得到进一步拓展。

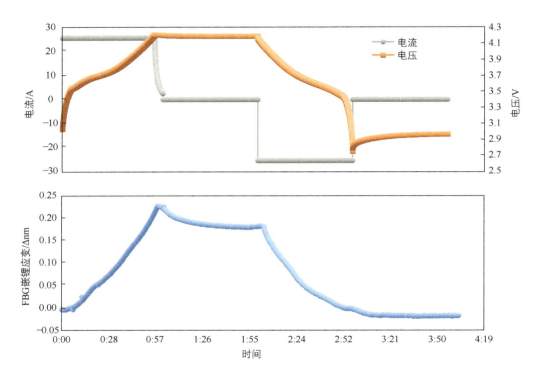

图2-10　在1C-CCCV充电和1C恒流放电过程中FBG测量软包电池嵌锂应变

2.4.2　分布式光纤测量电池内部温度应变

使用嵌入分布式光纤（DFOS）传感器的锂离子电池进行恒流恒压充电与恒流放电循环试验，分别模拟了标准循环和快速循环两种典型工况。采用D1、D2和D3传感器监测的圆柱形锂离子电池在0.3C和1C倍率下的温度分布如图2-11和图2-12所示，其中D1测量长度为6.3cm的卷芯从底部（0cm）到顶部（6.3cm）的内部温度，D2和D2分别测量正集流体和负集流体附近的外部温度，长度同样为6.3cm。显示了与电流电压同步的锂离子电池内部和表面温度分布演变。考虑到温度响应相对于电压响应的滞后特性，设定温度采样间隔为10s，而电流和电压的采样间隔设置为1s以实现数据精确采集。

如图 2-11 中 0.3C 标准循环过程所示，圆柱形锂离子电池内外部轴向温度分布都呈现出显著的不均匀性，伴随着热量的产生和积累，形成了明显的温度梯度。在恒流放电末期，随着电池电压的加速下降，电池温度迅速升高，达到该 0.3C 循环周期的峰值温度。峰值温度对应的轴向温度分布情况使用红色线条在二维温度图中标示。进一步分析，内部温度在距离负极端子 18mm 和 60mm 的位置（后续内容将统一使用与负极端子的距离表示轴向温度测点位置）出现了两个突出的高温点，这一现象可归因于圆柱形锂离子电池内部热化学反应主要集中在正负电极片上。相较于接近负极端子的 18mm 位置，正极端子附近区域内部温度更高，记录到峰值温度 31.4℃。这主要是由于负电极片仅有整个电池轴向的一半长度，只延伸到电池中部，因此放电过程中正极端子产生的热量更多。与此同时，观察表面温度分布情况，在 30～40mm 的区间内，即锂离子电池主体中部，最高温度达到 29.8℃，这一位置处于两个内部峰值温度点之间。基于以上观察结果，可以初步推测，圆柱形锂离子电池的产热位置并不集中在电池的几何中心点，而是与正负电极片的热效应密切相关，正负电极片在充放电过程中产生的热量对锂离子电池整体温度分布起到了决定性作用。

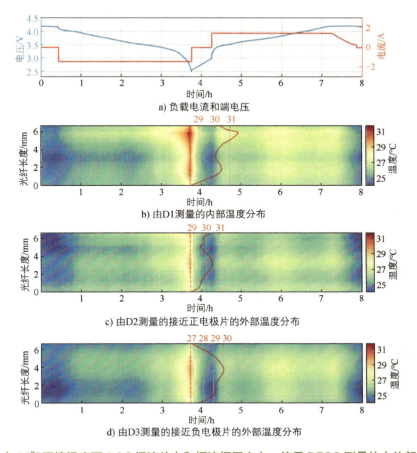

图 2-11 在 25℃ 环境温度下 0.3C 恒流放电和恒流恒压充电，使用 DFOS 测量的内外部温度分布

锂离子电池
智能感测与管理

在 1C 快速循环过程中同样观察到类似的温度分布特征，如图 2-12 所示，锂离子电池内部中央区域的温度显著高于正负极端子部位，这主要是由于在高倍率快速循环时，产生的热量集聚速度快且散热速率相对较慢。具体来说，如图 2-12b 所示，接近正极端子的 45mm 位置和接近负极端子的 18mm 位置温度较几何中心位置（约 36mm 处）略高，而随着向正负极端子靠近，温度逐渐降低，其中正极端子处的温度大约高出负极端子 3℃。相较于 0.3C 的标准循环工况，在快速循环过程中，轴向温度分布的不均匀性有所降低，这与不同循环倍率下的内部温度分布特性有关。在 1C 恒流恒压充电工况恒流充电阶段结束时，温度分布与恒流放电工况结束时所观察到的情况相似，但温度上升幅度相对较小。而在随后的恒压充电阶段，由于负载电流逐渐减小，产热速率小于散热速率，温度会呈下降趋势。此外，试验结果显示，锂离子电池内部温度普遍高于其表面温度，且沿轴向的不同位置，径向温差会发生变化，这一现象主要归因于圆柱形锂离子电池内部非均匀的结构布局与热传导特性。

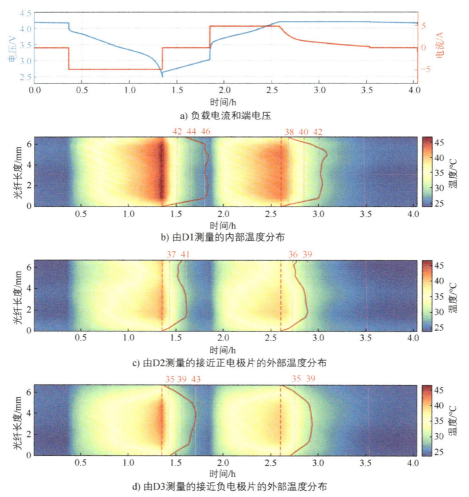

a) 负载电流和端电压

b) 由D1测量的内部温度分布

c) 由D2测量的接近正电极片的外部温度分布

d) 由D3测量的接近负电极片的外部温度分布

图 2-12　在 25℃ 环境温度下 1C 恒流放电和恒流恒压充电，使用 DFOS 测量的内外部温度分布

这些观察结果证实了电池轴向温度分布具有重要的研究意义，进一步验证了关于电池内部产热位置的推测。传统的集总参数热模型在处理电池温度时将其简化为单一状态，假设电池内部的热量集中并且最高温度位于电池几何中心，这一简化假设在反映复杂温度分布时存在局限性，在一定程度上限制了模型对实际温度梯空间变化特征的准确描述。

2.4.3　光纤倏逝波测量电池内部折射率

倾斜光纤光栅传感器（Tilted Fiber Bragg Grating，TFBG）能够测量电池内部电化学状态。与 FBG 不同的是，TFBG 的光栅平面绕垂直于光纤轴的轴旋转一定角度，从而通过相位匹配关系确保单个前向传播的纤芯模式与大量后向传播的包层模式之间的耦合。当外部介质的折射率（或介电常数）受到任何扰动时，这些离散包层模式谐振的波长和/或幅度就会发生偏移，因为包层模式的衰减场可以穿透并与周围环境（即电解质）相互作用，从而实现对折射率监控。

对于光纤倏逝波传感器，可以测量电池内部由折射率所表征的电化学状态。在光电化学传感器装置中，计算机连接到配备稳定钨卤素光源和紫外可见近红外光谱仪。使用熔接机，将两根芯径为 105.5μm、包层径为 125μm 的标准阶跃折射率多模光纤熔接到一根直径为 125μm、长度为 12mm 的无芯光纤的两端，以制备光纤传感器。在熔接之前，使用光纤剥线器去除多模光纤的聚合物缓冲层，并使用高精度切割器切割末端。传感区域基于无芯光纤，这是一种纯硅玻璃棒，带有聚合物缓冲液，用丙酮软化，然后用科学精密擦拭布和异丙醇轻轻取出并清洁。这使得纯硅玻璃棒与周围介质界面处限制的衰减场能够与浸有电解质的电极材料相互作用。

光纤传感器通过多模跳线连接到光谱仪和宽带光源，电池连接到恒电位仪/恒电流仪。在电池循环过程中，白光被发射到波导中，并使用光谱仪实时收集光学数据。研究发现锂在石墨上的沉积会显著调节光纤传感区域的光，并演示了在裸铜上的诱导析锂镀层以及由于过度锂化和过高的循环率引起的石墨电极上的析锂镀层。结果表明，析锂镀层导致光纤中的光损失，并且强度在成核前也有轻微增加，这可以作为锂枝晶形成的早期预警信号。此外，光纤倏逝波传感器还能够在锂离子嵌入（脱嵌）过程中原位监测石墨电极中的锂化阶段。

参 考 文 献

[1] SHARMA A K, GUPTA J, SHARMA I. Fiber optic evanescent wave absorption-based sensors：a detailed review of advancements in the last decade（2007-18）[J]. Optik, 2019, 183：1008-1025.

[2] LEUNG A, SHANKAR P M, MUTHARASAN R. A review of fiber-optic biosensors [J]. Sensors and Actuators B：Chemical, 2007, 125（2）: 688-703.

[3] TAITT C R, ANDERSON G P, LIGLER F S. Evanescent wave fluorescence biosensors [J].Biosensors and Bioelectronics, 2005, 20（12）: 2470-2487.

[4] GUPTA B D. Fiber optic sensors: principles and applications [M]. Delhi: New India Publishing Agency, 2006.

[5] SUBRAMANIAN A, RODRIGUEZ-SAONA L. Chapter 7 Fourier transform infrared（FTIR）spectroscopy [M]//SUN D-W. Infrared spectroscopy for food quality analysis and control. Cambridge, MA: Academic Press. 2009: 145-178.

[6] WERNECK M M, ALLIL R, RIBEIRO B A, et al. A guide to fiber Bragg grating sensors [M]//Current trends in short- and long-period fiber gratings. Rijeka: InTech, 2013: 1-24.

[7] RAO Y J. In-fibre Bragg grating sensors[J]. Measurement Science and Technology, 1997, 8（4）: 355.

[8] KERSEY A D, DAVIS M A, PATRICK H J, et al. Fiber grating sensors[J]. Journal of Lightwave Technology, 1997, 15（8）: 1442-1463.

[9] YANG G, LEITAO C, LI Y H, et al. Real-time temperature measurement with fiber Bragg sensors in lithium batteries for safety usage [J]. Measurement, 2013, 46（9）: 3166-3172.

[10] NASCIMENTO M, FERREIRA M S, PINTO J L. Impact of different environmental conditions on lithium-ion batteries performance through the thermal monitoring with fiber sensors[C]//Third International Conference on Applications of Optics and Photonics. Bellingham: SPIE, 2017, 10453: 673-677.

[11] NASCIMENTO M, FERREIRA M S, PINTO J L. Real time thermal monitoring of lithium batteries with fiber sensors and thermocouples: a comparative study [J]. Measurement, 2017, 111: 260-263.

[12] FORTIER A, TSAO M, WILLIARD N D, et al. Preliminary study on integration of fiber optic Bragg grating sensors in Li-ion batteries and in situ strain and temperature monitoring of battery cells [J]. Energies, 2017, 10（7）: 838.

[13] NOVAIS S, NASCIMENTO M, GRANDE L, et al. Internal and external temperature monitoring of a Li-ion battery with fiber Bragg grating sensors [J]. Sensors, 2016, 16（9）: 1394.

[14] AMIETSZAJEW T, MCTURK E, FLEMING J, et al. Understanding the limits of rapid charging using instrumented commercial 18650 high-energy Li-ion cells [J]. Electrochimica Acta, 2018, 263: 346-352.

[15] FLEMING J, AMIETSZAJEW T, MCTURK E, et al. Development and evaluation of in-situ instrumentation for cylindrical Li-ion cells using fibre optic sensors [J]. HardwareX, 2018, 3: 100-109.

[16] MCTURK E, AMIETSZAJEW T, FLEMING J, et al. Thermo-electrochemical instrumentation of cylindrical Li-ion cells [J].Journal of Power Sources, 2018, 379: 309-316.

[17] HUANG J, ALBERO BLANQUER L, BONEFACINO J, et al. Operando decoding of chemical and thermal events in commercial Na（Li）-ion cells via optical sensors [J]. Nature Energy, 2020, 5（9）: 674-683.

[18] PENG J, JIN Y, JIA S, et al. External electrode temperature monitoring of lithium iron phosphate batteries based on fiber Bragg grating sensors[C]//IOP Conference Series: Earth and Environmental Science. Bristol: IOP Publishing, 2020, 495（1）: 012002.

[19] MEYER J, NEDJALKOV A, DOERING A, et al. Fiber optical sensors for enhanced battery

safety[C]//Fiber Optic Sensors and Applications XII. Bellingham：SPIE, 2015, 9480：190-201.

[20] SOMMER L W, RAGHAVAN A, KIESEL P, et al. Embedded fiber optic sensing for accurate state estimation in advanced battery management systems[J]. MRS Online Proceedings Library, 2014, 1681：1-7.

[21] SOMMER L W, KIESEL P, GANGULI A, et al. Fast and slow ion diffusion processes in lithium ion pouch cells during cycling observed with fiber optic strain sensors [J]. Journal of Power Sources, 2015, 296：46-52.

[22] SOMMER L W, RAGHAVAN A, KIESEL P, et al. Monitoring of intercalation stages in lithium-ion cells over charge-discharge cycles with fiber optic sensors [J]. Journal of The Electrochemical Society, 2015, 162（14）：A2664-A2669.

[23] NASCIMENTO M, NOVAIS S, LEITÃO C, et al. Lithium batteries temperature and strain fiber monitoring[C]//24th International Conference on Optical Fibre Sensors. Bellingham：SPIE, 2015, 9634：1060-1063.

[24] RENTE B, FABIAN M, VIDAKOVIC M, et al. Lithium-ion battery state-of-charge estimator based on FBG-based strain sensor and employing machine learning [J]. IEEE Sensors Journal, 2020, 21（2）：1453-1460.

[25] PEREIRA G, MCGUGAN M, MIKKELSEN L P. Method for independent strain and temperature measurement in polymeric tensile test specimen using embedded FBG sensors [J]. Polymer Testing, 2016, 50：125-134.

[26] SCHWARTZ J, ARAKAKI K, KIESEL P, et al. Embedded fiber optic sensors for in situ and in-operando monitoring of advanced batteries [J]. MRS Online Proceedings Library, 2015, 1740：7-12.

[27] RAGHAVAN A, KIESEL P, SOMMER L W, et al. Embedded fiber-optic sensing for accurate internal monitoring of cell state in advanced battery management systems part 1：cell embedding method and performance [J].Journal of Power Source, 2017, 341：466-473.

[28] NEDJALKOV A, MEYER J, GRÄFENSTEIN A, et al. Refractive index measurement of lithium ion battery electrolyte with etched surface cladding waveguide Bragg gratings and cell electrode state monitoring by optical strain sensors [J]. Batteries, 2019, 5（1）：30.

[29] PENG J, JIA S, JIN Y, et al. Design and investigation of a sensitivity-enhanced fiber Bragg grating sensor for micro-strain measurement [J]. Sensors and Actuators A：Physical, 2019, 285：437-447.

[30] GHANNOUM A, NORRIS R C, IYER K, et al. Optical characterization of commercial lithiated graphite battery electrodes and in situ fiber optic evanescent wave spectroscopy [J]. ACS Applied Materials & Interfaces, 2016, 8（29）：18763-18769.

[31] GHANNOUM A R, IYER K, NIEVA P, et al. Fiber optic monitoring of lithium-ion batteries：a novel tool to understand the lithiation of batteries[C]//2016 IEEE SENSORS. New York：IEEE, 2016：1-3.

[32] GHANNOUM A, NIEVA P, YU A P, et al. Development of embedded fiber-optic evanescent wave sensors for optical characterization of graphite anodes in lithium-ion batteries [J]. ACS Applied Materials & Interfaces, 2017, 9（47）：41284-41290.

[33] GHANNOUM A, NIEVA P. Graphite lithiation and capacity fade monitoring of lithium ion batteries using optical fibers [J]. Journal of Energy Storage, 2020, 28：101233.

[34] ROSCHER V, RIEMSCHNEIDER K R. In-situ electrode observation as an optical sensing method for battery state of charge[C]//2017 IEEE Sensors Applications Symposium(SAS). New York: IEEE, 2017: 1-6.

[35] ROSCHER V, RIEMSCHNEIDER K-R. Method and measurement setup for battery state determination using optical effects in the electrode material [J]. IEEE Transactions on Instrumentation and Measurement, 2018, 67(4): 735-744.

[36] MODRZYNSKI C, ROSCHER V, RITTWEGER F, et al. Integrated optical fibers for simultaneous monitoring of the anode and the cathode in lithium ion batteries[C]//2019 IEEE SENSORS. New York: IEEE, 2019: 1-4.

[37] HEDMAN J, NILEBO D, LARSSON LANGHAMMER E, et al. Fibre optic sensor for characterisation of lithium-ion batteries [J]. ChemSusChem, 2020, 13(21): 5731-5739.

[38] SCHNEIDER M, ILGIN S, JEGENHORST N, et al. Automotive battery monitoring by wireless cell sensors[C]//2012 IEEE International Instrumentation and Measurement Technology Conference Proceedings. New York: IEEE, 2012: 816-820.

[39] ROSCHER V, SCHNEIDER M, DURDAUT P, et al. Synchronisation using wireless trigger-broadcast for impedance spectroscopy of battery cells[C]//2015 IEEE Sensors Applications Symposium(SAS). New York: IEEE, 2015: 1-6.

第 3 章

光纤传感在电池测量方面的应用

3.1 引言

随着电池技术的快速发展和应用领域的不断拓展,电池运行安全性与管理系统性能成为亟待优化的关键问题。现有的电池管理系统广泛采用多种传感技术来保障运行安全与性能优化,通过实时监测电池的温度、电压和电流,提供关键数据以进行电池状态估计、容量均衡及故障诊断。但这些策略仍面临若干局限性,例如,传统电测传感可能受到电磁干扰,导致数据准确性下降;接触式温度传感器则可能因长期暴露于恶劣化学环境而老化失效,影响监测连续性和可靠性。这些局限性凸显了对更优监测技术的需求,特别是在复杂多变的电池运行条件下。在这样的需求驱动下,探索并应用高精度、高适应性的监测技术以应对日益复杂的安全挑战和性能需求显得至关重要。光纤传感技术因其独特的高精度、高灵敏度、宽温度适用范围、恶劣环境适应性及出色的抗电磁干扰能力,展现出了超越传统传感手段的显著优势,在电池管理系统中展现出巨大的应用潜力,成为研究与应用的热点。光纤传感器同时用作感知媒介与信号传输介质,能够深入电池内部环境,实时监测温度、应力及电化学反应的微小变化,为电池行为预测、故障预警及使用策略的智能优化提供高分辨率的数据支持。通过光纤传感技术的集成应用,电池管理系统的智能化与精细化水平有望得到提升,对于推动电池系统整体性能的进步具有重要意义。

基于光纤传感器测量的应力数据和分布式温度数据进行深入研究,不仅能够提高各领域的安全性和效率,还可以推动新技术和新方法的发展。本章旨在通过两个具体应用案例,分析光纤传感技术在电池管理中的实际效用。首先,电池在充放电过程中会经历显著的体积变化,导致内部产生机械应力,通过光纤传感器实时获取电池循环过程中的应力数据,并基于简化的电化学模型建立多尺度力学模型。这一模型能够高精度模拟电池在不同工况下的机械应力状态,从而指导制定更加有效的充电控制策略,避免因充电倍率过大或过度充电造成的过度应力,导致电池损坏或性能退化。其次,展示了利用光纤传感技术进行电池分布式温度状态精确评估的方法与异常状态的早期识别策略。在电池运行过程中,温度变化是影响其性能和寿命的重要因素,光纤传感器能够提供分布式温度测量,精确监测电池内部各区域的温度分布,本章结合集总参数热模型与神经网络模型建立级联分布式热模型，能够高精度模拟电池在不同工况下的温度分布状态，从而优化电池温度控制策略，识别局部过热等异常情况。通过早期检测电池温度异常变化，可以及时采取措施，防止电池过热引发的安全问题，提高电池的整体运行安全性和稳定性。这些应用实例不仅验证了光纤传感技术在电池管理领域的有效性和可行性，同时也为后续研究和技术改进提供了实证基础和方向指引，强调了其在促进电池技术发展方面的重要作用。

3.2 多尺度力学模型

研究者们普遍认为，在锂离子嵌入和扩散过程中，电极活性颗粒的不均匀体积膨胀会引起显著的颗粒应力，这种现象通常被称为扩散诱导应力效应[1]。这种效应在高倍率充电过程中特别明显。直观地理解，当颗粒应力超过材料屈服强度时，会导致颗粒破裂。随后，电解质可能穿透裂缝，导致 SEI 再生[2]、正极氧化层生长[3]和/或其他失效模式。进一步的研究明确表明，锂离子的各种电极材料的衰退与电极颗粒破裂具有显著关联性，这在长期循环后的拆解试验中得到了验证[4-9]。因此，在电池管理中对应力进行有效约束变得至关重要，而光纤传感技术在电池机械状态测量方面的优势也为其在电池管理中的应用提供了有利条件。

在此背景下，力学模型的开发对于制定考虑应力约束的充电策略至关重要。Christensen 和 Newman 首先构建了锂离子电池的扩散诱导应力模型，将电极材料近似为球形颗粒[10, 11]。同时，Zhang 等提出了一种基于热弹性应力理论的经典扩散诱导应力模型[12]。此外，还开发了一个分析模型来研究恒电流嵌入下双层电极的断裂行为[13]。然而，上述研究一直忽视了宏观和微观尺度之间机械应力的相互作用，许多实验已经证明颗粒应力和电极应力之间存在显著的相互作用[14]。因此，面向充电控制的多尺度力学模型有待于深入探索。本节基于简化的电化学模型，建立了多尺度力学模型，为考虑应力约束的充电策略提供模型基础。

3.2.1 电化学模型

本节通过电化学模型简要描述锂离子电池的电化学性能。通常，电化学模型包括五个关键功能，见表 3-1。此外，通常认为电极内的所有固相颗粒都表现出均匀的行为，从而有助于简化电化学模型的解析过程。详细的建模和简化方法在文献[15]中阐述。

电化学模型的关键参数见表 3-2。电池的尺寸，包括颗粒半径、电极板面积和电极厚度，是通过电池拆解试验获得的，而其他参数则是在典型工况条件下使用遗传算法辨识的，或直接从相关文献中提取。

表 3-1 锂离子电池电化学模型

电池动态过程	电化学模型中的基本方程
固相扩散	$\dfrac{\partial c_s}{\partial t} = \dfrac{D_s}{r^2}\dfrac{\partial}{\partial r}\left(r^2\dfrac{\partial c_s}{\partial r}\right)$
液相扩散	$\dfrac{\partial}{\partial t}\varepsilon_e c_e = \dfrac{\partial}{\partial z}\left(D_e^{\text{eff}}\dfrac{\partial}{\partial z}c_e\right) + (1-t_c)\dfrac{j_f}{F}$
固相电势	$\dfrac{\partial}{\partial z}\left(\sigma^{\text{eff}}\dfrac{\partial}{\partial z}\phi_s\right) - j_f = 0$
液相电势	$\dfrac{\partial}{\partial z}\left(\kappa^{\text{eff}}\dfrac{\partial}{\partial z}\phi_e\right) + \dfrac{\partial}{\partial z}\left(\kappa_D^{\text{eff}}\dfrac{\partial}{\partial z}\ln c_e\right) + j_f = 0$
电化学动力学	$j_f = 2a_s i_0 \sinh\left(\dfrac{\alpha F}{RT}\eta_{\text{act}}\right)$

表 3-2 电化学模型关键参数

参数	符号/单位	负极	隔膜	正极
厚度	$L/\mu m$	113	51	37
面积	A/m^2	0.18	0.18	0.18
颗粒半径	$R_s/\mu m$	10	—	8
固相扩散系数	$D_s/m^2 \cdot s^{-1}$	3.8×10^{-15}	—	1.1×10^{-14}
固相体积分数	ε_s	0.5	0.55	0.5
液相体积分数	ε_e	0.5	0.45	0.5
固相最大浓度	$c_{s,\max}/\text{mol} \cdot m^{-3}$	30555	—	51410
液相初始浓度	$c_{e,0}/\text{mol} \cdot m^{-3}$	1200		
液相扩散系数	$D_e/m^2 \cdot s^{-1}$	1.2×10^{-10}		

3.2.2 颗粒尺度力学模型

由锂离子浓度的不均匀分布而引起的扩散诱导应力可导致对电极颗粒的实质性损坏，从而导致电池退化。为了在颗粒尺度上模拟这种应力，本节考虑了一种球形、各向同性和弹性的石墨颗粒，该颗粒具有球对称的锂扩散，如图 3-1 所示。基于简化电化学模型中的单粒子假设，可以方便地计算球面坐标系中的扩散诱导应力，如下所示：

$$\sigma_r = \dfrac{E}{1+\nu}\left(\dfrac{\nu}{1-2\nu}\varepsilon_v + \varepsilon_r\right) - \dfrac{E\Omega c_v}{3(1-2\nu)} \tag{3.1}$$

$$\sigma_t = \dfrac{E}{1+\nu}\left(\dfrac{\nu}{1-2\nu}\varepsilon_v + \varepsilon_t\right) - \dfrac{E\Omega c_v}{3(1-2\nu)} \tag{3.2}$$

其中，E 是杨氏模量；ν 是泊松比；Ω 是石墨嵌锂的偏摩尔体积；ε_r 和 ε_t 分别是径向应变和切向应变；σ_r 和 σ_t 分别是径向应力和切向应力；$c_v = c_s - c_0$ 是与初始浓度相比的浓度变化值，而 $\varepsilon_v = \varepsilon_r + 2\varepsilon_t$。

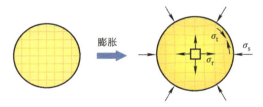

图 3-1 颗粒尺度力学模型示意图

通常，几何方程和平衡方程如下所示：

$$\begin{cases} \varepsilon_r = \dfrac{du_r}{dr} \\ \varepsilon_t = \dfrac{u_r}{r} \end{cases} \tag{3.3}$$

$$\frac{d\sigma_r}{dr} + \frac{2(\sigma_r - \sigma_t)}{r} = 0 \tag{3.4}$$

其中，u_r 是颗粒表面的位移。

随后，将方程（3.1）~方程（3.3）代入方程（3.4）中，得到位移方程：

$$\frac{d^2 u_r}{dr^2} + \frac{2}{r}\frac{du_r}{dr} - \frac{2u_r}{r^2} = \frac{1+\nu}{1-\nu}\frac{\Omega}{3}\frac{dc_v}{dr} \tag{3.5}$$

求解方程（3.5）可得：

$$u_r = \frac{1+\nu}{1-\nu}\frac{\Omega}{3}\frac{1}{r^2}\int_0^r c_v r^2 dr + C_1 r + \frac{C_2}{r^2} \tag{3.6}$$

将方程（3.3）、方程（3.4）和方程（3.6）代入方程（3.1）和方程（3.2）可得扩散诱导应力：

$$\sigma_r = -\frac{2E}{1-\nu}\frac{\Omega}{3}\frac{1}{r^3}\int_0^r c_v r^2 dr + \frac{EC_1}{1-2\nu} - \frac{2EC_2}{1+\nu}\frac{1}{r^3} \tag{3.7}$$

其中，C_1 和 C_2 是待定系数。

边界条件为，在 $r = 0$ 处，$u_r = 0$，可知 C_2 一定为零。

考虑颗粒表面受面力 σ_s 作用，方程（3.7）可以写为

$$\sigma_r = \sigma_s = -\frac{2E}{1-\nu}\frac{\Omega}{3}\frac{1}{R_s^3}\int_0^{R_s} c_v r^2 dr + \frac{EC_1}{1-2\nu} \tag{3.8}$$

因此，待定系数 C_1 可表达如下：

$$C_1 = \frac{1-2\nu}{E}\sigma_s + \frac{2(1-2\nu)}{1-\nu}\frac{\Omega}{3}\frac{1}{R_s^3}\int_0^{R_s} c_v r^2 \mathrm{d}r \tag{3.9}$$

将式（3.9）和 $C_2 = 0$ 代入式（3.1）和式（3.2）可得：

$$\sigma_r = \frac{2E}{1-\nu}\frac{\Omega}{3}\left(\frac{1}{R_s^3}\int_0^{R_s} c_v r^2 \mathrm{d}r - \frac{1}{r^3}\int_0^r c_v r^2 \mathrm{d}r\right) + \sigma_s \tag{3.10}$$

$$\sigma_t = \frac{E}{1-\nu}\frac{\Omega}{3}\left(\frac{2}{R_s^3}\int_0^{R_s} \tilde{c} r^2 \mathrm{d}r + \frac{1}{r^3}\int_0^r c_v r^2 \mathrm{d}r - c_v\right) + \sigma_s \tag{3.11}$$

其中，第一项代表扩散诱导应力，第二项代表表面所受的面力作用。这表明电极颗粒所受应力是扩散诱导应力与面力的线性叠加。

3.2.3 电极尺度力学模型

粒子的机械行为总是受到电极尺度上的物理约束影响。因此，除了由颗粒本身产生的扩散诱导应力之外，由电极极板约束产生的表面力在充电和放电过程中同样不可忽视。具体地说，锂嵌入过程引起石墨负极产生大约10%的体积膨胀。然而，这种膨胀受到铜集流体的限制，从而石墨颗粒受到相当大的表面力。为此，建立了电极尺度力学模型来描述这一现象，如图3-2所示。

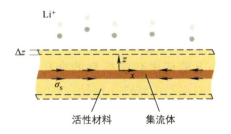

图 3-2 电极尺度力学模型

根据弹性理论，平面内法向应变 ε 在厚度方向上线性变化：

$$\varepsilon = \varepsilon_0 + \kappa z \tag{3.12}$$

其中，ε_0 是 $z = 0$ 时平面的平面内应变；κ 是变形电极的曲率。该方程是在集流体和电极活性材料层结合良好的假设下得出的。此外，假设电极在宏观上是均匀的、弹性的和各向同性的，则电极的本构方程如下：

$$\sigma_1 = E_1(\varepsilon_0 + z\kappa) - \frac{1}{3}E_1\Omega c \tag{3.13}$$

其中，σ_1 和 E_1 分别是电极活性材料层的应力和杨氏模量。

电极的力学平衡方程如下：

$$\int_{-h_c-h_1}^{h_1} \sigma \mathrm{d}z = 0 \tag{3.14}$$

$$\int_{-h_c-h_1}^{h_1} \sigma z \mathrm{d}z = 0 \tag{3.15}$$

其中，h_1 是电极活性材料层的厚度；h_c 是集流体的厚度。

通过求解方程（3.14）和方程（3.15），可得曲率和应变如下：

$$\begin{cases} \kappa = 0 \\ \varepsilon_0 = \dfrac{2}{2 + \dfrac{h_c}{h_1}\dfrac{E_c}{E_1}}\varepsilon_p \end{cases} \tag{3.16}$$

其中，ε_p 是电极颗粒的应变。显然，电极应变与颗粒应变成正比。

将式（3.16）代入式（3.13），得到表面应力 $\sigma_s = \sigma_1$。至此，依靠电极应变 ε_0 和表面应力 σ_s 在宏观电极尺度和微观颗粒尺度的力学行为之间建立了联系。

3.2.4 模型验证

首先，在各种工作条件下验证电化学模型的准确性，如图3-3所示。具体而言，CCCV条件下的端电压平均绝对误差（MAE）保持在0.023V以下，动态应力测试（DST）条件下的MAE保持在0.027V以下。此外，相应的最大误差保持在0.04V以内。观察到的低建模误差表明，所提出的模型在解释锂离子电池的电化学动力学方面是可靠的。

此外，在图3-3中绘制了电池表面应变及其一阶导数的试验结果和模型结果对比。值得注意的是，根据应变曲线的斜率，表面应变的演变可以分为三个阶段，而不仅仅是单纯的线性增长。电池应变的一阶导数更直观地说明了这一现象，其中导数曲线的两个不同峰值对应于斜率变化处的拐点。更具体地说，6A·h附近的峰值表示石墨负极从 LiC_{12} 到 LiC_6 的相变，对应于负极的50%SOC。可见，所提出的模型能够精确模拟这些现象。因此，观察到的高建模精度验证了所提出的用于描述LIB力学性能的力学模型的高保真度，该模型还可以帮助揭示电池电化学状态与其机械行为之间的相互作用。

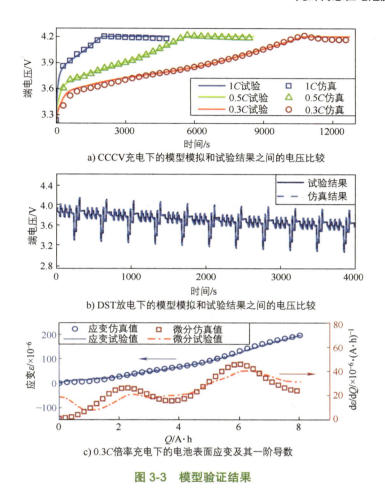

a) CCCV充电下的模型模拟和试验结果之间的电压比较

b) DST放电下的模型模拟和试验结果之间的电压比较

c) 0.3C倍率充电下的电池表面应变及其一阶导数

图 3-3　模型验证结果

3.3　基于力学模型的快充策略

3.3.1　约束应力充电策略

基于3.2节所提出的电化学力学模型，提出了一种具有应力约束机制的快速充电闭环控制算法。该算法结合了两种闭环控制策略：比例积分（PI）观测器和比例积分微分（PID）控制器。在PI观测器中，以模型预测电压和实时测量电压之间的端电压误差作为反馈信号，自动估计LIB的内部状态，包括颗粒应力和锂离子浓度。在PID控制器中，将电极活性材料的预定应力阈值与估计的颗粒应力进行比较，并将差值作为另一反馈信号，以自动调整充电电流。具有两个闭环的应力约束快速充电算法如图3-4所示。

假设10个节点用于扩散方程的离散化，模型状态向量 x 包含正极和负极中的20个空间位置处的锂离子浓度。输入矢量 u 是充电电流 I，可测量的输出矢量 y 是端电压。

状态空间函数如下所示:

$$x_k = f_k(x_{k-1}, u_k) \tag{3.17}$$

$$y_k = g_k(x_k, u_k) \tag{3.18}$$

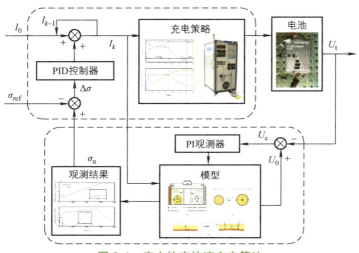

图 3-4 应力约束快速充电算法

在时间步 k,通过基于 x_{k-1} 和 u_k 的函数 f_k 迭代更新状态 x_k,并通过基于 x_k 和 u_k 的函数 g_k 计算 y。尽管由于 f_k 和 g_k 的高度非线性,状态空间函数很复杂,但 PI 观测器可以通过以下形式的修正方程跟踪真实状态:

$$\hat{x}_k = f_k(\hat{x}_{k-1}, u_k) + h(z_k - \hat{z}_k) \tag{3.19}$$

其中,$\hat{x}_k$ 和 $\hat{x}_{k-1}$ 是估计向量。基于 PID 控制理论得到反馈增益 $h(z_k - \hat{z}_k)$,见式(3.20)。选择合适的参数向量 k_p 和 k_i 能够使得 PI 观测器以足够的精度跟踪真实状态。

$$h(z_k - \hat{z}_k) = k_p(z_k - \hat{z}_k) + k_i \sum_{i=1}^{k} (z_i - \hat{z}_i) \tag{3.20}$$

类似地,电流校正 ΔI 由 PID 控制器计算,见式(3.21)。一开始,颗粒应力和应力参考值之间的较大差距将导致相对较高的充电电流。随后,通过调节电流大小,将颗粒应力约束在应力参考值附近。

$$\Delta I = K_p \cdot \Delta\sigma_k + K_i \cdot \sum_{i=1}^{k} \Delta\sigma_i + K_d \cdot (\Delta\sigma_k - \Delta\sigma_{k-1}) \tag{3.21}$$

其中,$\Delta\sigma_k = \sigma_{ref} - \hat{\sigma}_k$;$K_p$、$K_i$ 和 K_d 是预定义的 PID 控制参数。根据 3.3.3 节的老化试验结果,选择参考应力 $\sigma_{ref} = 20\text{MPa}$ 作为石墨颗粒的屈服强度。

3.3.2 策略对比

使用所提出的应力约束快速充电策略的结果如图 3-5 中的绿线所示。可以看出,充电过程可以明显地分为三个阶段。最初,所提出的 PID 控制策略将使电流达到相当大的值,以追求高充电速度。根据电池说明书,最大可持续充电电流选择为 1.5C 速率。随后,颗粒应力在 360s 左右接近预定阈值,从而产生机械故障和电池快速衰退的风险。为了应对这种风险,自适应地降低充电电流,以确保颗粒应力始终遵守安全阈值。这种充电模式持续到 CV 充电阶段,在此期间电流进一步减小以将端电压限制在阈值内。该阶段相当于传统 CCCV 协议中的 CV 充电。显然,试验证明,所提出的充电算法可以在不违反约束的情况下持续保持最大允许电流。

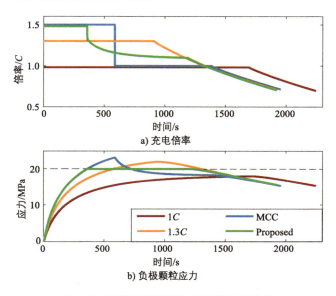

图 3-5 所提出的策略与传统策略的比较

为了证明应力约束充电算法的优越性,将所提出的策略与传统策略进行了对比,包括 MCC 和 CCCV 充电协议,如图 3-5 所示。可以看出,与 MCC 和 1.3C CCCV 协议相比,所提出的策略表现出相近的充电速度。正如预期的那样,只有所提出的策略能有效地将负极应力限制在规定的阈值内。此外,尽管在 1C CCCV 协议的情况下负极应力保持在阈值以下,但其充电速度降低了 16.8%。总之,所提出的策略在不影响充电速度的情况下有效地约束了负极应力。

3.3.3 电池衰退分析

在老化研究中,图 3-6 所示的差分电压分析曲线通常用于分离不同的老化机制,包括负极衰退和正极衰退。由于峰值距离与电极的存储容量成比例,因此可以将峰值清楚地分配给正极和负极。如图 3-6 所示,特征容量 Q_1 表示 0%SOC 和石墨中心峰(约

6A·h处）之间的距离。石墨中心峰表示负极电势从中等电压平台向低电压平台的转变，当石墨负极锂化超过50%时发生这种转变。由于Q_1仅基于负极特征，它提供了关于石墨负极存储能力变化的信息，常用来表示负极活性材料损失（LAM）。

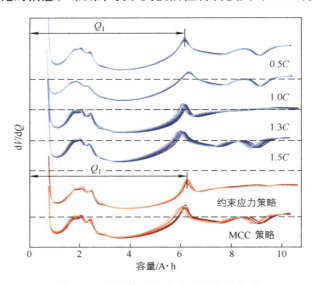

图3-6　不同策略的差分电压分析曲线

同一批次中的6个电池进行了400次循环，以探索过应力对电池老化的影响，如图3-6所示。很明显，负极老化起着主导作用，因为只有Q_1发生了显著变化，而差分电压曲线的其他部分只随着石墨中心峰的移动而相应变化。具体地，Q_1随着充电速率超过1.3C而显著减小，当充电速率低于1C时保持不变。因此，应力阈值选择为20MPa，该值位于其最大应力的中间位置，如图3-5所示。利用该阈值，即使初始充电速率超过1.3C，所提出的应力约束策略也表现出较低的负极衰退。相反，具有相同充电速度但应力超过阈值的MCC策略会导致明显的电池老化。差分电压分析结果表明，过应力引起的负极LAM是一种主要的老化模式，通过所提出的策略可以缓解。

3.3.4　电池拆解验证

通过拆解锂离子电池进一步进行分析，以观察验证石墨颗粒是否发生了机械开裂和老化。通过扫描电子显微镜对负极的表面形貌进行了表征，如图3-7所示。显然，MCC策略下的石墨颗粒（图3-7c）与所提出策略下的石墨颗粒相比明显表现出更多的裂纹（图3-7a）。此外，在MCC策略下，石墨颗粒的表面表现出显著的粗糙度，粗糙度可归因于颗粒表面破裂导致的石墨剥离。综上，图3-7a和图3-7c中观察到的负极形态差异与图3-5b中所示的应力预期一致，并进一步阐明了图3-6中负极的老化表现。因此，图3-6和图3-7全面说明了在充电过程中约束电池机械应力的有效性和重要性。

第 3 章
光纤传感在电池测量方面的应用

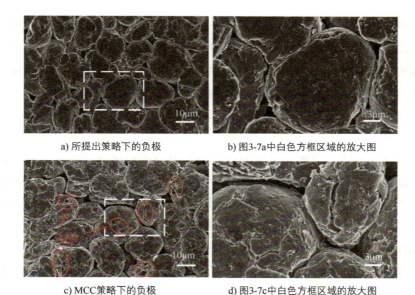

a) 所提出策略下的负极　　　　　　b) 图3-7a中白色方框区域的放大图

c) MCC策略下的负极　　　　　　d) 图3-7c中白色方框区域的放大图

图 3-7　扫描电子显微镜结果

3.4　分布式热模型

　　锂离子电池的热响应可以基于能量守恒原理构建数学模型精确描述,包括在合理设定的边界条件下,电池内部的产热效应、热传导过程和温度演变等核心要素。集总参数热模型依据电池内部微观产热机制和宏观能量交换过程知识,能够通过电流、电压和温度等少量可观测参数,实现经济高效的内部温度估计[16, 17]。值得注意的是,尽管电池热行为的基础理论已被广泛研究,但现有的电池热模型大多倾向于关注圆柱形电池的径向热动力特性,对轴向温度分布特性的研究相对匮乏,无法实现高分辨率空间分布建模。电池内部多物理过程与不对称多层结构之间的耦合关系复杂,使得热产生和热传递具有显著的非均匀特征。这种局部热差异可能加剧电池性能衰退,诱导结构局部劣化,进而危及电池整体效能直至失效[18, 19]。因此,精确拟合并实时估计锂离子电池内部的温度分布状态,对于保障电池安全可靠运行具有重要作用。

　　鉴于锂离子电池固有的非线性物理特性、多变的工作条件以及受限的温度传感布置,其热模型的预测效能及应用于内部温度分布估计时面临较大的不确定性。这些现实挑战使得在现有传感器布置基础上优化锂离子电池内部温度分布估计方法成为一个重要的研究课题。建立精确且稳健的锂离子电池热模型,准确模拟电池内部温度分布特性,不仅是全面评估电池温度状态的核心手段,也是优化电池管理系统控制性能、提高电池使用效率以及防范潜在安全隐患的关键技术。针对上述问题,本节提出了一种创新的级联分布式热模型框架，其核心优势在于层次化的结构设计，通过细化电池内部的热传递过程，特别关注圆柱形电池内部复杂的径向和轴向非均匀温度分布特征。该模型不仅考虑了电池内部的物理特性，还充分结合了实际工况的变化和传感器布置的约束，有望弥补传统热模型在内部热动态行为预测方面的不足。

3.4.1 产热模型

根据发热源的不同，锂离子电池的内部产热可以主要区分为可逆热和不可逆热两部分。可逆热来源于电池内部正常充放电过程中电化学反应产生或吸收的反应热 Q_{rev}，本质是反应物和产物间的吉布斯（Gibbs）自由能梯度所驱动的能量平衡需求，熵热是影响反应热性质的主要因素。熵热系数被定义为开路电压对温度的偏导数，反映了锂离子在活性材料 Li_yMO_x 中嵌入或脱嵌时，锂元素含量 y 的变化对其在主晶格结构中有序性的影响。熵系数的数值和曲线形状受到正负电极竞争反应以及各电极的相关熵变影响，随锂元素含量 y 非线性变化[20]。充电过程中熵热系数为正值，可逆热主要表现为从环境中吸热，放电过程中熵热系数为负值，可逆热主要表现为对外界放热。以 NMC 锂离子电池为例，其熵热系数曲线相对平滑，数值变化较小，一般范围在 $-1.7 \times 10^{-4} \sim 0.3 \times 10^{-4}$ V/K 之间[21, 22]。

不可逆热来源于锂离子电池在充放电过程中的一些非理想因素，主要包括焦耳热 Q_{jou}、极化热 Q_{pol} 和副反应热 Q_s 等方面。焦耳热来源于锂离子电池内部的欧姆损耗，包括电极材料电阻、电解液电阻以及接触界面电阻等阻抗；极化热来源于克服化学反应活化能，包括电解质阻力、传质限制等因素引起的过电位；副反应热来源于非预期的化学反应，如电解液分解、固体电解质界面膜的生长与重构、电极材料的结构劣化等[23, 24]。

锂离子电池的总生热量 Q 表达式为

$$Q = Q_{rev} + Q_{jou} + Q_{pol} + Q_s \tag{3.22}$$

对于体积较小的圆柱形锂离子电池，假设电池内部热源均匀且稳定，此时主要的热效应来源于焦耳热、极化热和反应热，为了方便计算，忽略影响较小的混合热、相变热和副反应热等，Bernardi[25] 基于热力学理论提出的简化计算模型表达式为

$$\dot{Q}_{gen} = I_L(U_{oc} - U_t) - I_L T \frac{dU_{oc}}{dT} \tag{3.23}$$

其中，I_L 是负载电流；U_{oc} 是开路电压；U_t 是端电压；T 是电池单体的平均温度；dU_{oc}/dT 是熵热系数。产热方程右侧第一项表示由欧姆电阻损耗以及过电位效应产生的不可逆热，第二项表示由于电化学反应产生的可逆热。

3.4.2 多点集总参数热模型

锂离子电池内部的散热过程可以被细分为两个阶段。首先电池内部产生的热量通过热传导方式从热源核心向电池壳体表面传递，这一过程的热量传输效率受到电池内部材

料热导率、温度梯度以及电池结构等多种因素的影响。随后积累在电池表面的热量进一步通过热对流和热辐射方式释放到周围环境中[15]，热对流过程受控于电池表面与周围环境的温差和散热介质的流动状态，而热辐射则是热量以电磁波的形式直接向其他介质无接触式传递。基于能量守恒定律、傅里叶导热定律和牛顿冷却定律，锂离子电池的能量平衡状态可以用图3-8中所示的热网络模型进行直观且定量的分析，其中热阻参数用来量化热量在传递过程中遇到的阻力，而热容参数则反映了电池各组成部分存储和释放热量的能力，两者共同构成了电池热动力学行为的详细描述。

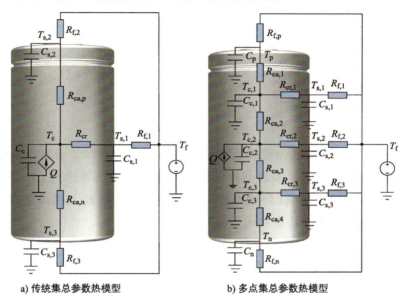

a) 传统集总参数热模型　　　　b) 多点集总参数热模型

图 3-8　圆柱形电池的热模型

传统的集总参数热模型如图3-8a所示，对复杂的电池温度分布情况进行简化描述，仅关注有限数量的温度节点，导致模型难以充分拟合锂离子电池内部的轴向温差效应，限制了预测结果的准确性和可靠性。事实上，锂离子电池由多个具有不同热特性的部件卷绕或堆叠组成，这些组件间的热交互作用表现出显著的各向异性特征。为了解决传统模型的局限性，本研究应用具有高空间分辨率的嵌入式温度传感技术，实现了对电池内部温度的精细化分布式监测，获得了丰富的温度数据。在此基础上，结合对电池物理机理的分析，建立多点集总参数热模型，如图3-8b所示。该模型通过增加温度节点的数量，能够有效提升对电池内部温度非均匀分布状态的拟合精度，强化对温度状态差异的刻画能力。依据这一模型，构建反映电池内部能量平衡的数学表达模型。

径向温度传递表达式：

$$C_{s,i}\frac{\mathrm{d}T_{s,i}}{\mathrm{d}t}=\frac{T_f-T_{s,i}}{R_{f,i}}+\frac{T_{c,i}-T_{s,i}}{R_{cr,i}},\quad i=1,2,3 \tag{3.24}$$

正极和负极端子处的温度传递表达式：

$$C_{\mathrm{p}}\frac{\mathrm{d}T_{\mathrm{p}}}{\mathrm{d}t} = \frac{T_{\mathrm{f}} - T_{\mathrm{p}}}{R_{\mathrm{f,p}}} + \frac{T_{\mathrm{c,1}} - T_{\mathrm{p}}}{R_{\mathrm{ca,1}}}$$
$$C_{\mathrm{n}}\frac{\mathrm{d}T_{\mathrm{n}}}{\mathrm{d}t} = \frac{T_{\mathrm{f}} - T_{\mathrm{n}}}{R_{\mathrm{f,n}}} + \frac{T_{\mathrm{c,3}} - T_{\mathrm{n}}}{R_{\mathrm{ca,4}}}$$

（3.25）

轴向温度传递表达式：

$$C_{\mathrm{c,1}}\frac{\mathrm{d}T_{\mathrm{c,1}}}{\mathrm{d}t} = \frac{T_{\mathrm{p}} - T_{\mathrm{c,1}}}{R_{\mathrm{ca,1}}} + \frac{T_{\mathrm{c,2}} - T_{\mathrm{c,1}}}{R_{\mathrm{ca,2}}} + \frac{T_{\mathrm{s,1}} - T_{\mathrm{c,1}}}{R_{\mathrm{cr,1}}}$$
$$C_{\mathrm{c,2}}\frac{\mathrm{d}T_{\mathrm{c,2}}}{\mathrm{d}t} = \frac{T_{\mathrm{c,1}} - T_{\mathrm{c,2}}}{R_{\mathrm{ca,2}}} + \frac{T_{\mathrm{c,3}} - T_{\mathrm{c,2}}}{R_{\mathrm{ca,3}}} + \frac{T_{\mathrm{s,2}} - T_{\mathrm{c,2}}}{R_{\mathrm{cr,2}}} + \dot{Q}_{\mathrm{gen}}$$
$$C_{\mathrm{c,3}}\frac{\mathrm{d}T_{\mathrm{c,3}}}{\mathrm{d}t} = \frac{T_{\mathrm{n}} - T_{\mathrm{c,3}}}{R_{\mathrm{ca,4}}} + \frac{T_{\mathrm{c,2}} - T_{\mathrm{c,3}}}{R_{\mathrm{ca,3}}} + \frac{T_{\mathrm{s,3}} - T_{\mathrm{c,3}}}{R_{\mathrm{cr,3}}}$$

（3.26）

其中，$C_{\mathrm{c},i}$ 和 $C_{\mathrm{s},i}$ 分别是电池内部和表面的热容系数；$R_{\mathrm{ca},i}$ 和 $R_{\mathrm{cr},i}$ 分别是电池轴向和径向的等效传导热阻；$R_{\mathrm{f},i}$ 是电池表面与外部环境之间的等效对流热阻；$T_{\mathrm{c},i}$ 和 $T_{\mathrm{s},i}$ 分别是电池核心和表面温度；T_{f} 是外部环境温度；i 是第 i 个位于电池上的设定点；t 是时间步；$\dot{Q}_{\mathrm{gen}}$ 是电池核心的产热率，计算方式见 3.4.1 节。

本研究建立的多点集总参数热模型，仅使用易于获取的电流、电压以及电池表面温度测量数据，即可有效拟合追踪电池内部温度的动态变化。值得注意的是，该热模型假设在锂离子电池常规工作温度范围内，电池的热物理参数（如热导率、比热容等）可视为与温度无关的固定常数，这一简化在实际应用中是合理的。相较于传统的单一节点集总参数热模型，所提出的多点集总参数热模型结构更为复杂，其主要的计算挑战集中在参数辨识阶段，但这一阶段仅需在电池特定寿命阶段进行一次性的参数标定，无须在后期在线运行过程中频繁进行参数校准。因此模型虽然增加了内部温度节点的数量以提高模型拟合精度，但在实际应用场景中不会导致计算效率大幅降低。本研究所提出的多点集总参数热模型为锂离子电池的热管理和性能优化提供了新的途径，具有较高的实际价值和应用前景。

3.4.3　基于 LSTM 神经网络的补偿

神经网络由多个相互连接的层组成，包括输入层、隐藏层和输出层[26]。每层结构中存在一个或多个计算单元，即神经元，均具有权重参数和激活函数，可以对输入信号进行加权转换和非线性映射。在监督学习的训练过程中，神经网络使用带有真实标签的训练数据集进行学习。输入层接收新的数据信息，这些信息被传递到第一个隐藏层，并随后被转发到后续隐藏层。如果一层的所有神经元都与下一层的所有神经元连接，则称为全连接层。通过神经元的信息被权重所调制，当信息传递到输出层后，系统将预测结果与真实标签比较，并通过均方误差（Mean Squared Error，MSE）方法计算得到误差值 ε。在完成一批数据（batch）的前向传播之后，使用反向传播算法沿网络层级回溯，以调整每个神经元的权重参数，使误差值 ε 最小化。这一训练过程会重复迭代多次（epochs）以优化模型性能。对于时间序列预测任务，除了关注输入层提供的当前信息外，还需要先前若干时间步长的历史信息和先前的预测结果。这种要求可以通过递归神经网络（RNN）实现。为了确保人工神经网络不仅学习到训练数据的规律，还能具备良好的泛化能力，需要引入独立的验证数据集。对比训练集和验证集的误差，若训练误差和验证误差在训练过程中漂移到不同方向，表明神经网络模型可能出现过拟合现象。

LSTM 神经网络在标准 RNN 结构上进行改进，将一个包含四个逻辑功能层的结构折叠为一个神经元，可以根据信息的重要性自主筛选和整合信息。与标准 RNN 模型相比，LSTM 模型使用存储单元代替了隐藏层中的普通节点，有效解决了梯度在时间序列数据传播过程中可能遇到的消失或爆炸现象。图 3-9 中所示的 LSTM 单元包含了三个关键的门控结构，即输入门（Input Gate，i）、遗忘门（Forget Gate，f）和输出门（Output Gate，o）。这些门控结构通过调控信息的流入和流出，允许模型在不同时间步长中选择性地保留、遗忘和更新内容，从而使其更适合于捕捉数据集中潜藏的长期依赖关系。在每个时间步 t，LSTM 单元输出单元状态 C_t 和隐藏状态 h_t 两个关键状态。图 3-9 中的红线表示 LSTM 的单元状态，它持续积累并存储了时间步 t 之前的所有输入信息的长期依赖性，与此同时，灰线表示门隐藏状态，根据当前单元状态和门控机制计算得出，负责 LSTM 在每个阶段的信息存留与更新[27, 28]。这两个状态的计算均需要前一时间步的单元状态 C_{t-1} 和隐藏状态 h_{t-1}。

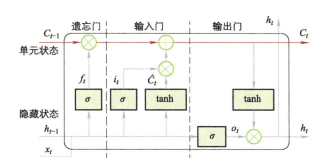

图 3-9 LSTM 单元的示意图

LSTM 神经网络一般使用 Sigmoid 函数（σ）和双曲正切函数（tanh）作为门控机制的激活函数，用于实现对信息流的精细控制。在输入信号达到一定阈值时，两种激活函数的输出不会发生明显变化，表现为接近饱和状态，从而实现门控的开关效应。具体而言，Sigmoid 激活函数的输出限制在 0～1 区间内，当接收到较强或较弱的输入信号时，其输出值接近 1 或 0，对应门控机制的开启或关闭状态，能够选择性地允许或阻断信息传递。tanh 激活函数的输出介于 –1～1 区间，其平均值为零的特点更适用于处理接近零均值的实际特征分布情况。相比于 Sigmoid 函数，tanh 函数在输入数据接近零时的梯度幅值更大，因此每次权重参数迭代更新时能更有效地向损失函数最小化方向移动，有效提升了模型的训练收敛速度。在需要较大动态响应范围和较高灵敏度的网络层设计场景，tanh 函数得到更广泛的应用。激活函数的表达式为

$$\begin{cases} \text{Sigmoid函数：} & \sigma(z) = \dfrac{1}{1+e^{-z}} \\ \text{tanh函数：} & \tanh(z) = \dfrac{e^z - e^{-z}}{e^z + e^{-z}} \end{cases} \quad (3.27)$$

给定输入数据 x_t，输入门决定被添加到当前单元状态的信息：

$$i_t = \sigma(W_{i,x} x_t + W_{i,h} h_{t-1} + b_i) \quad (3.28)$$

$$\hat{C}_t = \tanh(W_{C,x} x_t + W_{C,h} h_{t-1} + b_C) \quad (3.29)$$

遗忘门判断上一时刻的单元状态中需要移除和保留的信息：

$$f_t = \sigma(W_{f,x} x_t + W_{f,h} h_{t-1} + b_f) \quad (3.30)$$

单元状态更新：

$$C_t = f_t C_{t-1} + i_t \hat{C}_t \quad (3.31)$$

输出门确定单元状态当前时间步的隐藏状态输出：

$$o_t = \sigma(W_{o,x} x_t + W_{o,h} h_{t-1} + b_o) \quad (3.32)$$

隐藏状态输出：

$$h_t = o_t \tanh(C_t) \quad (3.33)$$

其中，初始隐藏状态 h_0 被设置为零矩阵；W 和 b 分别表示每个门单元的权重矩阵和添加的偏置矢量。

锂离子电池是一个典型的分布式非线性系统，其温度动态演化是由多元物理过程与化学反应相互作用所决定的，这些相互作用导致电池温度分布表现出时空复杂性和显著的时序相关性，因此可以将其视为一个复杂的时间序列数据分析问题。在处理此类问题时，LSTM 神经网络因其独特的设计优势，展现出良好的建模能力和长期依赖关系的捕

捉能力，被广泛认为是一种有效的解决方案。为了克服传统集总参数热模型在拟合实际电池温度变化方面的局限性，尝试将 LSTM 神经网络融入电池热模型的构建中，结合 LSTM 神经网络强大的非线性映射能力和自适应学习机制，实现对电池温度状态更高精度的拟合，捕捉和解析电池温度随时间和空间变化的规律。

3.4.4 级联分布式热模型

在实际应用中，锂离子电池的温度状态不仅与内部电化学反应速率、热量传递效率等物理特性紧密相关，还受到外部环境条件、负载工况等多重因素的影响。虽然使用 3.4.2 节中建立的多点集总参数热模型能够在一定程度上表征电池的热行为，但由于其固有的简化假设和难以调整的参数设置，难以准确拟合电池温度动态变化的复杂非线性特征。相比之下，LSTM 神经网络具有处理非均匀热动力学的巨大潜力，但其基于数据驱动的特性可能导致在应对未知条件下的泛化能力受限。受此启发，将集总参数热模型与 LSTM 神经网络以级联方式继承，有望通过互补各自优势，共同解决建立的电池热模型中的不足。这种融合了经典机理模型与现代机器学习方法的综合模型，不仅有助于提高电池管理系统对电池状态的监控和预测能力，同时可以为保障电池运行的安全边界、延长使用寿命以及优化整体性能提供支持，因而成为当前电池模型研究的重点研究方向之一。

根据上述策略，将多点集总参数热模型与 LSTM 神经网络以级联架构的形式结合，构建了级联分布式热模型，其详细结构如图 3-10 所示。具体而言，首先应用 3.4.1 节中建立的产热模型计算出前一时刻的产热量 $Q_{gen}(t-1)$，并作为多点集总参数热模型的输入参数，当前时刻 t 的电池内部温度 $\check{T}_{c,1}(t)$、$\check{T}_{c,2}(t)$、$\check{T}_{c,3}(t)$ 和表面温度 $\check{T}_{s,1}(t)$、$\check{T}_{s,2}(t)$、$\check{T}_{s,3}(t)$、$\check{T}_{p}(t)$ 和 $\check{T}_{n}(t)$ 是多点集总参数热模型的预测结果。然后将实测的电池电压 $U_t(t)$、负载电流 $I_L(t)$ 同机理模型的输出结果重组为 LSTM 神经网络的输入数据。LSTM 神经网络的目标输出是经过校正的当前时刻 t 的电池内部温度和表面温度 [$\tilde{T}_{c,1}(t)$, $\tilde{T}_{c,2}(t)$, $\tilde{T}_{c,3}(t)$, $\tilde{T}_{s,1}(t)$, $\tilde{T}_{s,2}(t)$, $\tilde{T}_{s,3}(t)$, $\tilde{T}_{p}(t)$, $\tilde{T}_{n}(t)$]。在图 3-10 所示的神经网络模型结构中，绿色节点代表输入层，该层具有 10 个神经元，负责接收机理模型输出和实测电池参数；蓝色节点代表 LSTM 单元，该网络设置两个隐藏层，分别由 80 个、50 个神经元组成，能够捕捉时间序列数据中的长期依赖关系；而紫色节点代表输出层神经元，该层由 8 个神经元组成，用于输出 LSTM 神经网络对电池温度的预测结果。所有神经元均全连接到下一层，确保了信息的有效传递和整合。为有效训练 LSTM 神经网络，定义标准训练数据格式为 $D = [(X_1, T^*_{m,1}), (X_2, T^*_{m,2}), \cdots, (X_N, T^*_{m,N})]$，其中 $T^*_{m,t}$ 是对应时刻 t 的实际温度测量值集合 [$T_{c,1}, T_{c,2}, T_{c,3}, T_{s,1}, T_{s,2}, T_{s,3}, T_p, T_n$]，而输入矢量 X_t 在时刻 t 的输入矢量表述为 $X_t = [U_t(t), I_L(t), \check{T}_{c,1}(t), \check{T}_{c,2}(t), \check{T}_{c,3}(t), \check{T}_{s,1}(t), \check{T}_{s,2}(t), \check{T}_{s,3}(t), \check{T}_{p}(t), \check{T}_{n}(t)]$。

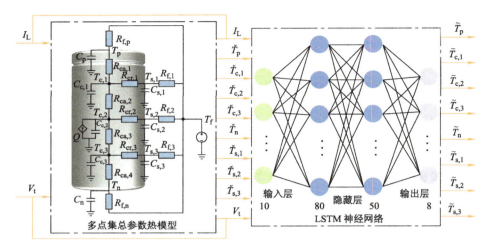

图 3-10 级联分布式热模型示意图

所建立的级联分布式热模型融汇了机理模型和数据驱动模型的优势，集成了集总参数热模型对锂离子电池基础热物理特性的准确描述能力，以及 LSTM 神经网络对复杂映射关系的高效补偿功能。通过这种创新的级联结构设计，级联分布式热模型能够有效学习和捕捉锂离子电池温度状态的复杂非线性演化特征，有望实现高空间分辨率和准确的电池温度分布式预测，进而为电池热管理策略的制定和优化提供关键的数据支撑。

3.4.5 级联分布式热模型验证

在 1C 和 0.3C 标准充放电循环下，多点集总参数热模型和级联分布式热模型的预测结果分别如图 3-11 和图 3-12 所示，相应的预测误差分别列于表 3-3 和表 3-4 中。这些预测结果使用分布式光纤光栅 DFOS 传感器测得的电池内部及表面实际温度作为参照基准，以对比两种模型的预测精度。为了直观呈现模型预测温度与实际温度之间的差距，使用与预测结果图线相匹配的颜色同时绘制误差。1C 快速循环工况数据用于多点集总参数热模型的参数辨识，同时也将其用作 LSTM 神经网络的训练集和验证集。而 0.3C 标准循环工况数据作为独立测试集，以评价机理模型与神经网络模型在实际应用中的拟合性能和互补效果。结果表明，多点集总参数热模型总体上能大致反映电池温度的基本变化趋势，但是在恒流恒压充电阶段的恒流部分末段以及恒流放电阶段末期，模型预测温度和实际温度出现了明显的偏离。原因在于这两个阶段电池产热量剧增，温度变化速率相较于其他阶段大幅增加，导致机理模型在应对此类高度非线性温度变化时暴露出一定的局限性。而级联分布式热模型在上述两种循环工况中，均能成功捕捉电池温度的动态变化过程，特别是温度快速变化区间，LSTM 神经网络可以有效弥补集总参数热模型的固有缺陷。

表 3-3 和表 3-4 记录的 RMSE 和 MAE 显示，级联分布式热模型相较于多点集总参数热模型拥有更高的预测精度。具体来说，多点集总参数热模型的预测结果在 1C 快速循环

中和 0.3C 标准循环工况中 RMSE 分别高达 1.358℃ 和 0.955℃，而级联分布式热模型的预测结果 RMSE 均稳定在 0.10℃ 左右。此外，多点集总参数热模型在 1C 和 0.3C 工况下的 MAE 分别为 0.875℃ 和 0.563℃ 左右，级联分布式热模型在同等条件下的最大 MAE 分别只有 0.077℃ 和 0.081℃。这些对比表明级联分布式模型在电池温度预测上的优越性，其精度改善主要得益于 LSTM 神经网络对电池复杂结构和电化学反应过程导致的非线性热特性的精确建模和补偿。综上所述，级联分布式热模型与多点集总参数热模型具有相似的复杂性，但预测精度显著提升，体现出机理模型与神经网络模型结合的可观前景。

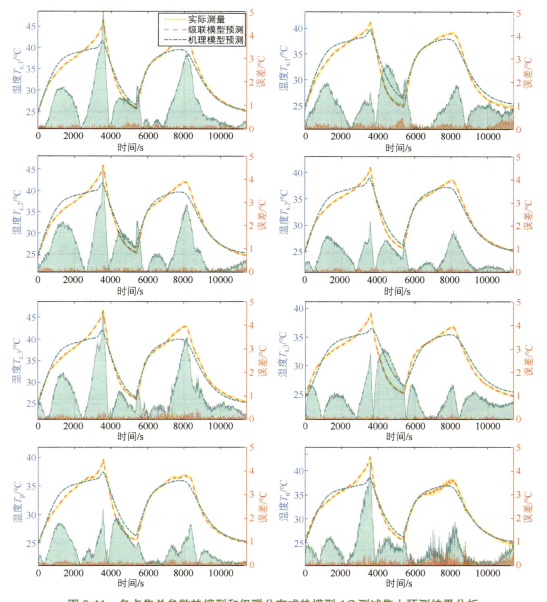

图 3-11　多点集总参数热模型和级联分布式热模型 1C 测试集上预测结果分析

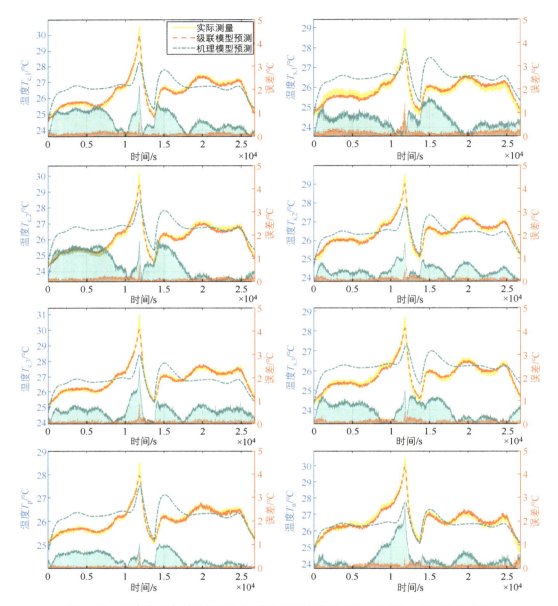

图 3-12 多点集总参数热模型和级联分布式热模型 0.3C 测试集上预测结果分析

表 3-3 多点集总参数热模型和级联分布式热模型 1C 测试集上预测结果误差

参数	多点集总参数热模型		级联分布式热模型	
	RMSE	MAE	RMSE	MAE
$T_{c,1}$	1.363	0.994	0.089	0.069
$T_{c,2}$	1.327	1.021	0.087	0.069
$T_{c,3}$	1.358	1.027	0.103	0.080
$T_{s,1}$	1.174	0.973	0.154	0.118

（续）

参数	多点集总参数热模型		级联分布式热模型	
	RMSE	MAE	RMSE	MAE
$T_{s,2}$	0.799	0.632	0.074	0.057
$T_{s,3}$	1.210	0.982	0.062	0.048
T_p	0.888	0.687	0.092	0.076
T_n	0.976	0.682	0.142	0.103
平均值	1.137	0.875	0.100	0.077

表 3-4 多点集总参数热模型和级联分布式热模型 0.3C 测试集上预测结果误差

参数	多点集总参数热模型		级联分布式热模型	
	RMSE	MAE	RMSE	MAE
$T_{c,1}$	0.785	0.677	0.101	0.084
$T_{c,2}$	0.955	0.772	0.106	0.087
$T_{c,3}$	0.646	0.561	0.093	0.063
$T_{s,1}$	0.747	0.660	0.181	0.124
$T_{s,2}$	0.513	0.451	0.093	0.073
$T_{s,3}$	0.681	0.577	0.107	0.086
T_p	0.475	0.398	0.057	0.039
T_n	0.600	0.407	0.115	0.091
平均值	0.675	0.563	0.107	0.081

3.5 温度状态估计与热诊断

为了增强模型预测结果的实时性和可靠性，将其与无迹卡尔曼滤波器（Unscented Kalman Filter，UKF）相结合，通过 UKF 算法对级联分布式热模型的动态演化进行实时更新与修正，从而实现对锂离子电池内部温度分布的逼近估计。随着对锂离子电池内部传热机理的不断深化研究以及精确温度监测技术的持续研发，有望进一步提升锂离子电池系统在安全性能和整体效能方面的表现。

3.5.1 基于级联分布式热模型的观测器设计

以产热模型的输出产热率 Q_{gen} 和环境温度 T_f 作为级联分布式热模型的输入，以电池核心温度 $T_{c,k}$ 和表面温度 $T_{s,k}$、T_p、T_n 作为输出。由于级联分布式热模型内部集成的 LSTM 神经网络缺乏明确的函数表达，因此为了描述模型的动态行为，离散时间的非线性状态空间函数可以使用以下通用形式[29]表示：

$$\begin{cases} \boldsymbol{x}_k = f(\boldsymbol{x}_{k-1}, \boldsymbol{u}_{k-1}, \boldsymbol{v}_{k-1}) \\ \boldsymbol{y}_k = h(\boldsymbol{x}_k, \boldsymbol{w}_k) \end{cases} \quad (3.34)$$

其中，$\boldsymbol{x}_k = [T_{c,k}, T_{s,k}, T_p, T_n]^T \in \mathbb{R}^n$ 是状态向量；$\boldsymbol{u}_k = [Q_{gen,k}, T_{f,k}]^T \in \mathbb{R}^r$ 是输入向量；$\boldsymbol{y}_k = [\hat{T}_{s,k}, \hat{T}_p, \hat{T}_n]^T \in \mathbb{R}^p$ 是观测向量；$\boldsymbol{v}_k \in \mathbb{R}^v$ 和 $\boldsymbol{w}_k \in \mathbb{R}^w$ 分别是系统过程噪声和测量噪声。

在该状态空间表达式中，级联分布式热模型被用作状态方程，它基于先前时刻的产热率、外部热交换条件以及温度状态，预测当前时刻的电池温度分布。而多点集总参数热模型作为观测方程，它使用当前时刻的温度状态计算当前时刻的表面温度观测结果，和方便测量的电池表面温度进行比较，用于评估模型的预测精度。通过结合状态方程、测量方程以及噪声项，本研究构建了一个全面的锂离子电池热模型，能够拟合圆柱形电池在不同工作条件下的温度分布，为电池安全防护和控制提供模型依据。该模型不仅具有良好的准确性，而且能够处理复杂的非线性热行为，对于提升电池系统的安全性和性能具有重要意义。

锂离子电池的内部温度是直接反映电池运行过程中的热量产生和散失等过程的关键指标，表面温度是面向控制的温度监测与异常诊断应用中的重要观测信号。使用级联分布式热模型与 UKF 相结合的锂离子电池温度分布估计框架如图 3-13 所示，该框架中，状态向量包括电池表面温度 $\hat{T}_s$ 和内部温度 $\hat{T}_c$，量测向量是电池的表面温度 $\tilde{T}_s$。所考虑的输入参数包括实时采集的电压 U_t、电流 I_L、环境温度 T_f 以及前一时刻的状态向量 $\hat{T}_s$、$\hat{T}_c$。模型的输出则是预测得到的当前时刻表面温度 T_s^{NN} 和内部温度 T_c^{NN}。值得注意的是，通过状态传递函数获得的温度状态和 DFOS 直接测量的表面温度都存在随机噪声，这些噪声通常被认为符合高斯分布。电池表面温度的量测值 $\tilde{T}_s$ 可以通过多点集总参数热模型利用状态值 T_c^{NN} 计算获得，并与电池的表面温度实际测量值 T_s 相减获得新息。基于新息更新量测向量和状态向量，并计算 Kalman 增益以获得最小协方差矩阵。通过以上的噪声补偿过程，在模型预测精度与传感器测量精度之间取得最佳平衡，实现对电池温度的最佳估计。

3.5.2 分布式电池温度估计方案验证

在实际应用中，由于多种因素的影响，每个充放电循环开始时锂离子电池内部温度的初始条件通常是存在偏差的。有效的内部温度估计算法需要具备快速消除初始误差并收敛到实际温度值的能力，因此在测试用例中引入初始偏差，用于对比不同温度估计算法的收敛速度和跟踪精度。由于表面温度的估计值对于电池故障诊断具有重要价值，因此在对比评估多点集总参数热模型和级联分布式热模型驱动的温度估计算法性能时，将同时比较电池内部温度和表面温度的估计值与实际测量值的一致性水平。与此同时，当前也有一些研究尝试使用 LSTM 等数据驱动方法直接预测电池的内部温度，这种方法利用传感器测量的电流、电压和表面温度等实时数据，可以减少对电池内部复杂热传导机制的深入探究。然而由于未充分考虑电池内在机理的影响，数据驱动方法在通用性和估计精度上可能存在一定局限性。为了更全面地评估不同温度估计方法的性能，本节将引入基于数据驱动的 LSTM 神经网络方法对比测试，以全面检验和比较不同方法在估计精度、实时响应能力和抗干扰稳定性等方面的综合表现。

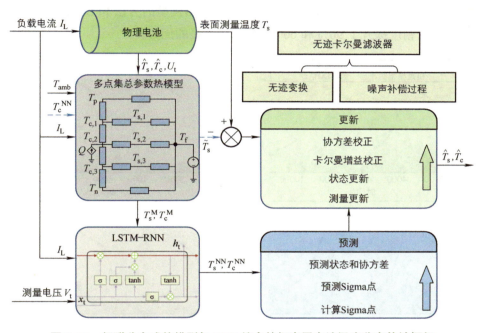

图 3-13　级联分布式热模型与 UKF 结合的锂离子电池温度分布估计框架

在 $1C$ 恒流恒压充电 – 恒流放电工况下，采用多点集总参数热模型、级联分布式热模型以及 LSTM 神经网络驱动的温度估计算法对电池内部温度及表面温度分布的估计结果如图 3-14 所示，相应的估计误差列于表 3-5 中。观察发现，多点集总参数热模型结合 UKF 的方案在反映 $1C$ 快速循环中基本的温度变化趋势方面具有一定效果，但由于机理模型难以精确模拟电池内部复杂的非线性热行为，因此在精确度方面存在显著偏差。尽管使用 UKF 观测器可以在约 300s 内逐渐消除初始偏差，并能大致反映恒流充电阶段温度的上升趋势，但受限于集总参数热模型仅依赖产热模型计算得出的产热量输入，而产热模型本身不可避免地对电池内部热力学过程进行简化处理，故而集总参数热模型在跟踪长期温度变化时表现欠佳。相比之下，LSTM 神经网络能够快速消除初始偏差，并能较为准确地跟踪温度变化过程，但在恒流放电的最后阶段仍然表现出与实际温度值的偏离。尤其值得注意的是，对于电池正负电极端的温度估计，LSTM 神经网络的效果相较其他温度监测点更为逊色。尽管进行了多次训练和调整训练参数，但仍未能有效解决这一问题，这凸显了当前数据驱动方法的局限性之一，即黑箱模型无法提供具体的内部计算细节，有时会导致难以解释的计算结果。在优化算法的过程中，需要更多的数据支持和更加巧妙的采样策略，只能依靠调整超参数或扩充训练集数据来进行间接调试,这不可避免地增加了修改和优化的难度。综合考虑机理模型和神经网络的优缺点,本章提出的基于级联分布式热模型的温度估计方法展现出了最佳的收敛性和跟踪效果。该方法不仅迅速校正初始误差,并能准确反映整个充放电过程中实际温度的变化趋势。误差统计数据显示,该方法在 8 个温度监测点的 RMSE 均小于 0.14℃,分别比基于多点集总参数热模型的方法和 LSTM 神经网络直接映射方法的估计精度提升了 90% 和 60%,显示出明显的优势。

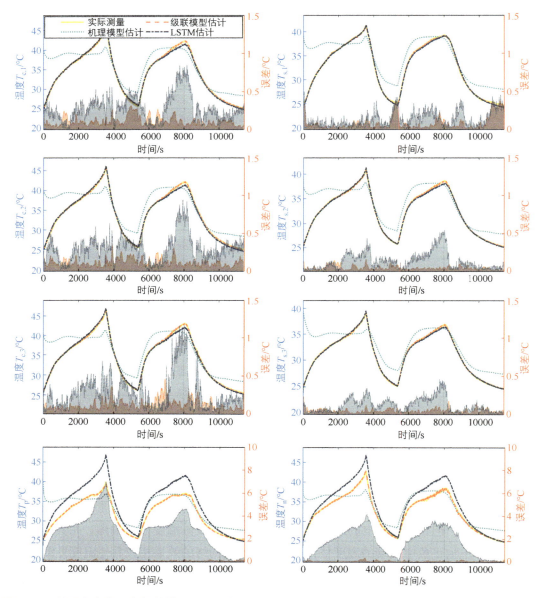

图 3-14 使用多点集总参数热模型 -UKF 方法、级联分布式热模型 -UKF 方法以及标准 LSTM 方法在 1C 恒流恒压充电 – 恒流放电工况下估计结果分析

表 3-5　使用多点集总参数热模型 -UKF 方法、级联分布式热模型 -UKF 方法以及标准 LSTM 方法在 1C 恒流恒压充电 – 恒流放电工况下估计结果误差

参数	机理模型 -UKF		级联模型 -UKF		标准 LSTM	
	RMSE	MAE	RMSE	MAE	RMSE	MAE
$T_{c,1}$	3.441	2.611	0.121	0.105	0.330	0.283
$T_{c,2}$	3.627	2.778	0.124	0.112	0.343	0.299
$T_{c,3}$	3.361	2.569	0.137	0.119	0.359	0.275
$T_{s,1}$	3.334	2.531	0.118	0.079	0.175	0.140
$T_{s,2}$	2.724	2.030	0.050	0.042	0.178	0.135
$T_{s,3}$	2.843	2.100	0.053	0.045	0.152	0.120
T_p	2.784	2.072	0.076	0.063	3.055	2.637
T_n	2.676	2.053	0.077	0.056	2.091	1.734
平均值	3.098	2.343	0.094	0.078	0.835	0.703

对于 0.3C 标准循环工况，不同温度估计算法的估计结果及相应误差分别在图 3-15 和表 3-6 中予以详细展示。在标准循环工况下，三种方法在消除温度初始偏差影响和跟踪电池温度动态演化方面都具有良好的性能。具体而言，相较于其他两种方法，基于多点集总参数热模型的估计方法在收敛速度上稍显逊色。这主要是由于 LSTM 神经网络具有出色的快速收敛能力，基于级联分布式热模型的方法也继承了这一优势。在估计精度方面，基于级联分布式热模型的方法效果相对最好，在 8 个温度监测点的平均 RMSE 为 0.094℃，而基于多点集总参数热模型驱动方法和 LSTM 神经网络直接映射方法的估计结果，RMSE 分别为 0.967℃和 0.276℃。比较来看，基于级联分布式热模型温度估计方法的精度分别提高了 90% 和 66%。分析 MAE 误差指标，也可以得出类似的优劣排序。试验结果表明，所提出的级联分布式热模型与 UKF 相结合的方法，成功拟合了电池内部温度和表面温度随时间变化的精确轨迹，并且在不同的放电倍率条件下，都能有效地追踪并模拟电池的热力学行为，从而展现出良好的效果。

3.5.3　温度异常检测自适应阈值

为了高效、准确地监测电池温度异常，关键在于区分系统异常状态和无异常状态下的特征差异，温度测量值与理论估计值之间的残差是判断系统状态的重要依据。鉴于无法使用直接方法获得电池内部温度测量值，考虑使用 LSTM 算法计算出的内部温度作为对比基准，记作 l。由于级联分布式热模型与 LSTM 的内部温度估计路径不同，对故障状态的响应也将表现出较大差异，因此选择 LSTM 算法作为对比基准是合理且有效的[30]。

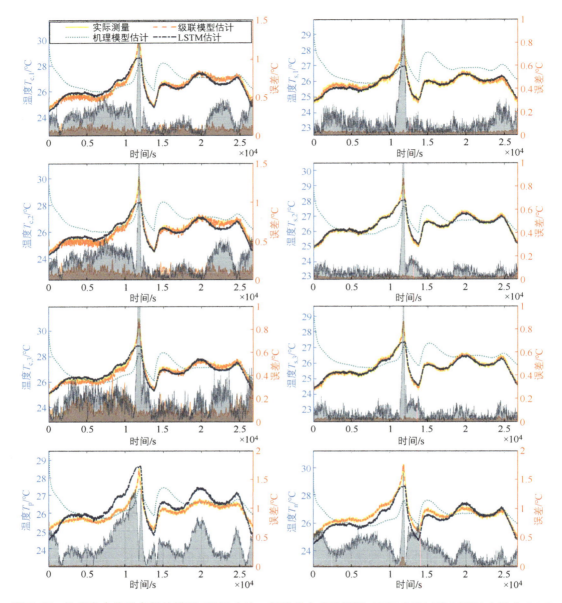

图 3-15 使用多点集总参数热模型 -UKF 方法、级联分布式热模型 -UKF 方法以及 LSTM 方法在 0.3C 恒流恒压充电 – 恒流放电工况下估计结果分析

表 3-6 使用多点集总参数热模型 -UKF 方法、级联分布式热模型 -UKF 方法以及 LSTM 方法在 0.3C 恒流恒压充电 – 恒流放电工况下估计结果误差

参数	机理模型 -UKF		级联模型 -UKF		标准 LSTM	
	RMSE	MAE	RMSE	MAE	RMSE	MAE
$T_{c,1}$	1.053	0.755	0.087	0.082	0.297	0.236
$T_{c,2}$	1.240	0.950	0.115	0.108	0.311	0.247

（续）

参数	机理模型-UKF		级联模型-UKF		标准LSTM	
	RMSE	MAE	RMSE	MAE	RMSE	MAE
$T_{c,3}$	0.923	0.635	0.129	0.115	0.263	0.188
$T_{s,1}$	1.095	0.866	0.027	0.026	0.217	0.121
$T_{s,2}$	0.816	0.575	0.023	0.022	0.140	0.073
$T_{s,3}$	1.038	0.781	0.025	0.024	0.135	0.078
T_p	0.730	0.502	0.016	0.015	0.486	0.404
T_n	0.841	0.595	0.023	0.016	0.364	0.309
平均值	0.967	0.707	0.056	0.051	0.276	0.207

在理想条件下，系统残差应趋近于零，如果发生任何异常情况，在不考虑模型误差和噪声影响的情况下，残差将为非零。基于上述前提条件制定温度异常检测规则，将测量值与估计值进行比较，如果系统残差超出预定阈值，则被判定可能存在温度异常。基于级联分布式热模型的状态空间表达式，锂离子电池温度异常模型可以写为

$$\begin{cases} \boldsymbol{x}_k = f(\boldsymbol{x}_{k-1}, \boldsymbol{u}_{k-1}, v_{k-1}) + \boldsymbol{f}_k \\ \boldsymbol{y}_k = f(\boldsymbol{x}_k, w_k) \end{cases} \quad (3.35)$$

式中，$\boldsymbol{f}_k = [f_{1,k}, f_{2,k}] \in \mathbb{R}^p$ 是温度异常向量；v_k 和 w_k 分别是系统未知但有界的扰动和测量噪声，即 $|v_k| \leq \tilde{v}$，$|w_k| \leq \tilde{w}$。

获得出时间步 k 的温度估计值 $\hat{y}_k$ 后，随即计算系统残差：

$$\boldsymbol{r}_k = \begin{bmatrix} \hat{l}_c & T_s \end{bmatrix}^T - \begin{bmatrix} \hat{y}_{c,k} & \hat{y}_{s,k} \end{bmatrix}^T \quad (3.36)$$

将每个单独计算得到的残差值 $\boldsymbol{r}_k$ 连续逐一累积到一个一维的残差向量中：

$$\boldsymbol{R} = [\boldsymbol{r}_{k-h}, \cdots, \boldsymbol{r}_{k-1}, \boldsymbol{r}_k] \quad (3.37)$$

其中，h 是评估当前残差时所参考的历史残差值的数量，h 的选择反映了对近期残差信息与历史残差信息权重的平衡，较小的 h 更侧重于短期行为，而较大的 h 则更关注长期趋势。

温度异常检测需要运行于无监督、自动化的模式下，避免对异常标签或人工参数调整的依赖。且算法需要具备更新学习机制，适应测量数据的非平稳变化特征，避免保存历史全部数据序列。由于模型仅能通过回归预测提供单个或少数时间点的温度预测值，实际应用中的温度异常检测算法需要在保证低误报率的前提下具备在线检测能力，使用滑动窗口方法确定一个固定的窗口长度，确保在接收下一窗口数据点 X_{k+1} 之前判断当前窗口状态 Y_k 是否存在异常。本节设定滑动窗口的大小为 90 个数据点，窗口每次滑动 50 个数据点，温度数据采样频率为 1Hz，因此可以实现每 50s 更新一次阈值并进行相应的温度异常检测，实现过程如图 3-16 所示。

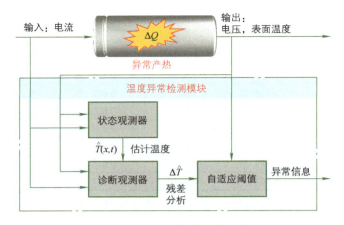

图 3-16 温度异常检测方法流程

由于建立的电热耦合模型难以全面表征实际系统的复杂性和未知噪声的干扰，模型预测值与实际测量值之间的系统残差一般难以简化为高斯白噪声，这可能增加误报的风险。对于温度异常检测任务，设计合理的系统残差阈值至关重要，这有助于减少模型不匹配和未知输入干扰的负面影响。阈值的设计需要综合考虑系统状态、模型误差、观测输入和噪声的动态变化，过高的阈值可能导致漏报率增加，过低的阈值则可能导致更高的误报率。显然固定不变的阈值难以适用多样性的工况变化和数据分布，需要设计一种自适应阈值以提高算法的准确性和鲁棒性。

鉴于连续的温度异常通常具有更重要的实际意义，温度异常检测方法需要侧重于识别并追踪连续异常状态表现，而非单个数据点的短暂延迟或瞬时波动。指数加权移动平均方法是一种高效的时间序列平滑技术，可以用于对残差集合进行平滑处理以捕捉和突出温度异常状态的连续性和趋势性[31]。对于时间序列数据 $x_1, x_2, \cdots, x_t$，其指数加权移动平均值 S_t 的计算可表达为

$$S_t = \alpha x_t + (1-\alpha) S_{t-1} \tag{3.38}$$

指数加权移动平均是一个递归函数，其递归特性使得历史数据的权重随着与当前时间点的距离增大呈指数下降。函数关键是平滑参数 α 的选取，其取值通常介于 0 到 1 之间。平滑参数 α 的数值决定了时间序列的权重分配，α 值越大，当前数据的权重越大，跟踪原始时间序列的距离就越近。具体而言，从当前时间点回溯，每个数据点的权重按以下规律递减：

$$\alpha, \alpha(1-\alpha), \alpha(1-\alpha)^2, \cdots, \alpha(1-\alpha)^n \tag{3.39}$$

由于上述的权重分配，指数加权移动平均算法能够有效地捕捉异常事件之间的短暂间隔，并在异常持续一段时间后做出适应性的判断，避免将长时间持续的异常状态误判

为正常状态。应用指数加权移动平均算法生成平滑的残差集合 R_s：

$$R_s = \left[r_{s,k-h}, \cdots, r_{s,k-1}, r_{s,k} \right] \tag{3.40}$$

为了高效稳定地识别电池温度异常状态，一般使用包含温度异常标签的数据样本通过有监督学习方法确定异常阈值，但是在实际应用场景中往往缺乏足够的标签数据。因此本节引入一种基于系统平滑残差 R_s 的无监督自适应阈值，这种方法不需要标签数据和残差统计假设，而是自适应地从阈值集合中选取阈值 ε：

$$\varepsilon = \mu(R_s) + \lambda \sigma(R_s) \tag{3.41}$$

其中，λ 是置信水平系数，ε 通过以下公式确定：

$$\varepsilon = \arg\max(\varepsilon) = \frac{\Delta\mu(R_s)/\mu(R_s) + \Delta\sigma(R_s)/\sigma(R_s)}{|R_a| + |W_{anom}|^2} \tag{3.42}$$

$$\begin{aligned}\Delta\mu(R_s) &= \mu(R_s) - \mu(\{r_s \in R_s \mid r_s < \varepsilon\}) \\ \Delta\sigma(R_s) &= \sigma(R_s) - \sigma(\{r_s \in R_s \mid r_s < \varepsilon\}) \\ R_a &= \{r_s \in R_s \mid r_s > \varepsilon\}\end{aligned} \tag{3.43}$$

其中，W_{anom} 是所有 w_{anom} 的集合，w_{anom} 是含有超过阈值 ε 的系统平滑残差 r_s 的窗口。$|R_a|$ 和 $|W_{anom}|$ 分别表示异常数据点数量和异常窗口数量。

阈值 ε 的取值通过 $\lambda \in \Lambda$ 确定，Λ 是一系列正数构成的有序集，代表平滑残差序列 R_s 在均值 $\mu(R_s)$ 之上标准差的数量。Λ 的取值依据具体情况而定，根据本节的试验结果，发现介于 2.5 到 6 区间的效果良好，当 λ <2.5 时通常导致过多的误报。当通过 $\arg\max(\varepsilon)$ 函数确定了阈值 ε，则每一个被判定为温度异常的平滑残差窗口 $w_{anom} \in W_{anom}$ 会被计算异常评分 p，用于指示异常的严重程度：

$$p(i) = \frac{\max[w_{anom}(i)] - \arg\max(\varepsilon)}{\mu(R_s) + \sigma(R_s)} \tag{3.44}$$

以上过程目的在于找到一个阈值，若移除所有高于此阈值的数据点，能够使平滑误差 R_s 的均值和标准差下降幅度最大。该方法对异常数据点数量 $|R_a|$ 和异常窗口数量 $|W_{anom}|$ 进行惩罚，以防止过度激进的温度异常状态识别。在识别出异常窗口后，对于每个异常窗口中的最大平滑误差，根据其与设定阈值的差值计算一个归一化分数，从而能够对不同异常窗口的严重程度进行量化比较。

3.5.4 温度异常序列修剪程序

温度异常检测方法的准确性很大程度上取决于设定阈值时所使用的历史数据量。对于电池温度监控的实际应用场景，通过温度传感器能够收集到电池的测量数据极为庞大，这使得实时查询和处理历史数据成本高昂，但历史数据的不足可能导致将一些仅在特定时间段疑似异常的情况错误地标记为异常。此外，即使整体误报率维持在低水平，在处理大规模数据流时，也可能因为假阳性结果过多成为人工复审的繁重负担，显著增加运营成本与难度。

为降低温度异常检测的误报率，并控制内存和计算负担，本节引入了一种高效的修剪程序。首先，建立一个新的集合 R_{max}，用于存储所有异常窗口 w_{anom} 中的最大平滑残差 $\max(w_{anom})$，并按照降序排列。同时，将当前窗口中非异常的最大平滑残差 $\max(r_{nor} \in W_{anom})$ 附加到 R_{max} 的末尾。随后，遍历 R_{max} 序列并计算相邻两个残差之间的下降比例，这一步骤通过量化平滑残差的变化趋势，进一步筛选去除对异常检测贡献较小的边缘异常信号，从而在不影响检测精度的前提下，有效减少后续分析的数据量：

$$d(i) = [r_{max}(i-1) - r_{max}(i)] / r_{max}(i-1), \quad i \in \{2, 3, \cdots, |W_{anom}| + 1\} \quad (3.45)$$

如果某迭代步的下降比例 $d(i)$ 超出预设的最小下降比例阈值 s，则该步及其之前最大残差 $r_{max}(j) \in R_{max}|_{j<i}$ 对应的异常窗口维持异常状态标记。相反，若在某步下降比例未达最小阈值 s，且随后所有下降比例 $d(i+1), d(i+2), \cdots, d(i+|W_{anom}|+1)$ 也未达到阈值，则这些平滑残差窗口将被重新归类为正常状态。这一修剪过程旨在保证被标记为异常的序列窗口不是常规噪声导致的伪异常序列。由于仅关注少数潜在异常序列中的最大平滑残差进行评估，相较于对大量数据进行无差别逐一比对的方法效率显著提高。

如图 3-17 所示，使用一个实例说明异常修剪程序的执行方式，图 3-17a 记录得到 $R_{max} = [0.359, 0.324, 0.301]$，前两个残差对应超出预设阈值的温度异常 1 和温度异常 2，第三个残差则表示未超出阈值的最大残差 r_{nor}，设定下降比例阈值 $s = 0.1$。计算温度异常Ⅰ和温度异常Ⅱ之间的下降比例 $d(1) = 0.097 < 0.1$，温度异常Ⅱ与 r_{nor} 之间的下降比例 $d(2) = 0.071 < 0.1$，因此可以将这两个异常窗口重新归类为正常状态。对于图 3-17b 中的温度异常Ⅲ，计算其与 r_{nor} 之间的下降比例为 $d(3) = 0.398 > 0.1$，因此继续保持温度异常标记。

随着电池温度历史数据的不断积累以及带有明确标签的温度异常数据的增加，可以引入其他策略以更加有效地识别并处理温度异常。考虑到实际应用场景中，相同电池组内通常不会在短时间内重复发生严重程度相似的温度异常，因此可以设定一个最低异常评分阈值 p_{min}，当使用上述自适应阈值检测得到的异常窗口评分 $p < p_{min}$ 时，将该异常窗口重新归类为正常。为了合理设定 p_{min}，需要综合考虑温度异常检测的灵敏度与计算效率之间的平衡，通过深入分析历史异常数据，依据不同电池组的变现特性及操作环境，为每个电池单独设定一个合适的 p_{min} 值。这种异常修剪程序能够优化系统计算资源使用，在保障电池安全的同时，提高整个电池管理系统的运行效率。

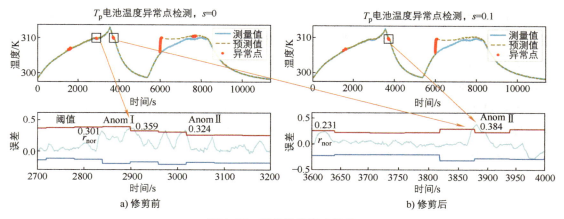

图 3-17 异常修剪程序示意

3.5.5 温度异常检测方法验证

为了全面验证提出的温度异常检测方法的有效性，首先在图 3-18 中展示了无异常条件下的检测结果。在无异常状态下，无论是电池的表面温度还是内部温度，其对应的平滑残差信号均稳定地保持在预设的阈值范围内。

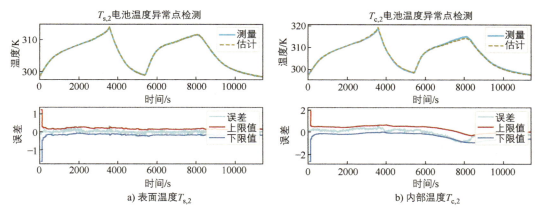

图 3-18 无异常条件下的检测结果

随后，使用电热耦合模型模拟电池特定故障状态下的温度分布。在放电阶段即将结束的第3300s，向模型中人为引入了一个额外的产热源，其产热速率的变化率为 3.7×10^{-3}W/s，用于模拟内短路故障发生初期，电池内阻逐渐变大，产热速率逐渐增加的过程，该故障信号持续700s，标记为斜坡故障Ⅰ。此外，在第6000s充电阶段中期，向电热耦合模型中注入另一个模拟故障，将等效电路模型中的欧姆内阻 R_0 增大 10 倍，理论上这将使热模型计算出正常状态下约 10 倍的产热量，该故障信号持续1000s，标记为阶跃故障Ⅱ。以上两种模拟故障用于全面评估温度异常检测方案在电池不同故障状态下的性能，从而保证其在实际应用中的有效性和准确性。

斜坡故障所导致的电池温度上升较为温和，与无故障情况下的自然温度变化相比，温升幅度为5℃左右。首次观察到温度异常的信号出现在电池正极端，时间点为3373s，如图3-19所示。此时电池温度呈现出缓慢上升的趋势，处于不稳定的波动状态。而当第4000s模拟故障结束时，电池各监测点的温度均出现了明显的下降趋势，这是电池内部积累的热量迅速通过热传导机制释放至周围环境的结果。这一阶段，模型预测滞后于实际温度变化，系统残差信号显著。通过对图3-20和图3-21中斜坡故障Ⅰ的残差放大图分析可知，在模拟故障结束时，系统平滑残差低于自适应阈值下限，有2个明显的温度异常窗口，因此获得了100s的温度异常检测窗口时间。

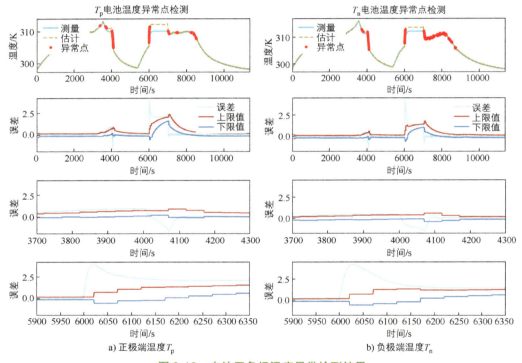

图 3-19　电池正负极温度异常检测结果

对于阶跃故障Ⅱ，各个温度监测点均能迅速检测温度异常变化，在温度迅速上升阶段，系统能够给出及时的温度异常报警信号，响应时间均在15s以内。分析图3-19到图3-21中的阶跃故障Ⅱ平滑残差放大图可知，阶跃故障的系统平滑残差变化更为显著，在连续5个窗口中均能观察到系统平滑残差超出自适应阈值上限，因此温度异常检测窗口时间更长。在模拟故障结束时，随着热量逐渐释放，电池温度回归正常区间，由于卡尔曼滤波器的应用，温度估计结果会滞后于实际温度变化，因此仍会保持一段时间的异常状态，直至滤波器完全调整至新的温度状态。其中图3-19b中显示出超过1000s的报警时长，这与温度检测算法敏感度设置较高有关，需要针对温度检测点位置的不同，对置信水平系数 λ 进行调整。

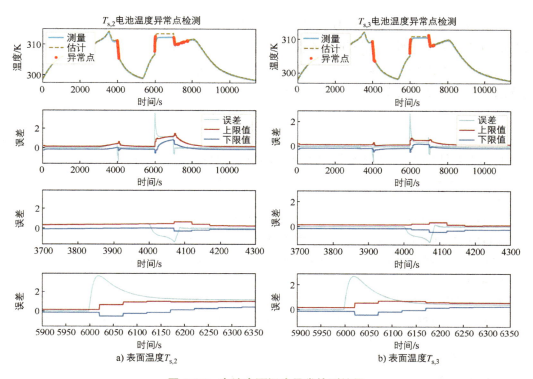

图 3-20 电池表面温度异常检测结果

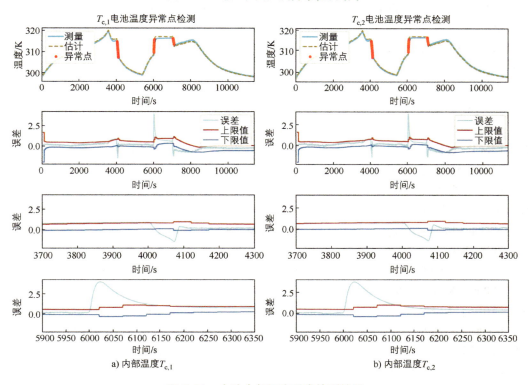

图 3-21 电池内部温度异常检测结果

以上结果表明，本研究提出的温度异常检测方法在斜坡故障和阶跃故障场景时均有较高的敏感度和准确性，能够迅速捕捉并响应电池温度的异常变化。通过在电池的多个关键点部署温度检测，能够获得电池内部和表面温度分布的全面信息，为深入理解电池热状态及早期温度异常预警提供模型基础。

参 考 文 献

[1] LI J, LOTFI N, LANDERS R G, et al. A single particle model for lithium-ion batteries with electrolyte and stress-enhanced diffusion physics [J]. Journal of The Electrochemical Society, 2017, 164（4）: A874-A883.

[2] HWANG G, SITAPURE N, MOON J, et al. Model predictive control of lithium-ion batteries: development of optimal charging profile for reduced intracycle capacity fade using an enhanced single particle model（SPM）with first-principled chemical/mechanical degradation mechanisms [J]. Chemical Engineering Journal, 2022, 435: 134768.

[3] WATANABE S, KINOSHITA M, HOSOKAWA T, et al. Capacity fade of $LiAl_yNi_{1-x-y}Co_xO_2$ cathode for lithium-ion batteries during accelerated calendar and cycle life tests（surface analysis of $LiAl_yNi_{1-x-y}Co_xO_2$ cathode after cycle tests in restricted depth of discharge ranges）[J]. Journal of Power Sources, 2014, 258: 210-217.

[4] TSAI P-C, WEN B, WOLFMAN M, et al. Single-particle measurements of electrochemical kinetics in NMC and NCA cathodes for Li-ion batteries [J]. Energy & Environmental Science, 2018, 11（4）: 860-871.

[5] LIU H, WOLF M, KARKI K, et al. Intergranular cracking as a major cause of long-term capacity fading of layered cathodes [J]. Nano Letters, 2017, 17（6）: 3452-3457.

[6] KLINSMANN M, ROSATO D, KAMLAH M, et al. Modeling crack growth during Li extraction in storage particles using a fracture phase field approach [J]. Journal of The Electrochemical Society, 2015, 163（2）: A102-A118.

[7] KIM H, KIM M G, JEONG H Y, et al. A new coating method for alleviating surface degradation of $LiNi_{0.6}Co_{0.2}Mn_{0.2}O_2$ cathode material: nanoscale surface treatment of primary particles [J]. Nano Letters, 2015, 15（3）: 2111-2119.

[8] SWALLOW J G, WOODFORD W H, MCGROGAN F P, et al. Effect of electrochemical charging on elastoplastic properties and fracture toughness of Li_xCoO_2 [J]. Journal of The Electrochemical Society, 2014, 161（11）: F3084-F3090.

[9] ITOU Y, UKYO Y. Performance of $LiNiCoO_2$ materials for advanced lithium-ion batteries [J]. Journal of Power Sources, 2005, 146（1-2）: 39-44.

[10] CHRISTENSEN J, NEWMAN J. A mathematical model of stress generation and fracture in lithium manganese oxide [J]. Journal of The Electrochemical Society, 2006, 153（6）: A1019.

[11] CHRISTENSEN J, NEWMAN J. Stress generation and fracture in lithium insertion materials [J]. Journal of Solid State Electrochemistry, 2006, 10（5）: 293-319.

[12] ZHANG X, SHYY W, MARIE SASTRY A. Numerical Simulation of intercalation-induced stress in Li-ion battery electrode particles [J]. Journal of The Electrochemical Society, 2007, 154（10）: A910.

[13] ZHANG A, WANG B, LI G, et al. Fracture analysis of bi-layer electrode in lithium-ion battery caused by diffusion-induced stress [J]. Engineering Fracture Mechanics, 2020, 235: 107189.

[14] RIEGER B, SCHLUETER S, ERHARD S V, et al. Strain propagation in lithium-ion batteries from the crystal structure to the electrode level [J]. Journal of The Electrochemical Society, 2016, 163（8）: A1595-A1606.

[15] WEI Z, YANG X, LI Y, et al. Machine learning-based fast charging of lithium-ion battery by perceiving and regulating internal microscopic states [J]. Energy Storage Materials, 2023, 56: 62-75.

[16] GUO G, LONG B, CHENG B, et al. Three-dimensional thermal finite element modeling of lithium-ion battery in thermal abuse application [J]. Journal of Power Sources, 2010, 195（8）: 2393-2398.

[17] PANCHAL S, DINCER I, AGELIN-CHAAB M, et al. Experimental and simulated temperature variations in a $LiFePO_4$-20Ah battery during discharge process [J]. Applied Energy, 2016, 180: 504-515.

[18] HUANG Q, YAN M, JIANG Z. Thermal study on single electrodes in lithium-ion battery [J]. Journal of Power Sources, 2006, 156（2）: 541-546.

[19] SONG W, CHEN M, BAI F, et al. Non-uniform effect on the thermal/aging performance of lithium-ion pouch battery [J]. Applied Thermal Engineering, 2018, 128: 1165-1174.

[20] THOMAS K E, BOGATU C, NEWMAN J. Measurement of the entropy of reaction as a function of state of charge in doped and undoped lithium manganese oxide [J]. Journal of The Electrochemical Society, 2001, 148（6）: A570.

[21] WU B, LI Z, ZHANG J. Thermal design for the pouch-type large-format lithium-ion batteries [J]. Journal of The Electrochemical Society, 2014, 162（1）: A181-A191.

[22] HUANG J, LI Z, LIAW B Y, et al. Entropy coefficient of a blended electrode in a lithium-ion cell [J]. Journal of The Electrochemical Society, 2015, 162（12）: A2367-A2371.

[23] BERGMAN T L, LAVINE A S, INCROPERA F P, et al. Introduction to heat transfer [M]. Hoboken: John Wiley & Sons, 2011.

[24] 张世恒, 王波, 孙聪聪, 等. 快速充电条件下的电池热管理研究进展 [J]. 建模与仿真, 2023, 12（6）: 5337-5353.

[25] BERNARDI D, PAWLIKOWSKI E, NEWMAN J. A general energy balance for battery systems [J]. Journal of The Electrochemical Society, 1985, 132（1）: 5.

[26] LIPTON Z C, BERKOWITZ J, ELKAN C. A critical review of recurrent neural networks for sequence learning [J]. arXivPreprint, 2015: 1506.00019.

[27] HOCHREITER S, SCHMIDHUBER J. LSTM can solve hard long time lag problems [J]. Advances in Neural Information Processing Systems, 1996, 9.

[28] WEI Z, SONG R, JI D, et al. Hierarchical thermal management for PEM fuel cell with machine learning approach [J]. Applied Thermal Engineering, 2024, 236: 121544.

[29] LEMBREGTS F, LEURIDAN J, VAN BRUSSEL H. Frequency domain direct parameter identification for modal analysis: State space formulation [J]. Mechanical Systems and Signal Processing, 1990,

4（1）：65-75.

[30] ZHAO H，CHEN Z，SHU X，et al. Online surface temperature prediction and abnormal diagnosis of lithium-ion batteries based on hybrid neural network and fault threshold optimization [J]. Reliability Engineering & System Safety，2024，243：109798.

[31] HUNTER J S. The exponentially weighted moving average [J]. Journal of Quality Technology，1986，18（4）：203-210.

第 4 章

电池超声无损检测技术

锂离子电池的性能和其材料组成以及结构设计密切相关，因此对电池内部结构的深层次了解有助于电池内部反应机理的研究。电池作为一个封闭的系统，目前主要通过电压、电流和温度等信息评估电池内部状态，而往往忽略了电池内部的电化学反应所直接引起的结构特性的变化。因此，为了深入研究锂离子电池的反应原理和失效机理，需要利用一些新型的无损原位表征技术检测电池的结构信息；即无需对电池进行拆解，新型表征技术的媒介可以直接穿透电池的外包装材料，与电池内部的活性材料相互作用，产生携带结构信息的载体。解读这类信息载体不仅可以解释电池内部材料的热力学和界面反应等基础现象，同时对延长电池寿命和提高安全性的新材料组成和新结构设计具有指导意义。

4.1 引言

无损检测锂离子电池内部参数的技术一直是业内关注的重点。现有的检测技术，不论是通过电学手段或外部传感器的感知，都无法实现对于电池单体内部的温度、电极颗粒级别的应力应变参数或析锂等具体的材料学参数的精确感知和评估。因此，业内迫切需要一种能够在电池单体外部实时、精确且稳定地感知电池内部参数的电池单体参数诊断技术。

现有的温度感知技术主要停留在热像仪和热电偶的温度感知，这些温度判断方法只能感知电池表面的温度，和电池内部的温度差距很大。而其他的内部传感技术，如光纤传感技术，需要将光纤内嵌到电池中，会对电池结构产生影响，同时，光纤的温度应变感知局限于光栅的所在区域，无法对电池内部多层的温度进行同步感知。

对于电池 SOC、SOH 的估计方法，现阶段用到的是通过先进的算法对多维电学数据进行计算评估。但电学方法无法对电池单体内不同位点的 SOC、SOH 参数进行评估，并且由于电池单体内的不同位点的材料特性有差异，特别是使用天然石墨负极的商用锂离子电池，单体内不同位点的颗粒差异较大，会存在充放电深度不均匀的问题，这会导致电池的局部过充电或过放电。长久的服役过程会使得充放电深度较大的位点率先老化、析锂，进一步导致电池单体的容量衰退和热安全问题。

对于不可逆析锂的研究，现有的研究主要以 EIS 的离线检测为主，这种方法对于轻微析锂的检测精度不高，同时存在例如电池一致性差异带来的检测误差影响。利用电学的容量测试方法因为充放电倍率、温度等外界因素的影响，无法对锂枝晶的相关参数进行精确的评估。当电池温度较低时，电池内部的化学反应速率降低，使得电池难以充分释放电能。并且低温还会导致电解液的电导率明显降低，使得电解液中锂离子载体的活性减弱，这进一步增加了电池内电化学反应阻力。同样的原理，在高温下，电解液活性高，使得电池容量略高于常温容量，若温度过高，则会导致 SEI 膜溶解产气，进一步影响电池性能，使得依赖电学数据的容量检测失准。

以上提及的检测方法所受到的各种检测困境都急需一种能够实现电池外部无损诊断的方法，在不干扰锂离子电池正常的充放电行为的同时能够对锂离子电池内部的电化学反应的相关参数进行感知。因此，能够满足锂离子电池外部无损检测要求的超声检测方法便受到了更多的关注。

4.2 电池超声无损检测技术综述

超声波本质上是一种机械波，它是由传感器产生并通过介质传播的周期性振动的一种形式。超声作为一种有价值的无损检测技术已经在电池中得到了一系列的应用，现有的测量方法主要分为三大类：透射波、反射波和导波。本节将介绍超声检测各自的特性和应用程序以及其他的电池原位表征技术，而后对这些技术进行比较分析和未来展望。

4.2.1 透射波检测

透射波检测方法是通过采集贯穿电池厚度方向的透射波信号来实现结构诊断，目前在电池领域的应用最为广泛。飞行时间（Time of Flight，TOF）特征是由电池的多层异构材料厚度和声速决定的，与电池内部电化学反应密切相关，因此被作为超声检测的有效特征得到了广泛应用。Bommier 等[1]利用高倍率充电与低倍率充电到相同充电容量之间的飞行时间偏移量（TOF shift）差异表征电池析锂，即相同数量的锂离子，嵌入石墨和在石墨表面析锂分别对应不同的体积膨胀和材料性质，这将造成超声波 TOF shift 的差异。在随后的研究[2]中，进一步揭示了硅/石墨复合电极中硅颗粒钝化与 TOF shift 之间的关系。Knehr 等[3]应用超声波的 TOF shift 和电化学阻抗谱的电荷转移电阻联合分析电池在循环过程中的演变，结果表明新电池在初期会经历一个性能快速演变的"磨合期"，在这一时期石墨阳极的膨胀增加了电池内的压力，改善了阴极的电解液浸润情况，进而降低电池的阻抗。上述研究中超声波的频率均为 2.25MHz。

超声波在传播过程中会由于声束扩散、衍射、声散射和声吸收而使能量出现衰减。由于衰减机理复杂，加之电池内部的多层异构材料，超声波的能量衰减程度与电化学反应的关系并不稳定，限制了振幅和声衰减系数作为超声波特征的应用。然而，由于气体与固体/液体的声阻抗差距，电池内部的气体会阻碍透射波的传输，这会使超声波的能量出现明显的衰减现象。因此，振幅和声衰减系数适合应用于涉及气体的研究，如电极的浸润质量[4]、固体电池的界面稳定性[5]、缺陷检测[6]、外界温度变化对电池的影响[7]和 Zn/MnO_2 碱性 LR6（AA）电池阳极的氧化和脱水[8]。此外，振幅特征也被应用于研究锂离子电池充放电过程的电极变形[9]和锂离子电池的过充电及过放电[10]。

除了上述研究外，透射波检测方法的另一个典型应用是估计电池的状态。Hsieh 等[11]首次在锂离子软包电池和 Zn/MnO_2 碱性电池上发现了荷电状态与超声信号的 TOF 和振幅之间的联系。进一步的研究[12]应用支持向量机并结合电压、TOF 和振幅等特征估计电池状态，SOC 和健康状态的估计精度分别能达到 1% 和 1.9%。此外，一些专利也涉及 SOC、SOH[13]和剩余使用寿命的预测[14]。针对超声波估计 SOC 的机理，几位研究学者分别给出了解释。Gold 等[15]提出不同 SOC 下石墨孔隙率的差别引起波速和波形发生变化，理论框架来自 Biot[16]，其超声波频率比由泊肃叶流假设推导出的临界频率低一个数量级。如图 4-1 所示，产生三种类型的波：横波、快压缩波（波Ⅰ）和慢压缩波（波Ⅱ），慢压缩波的信号高度和延迟时间与 SOC 呈线性相关。在相同的理论框架下，Chang 等[17]的研究结论与图 4-1 有一定的区别，预计受到电池材料体系和超声频率的影响。与上述的分析角度不同，Davies 等[12]分析了钴酸锂软包电池中电极材料的弹性模量和厚度等物性参数随 SOC 的变化，认为石墨电极对 TOF shift 起主要作用。对于超声波估计 SOH 的原因，Deng 等[4]发现老化电池由于膨胀导致电解液浸润情况恶化，进而影响了透射波的振幅。

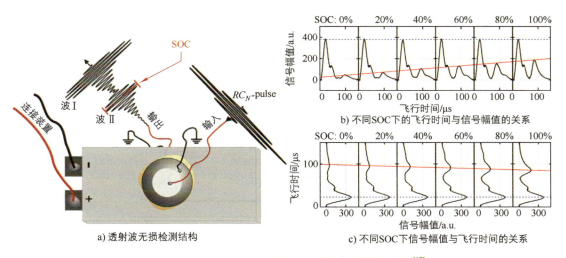

图 4-1 不同 SOC 下石墨孔隙率对超声特性的影响[15]

4.2.2 反射波检测

反射波检测方法是利用超声波在电池内相邻两层材料之间的界面形成的反射波进行测量的。如图 4-2a 所示，在电池内的任何界面均会发生反射，但反射波的波峰个数会受到设备分辨率和能量衰减的影响。图 4-2b 为超声波测试的反射波信号，依次由超声换能器 – 电池界面、电极层界面和电池 – 空气界面反射形成的。除了电池 – 空气界面巨大的声阻抗差距导致强烈的声反射外，其余峰的振幅均随电池内传播距离的增加而衰减。由于电极颗粒尺寸和化学组成存在局部差异，电极层反射的声波难以与具体的界面建立联系；而电池 – 空气界面反射的一次回波具有明显的振幅特征，且对电池的物理性质和状态变化敏锐，因此被广泛地选为研究对象。Wu 等[18]将超声波的一次回波与温度数据进行融合以构建健康指标，该指标易于识别电池的老化和过充电现象。Zhang 等[19]将超声换能器和待干燥的电极浆料分别置于集流体上方和下方，建立振幅衰减、TOF shift 与电极三级干燥理论的联系。

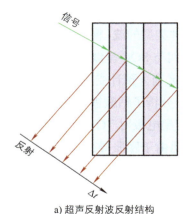

a) 超声反射波反射结构

b) 超声波测试的反射结果

图 4-2 电池超声反射波的形成过程[20]

4.2.3 导波检测

由于方形/软包电池中两个维度的尺寸远大于第三个维度，可以被视为引导声波传输的波导，此时的声波被称为导波或 Lamb 波。图 4-3 描述了导波的形成原理。由于模式转换，纵波或垂直偏振横波在边界处均反射形成纵波和垂直偏振横波。因此，外界声源通过折射产生纵波和垂直偏振横波两种基波，随后在边界经过多次反射形成一个包含多种传播模式的波包。

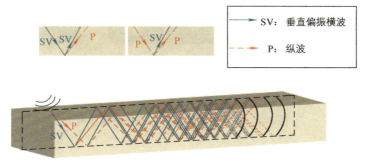

图 4-3 电池内部导波形成原理图

导波检测方法的主要应用是估计电池的状态。Ladpli 等[21, 22]详细记录 TOF 和振幅与电池 SOC 和 SOH 的关系，并发现不同 SOC 处的 TOF 对电池老化的敏感度不一致。其中，放电结束和充电开始时刻的 TOF 对电池老化最敏锐，并通过粒子滤波进一步有效地预测 SOH[23]。Zheng 等[24]利用扫描激光多普勒测振仪和中心频率为 100kHz 的超声波，呈现了不同时刻导波传播的图像。而电池结构的不连续处会观测到散射波和约束波的出现，这造成能量的衰减。除了对于结构的分析，目前的研究还利用振幅、TOF 和功率谱密度综合估计了锂离子电池的 SOC 和 SOH[25]，并发现随着电池的老化，超声导波技术对 SOC/SOH 的灵敏度降低。在电池安全领域，Zappen 等[26]发现超声导波对电池热失控的安全临界降解效应非常敏感，即在固体电解质界面溶解和溶剂蒸发的温度范围内超声信号有明显的变化。

4.2.4 超声无损检测技术的比较与总结

超声波三种检测方式的应用范围彼此有重叠部分，但存在以下三个方面的不同。

首先，三种检测方式之间最直观的差别在于换能器的安装位置和数量，如图 4-4 所示，并且对应超声波信号的传播路径也有所不同。其次，三种超声检测方式的频率也有差别[26]。前两种检测方法的频率不受限制，而导波的波长必须与波导的厚度相近，通常采用对制造材料和输出功率要求较低的低频换能器，因此导波技术在电池管理系统中集成的潜力更大。最后，透射波和反射波检测方法只能提供换能器周围区域的平均结构信息，而电池物理性质和状态在电极平面的不一致性会导致测量结果对测试位置的选择极为敏感[27]。相控阵超声检测能弥补上述缺点，实现对电池结构信息的大范围检测，但应用成本较高[28]。虽然导波的检测精度低，但可以用较低的成本实现对电池结构的大范围检测，避免换能器安装位置所导致的偶然性测试结果。此外，上述检测方法均出现超声波特征在充放电循环中的迟滞现象，即充电与放电过程中的超声特征不完全重合[15, 29, 30]。这种迟滞现象随着电池的老化愈发严重[30]，使SOC与超声特征之间的映射关系受到影响。

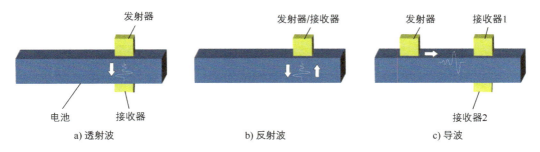

图4-4 三种超声检测方式的换能器布置

4.2.5 其他锂离子原位表征技术

1. 基于X射线的表征技术在电池研究中的应用

X射线的波长在0.01～10nm范围内，其光子能量远大于可见光，因此具有穿透锂离子电池多层异构材料的能力。X射线经由发射源发射后，在电池材料内发生透射、衍射、散射和光电效应，最终被置于发射源对立侧的探测器接收，实现对锂离子电池内部结构的成像[31]。传统的X射线表征技术将阴极射线管作为发射源，能量为5～15keV（1eV≈1.602×10^{-19}J），具有衰减严重、辉度低和成像时间长的缺点。相较之下，同步辐射X射线源具有高辉度和快速探测的优点。发射源技术的成熟使X射线能原位检测处于剧烈变化中的电池，并呈现高分辨率的微观结构图像。除了发射源技术的升级，计算机断层扫描技术也被应用在X射线检测中，根据待测样品多个位置扫描的二维图像重建出三维影像。

X射线表征技术的结构分辨率为纳米尺度，高分辨率的特性使其充当研究宏观设计参数、循环反应和失效机理的辅助工具。Pietsch等[32]利用X射线表征技术研究充放电过程中电极的锂化动力学和结构演变，结果表明硅/石墨复合电极的应变在空间分布不均匀并伴随显著的微观结构变化。Finegan等[33]将同步辐射X射线断层扫描技术与热成像结合，追踪锂离子电池热失控的启动和扩散过程中电池内部的结构损伤，观察到气体诱导分层和电极层损坏等现象。虽然X射线表征技术为原位表征电池的结构信息提供了手段，但这项技术也存在一定的局限性。X射线对轻元素（Li、O）的识别能力有限，也无法区分相邻原子序数的元素（如Ni、Co、Mn）[34]；同时，高昂的成本也限制了应用的范围。

2. 基于中子的表征技术在电池研究中的应用

中子是无电荷、质量大的粒子，主要与原子核发生相互作用。同时，与电子壳层相比，原子核的尺寸较小，导致中子不易被其他普通物质吸收而具有很强的穿透性。图4-5展示了25meV的中子与100keV的X射线关于质量衰减系数的比较。X射线的质量衰减系数与原子序数呈现较强的相关性；中子的质量衰减系数在周期表中随机变化，且同一元素的同位素可能具有较大的差异（如 ^6Li 和 ^7Li）[35]。此外，锂离子电池内的关键元素——^6Li 和 H 均对中子的传播造成较高的衰减，这是由于 ^6Li 和 H 分别具有巨大的中子吸收截面和中子散射截面。该特性使基于中子的表征方法对识别 ^6Li 和 H 有很高的灵敏度，为观测锂离子电池中锂扩散[36]、电解液浸润[37]和产气[38]提供了依据。因此，中子表征技术可以对X射线表征技术的应用缺陷进行弥补。然而，中子的通量较低且相互作用较弱，导致在图像相机的像素中计数相对较低，空间分辨率相对有限。对于锂这样的高吸收元素，测量的衰减在很大程度上取决于波长，而且光束硬化伪影会对中子图像进行额外的修正。此外，中子束处理过的样品具有放射性[35]。上述的应用缺点限制了基于中子表征技术的应用。

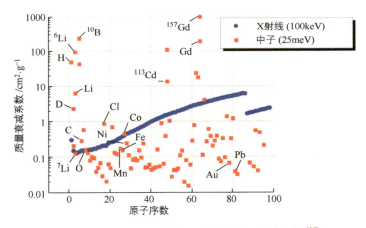

图 4-5　X射线与中子关于质量衰减系数的比较[35]

4.3　电池超声无损检测原理与装置

超声具有对于"固-液-气"界面的灵敏感知能力，且具有实时感知的能力。超声检测锂离子电池需要选择特定的频率。本节从锂离子电池超声检测的声速和频率方面分析超声检测锂离子电池内部故障的机理。并解释检测装置的设计原理和检测流程。

4.3.1　超声检测锂离子电池的原理

波在传播途中遇到两种介质的分界面时会出现反射和透射等现象，充分理解这些现象对合理应用超声检测技术至关重要。选取超声体波为研究对象，并考虑一种较为简单的情况，当体波在两个各向同性的无限固体介质1和介质2之间的界面之间，以法向的角度传播至界面时，体波将被分成透射和反射两部分。两种介质的相对声阻抗在透射和反射的能量分配中起着决定性的作用，声阻抗描述了材料对声波传播的阻碍程度，其被定义为介质的密度 ρ 与声速 c 的乘积：

$$Z = \rho c \tag{4.1}$$

声波的能量反射系数 R 和能量透射系数 T 的计算公式分别如下：

$$R = \left(\frac{Z_2 - Z_1}{Z_2 + Z_1}\right)^2 \tag{4.2}$$

$$T = \frac{4Z_1 Z_2}{(Z_2 + Z_1)^2} \tag{4.3}$$

式（4.2）给出的是能量反射系数 R 的计算公式，描述了反射能量与入射能量的比例。且透射系数与反射系数相加等于1，这符合能量守恒定律。由式（4.2）和式（4.3）可知，对于介质1与介质2声阻抗相等的特殊情况，超声能量能够全部透射至介质2中，不发生反射；相反，相邻介质之间较大的声阻抗差距将导致更多的声波能量被反射。

对于多层介质，情况更为复杂。假设声波依次穿过多个不同的介质层，每个层都有其特定的声阻抗和厚度。在多层界面的情况下，每个界面都会产生反射和透射，且每层内的透射波会在下一个界面上再次部分反射和透射。

对于多层结构，透射系数的计算需要考虑每个界面的透射和反射系数，并考虑声波在每层中的传播衰减。由于声波在多层结构中产生振荡叠加，计算多层透射系数涉及复杂的递归公式（如使用传递矩阵法或者阻抗匹配技术），公式表达为

$$T_{\text{total}} = \prod_{n-1}^{i=1} \frac{4Z_i Z_{i+1}}{(Z_i + Z_{i+1})^2} e^{-\alpha_i d_i} \tag{4.4}$$

其中，Z_i 和 Z_{i+1} 分别是相邻两层的声阻抗；α_i 是第 i 层的衰减系数；d_i 是第 i 层的厚度。在此情况下，每层的声波传播需要计算考虑到由多次反射和透射引起的声波相互干涉，使得整个系统的反射和透射分析更加复杂。因此，通常需要借助计算机模拟和特定的声学软件来精确计算和预测多层结构中的声波行为。

图4-6能明显看到锂离子在电池中进行的嵌入和脱嵌。以石墨负极为例，在充电时，锂离子嵌入石墨层间，使负极膨胀；同时，正极材料则释放锂离子，导致其体积减小。在放电时，锂离子从石墨中脱出，导致负极收缩；正极材料也会吸收锂离子并膨胀。这

种正负极材料的体积变化直接导致了电池整体体积的变化。具体的定量描述可以采用如下经验公式来进行计算。

$$\Delta d = d_0(1 + \beta \times \text{SOC}) \tag{4.5}$$

其中，Δd 是电池厚度的增量；d_0 是初始厚度；β 是与材料膨胀相关的系数；SOC 是电池的荷电状态。

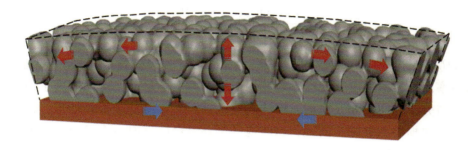

图 4-6　锂离子嵌入过程的石墨负极颗粒体积变化

在实际超声检测过程中，影响超声波在锂离子电池内部传播的因素不仅是荷电状态。之前的内容已经建立了关于锂离子电池荷电状态与超声幅值的理论模型，但这仅仅是一个方面。锂离子电池中超声波的传播受到多种因素的影响，这些因素包括电池的温度、循环次数、电池的化学和物理状态，以及电池的结构设计等。这些因素直接影响超声波的速度、衰减和反射特性，进而影响无损检测的准确性和电池的性能评估。电池在充放电过程中，温度会发生变化，一方面电池自身会因能量的转化而内部产热，另一方面其在与环境不断发生热交换，两者会叠加对电池的温度产生影响。而当电池温度升高时会导致材料的声速下降，这是因为材料的弹性模量随温度增加而降低。在弹性介质中，其纵波波速 V_L 应当满足：

$$V_\text{L} = \sqrt{\frac{E(1-\nu)}{\rho(1+\nu)(1-2\nu)}} \tag{4.6}$$

其中，E 是介质的杨氏弹性模量；ρ 是介质的密度；ν 是泊松比。这些材料学固有性质如密度和泊松比等会受到温度的直接影响并进一步影响声速。因此，可以建立温度与声速的直接关系式来实现超声对锂离子电池内部温度的检测。目前温度对声速的影响常利用经验公式或理论模型描述。例如，根据理想气体状态方程和绝热过程的假设可得出如下常用的经验公式：

$$c(T) = c_0 \sqrt{\frac{T}{T_0}} \tag{4.7}$$

公式假设声速与温度的二次方根成正比关系，这在一定范围内对许多气体和液体是成立的。但是对于特定的介质，可能需要更复杂的模型来描述温度对声速的影响。通过获得声速传播公式，超声波在介质中的传播时间（TOF）则可按如下等式计算：

$$\text{TOF} = \frac{\int_0^d \frac{\text{d}s}{c[T(s)]}}{n} \tag{4.8}$$

式中，$c[T(s)]$ 是介质中声波的传播速度，它是温度 T 以及位置 s 的函数；n 是介质中的平均折射率。材料的温度变化会影响其内部结构和分子振动，从而改变了声波在材料中传播时与分子之间的相互作用，而伴随电池内材料中的分子振动增强，这会导致声波能量的更快损失和衰减。同理，当电池的循环寿命降低时也会导致机械变形、内部损伤等现象，也会对超声波在电池中的传播产生影响。随着循环次数增加，电极材料可能发生裂纹、剥离或者体积膨胀等结构性变化。这些结构的变化导致超声波在电极材料中的传播路径变得复杂，增加了声波的散射和反射，从而增加了声波的衰减。同时，电池在循环使用过程中，正负极材料与电解液之间的界面可能因材料的化学变化而改变，导致界面阻抗的变化。这种变化影响了超声波在不同介质间的传播效率，可能会改变反射和透射系数。电池内部活性材料结构破坏和粉化会导致声波衰减加剧，声衰减系数增加。电池界面变化会改变声波在界面处的行为，从而影响声波的透射系数。此外，材料的机械变形也会影响声波的传播速度。化学变化如电极材料溶解也可能改变材料的声学性质。

超声的传播速度方面，受到物体材料孔隙率和密度的影响，在石墨负极的锂离子电池中，超声波的速度达到 5000m/s。超声检测锂离子电池的精度受到声波频率的影响，越高的声波频率会实现越高的超声检测精度。通常在检测软包单体时使用 2.5MHz 的超声探头能够观测到特征良好的一次回波，从而实现对软包单体中整体多层电极的特征捕捉。当超声检测频率提高时，声波的传播距离会受到限制。因此，适用于锂离子电池材料特性的超声纵波频率通常为 2.25～10MHz，而应用于锂离子电池检测的导波频率范围通常介于 200Hz～25kHz。

4.3.2 超声检测精度

通常使用超声检测软包锂离子电池单体时，通过调整检测频率和声波传播距离，能够实现 50～200μm 的检测精度。超声的检测精度受到多个因素影响，最主要的影响因素为频率。过高的频率会造成声波传播距离的受限，过低的声波频率会使声波绕过颗粒的结构变化特征，从而降低检测精度。不同的超声检测方法适配于不同的频率范围，对于检测距离较短的超声纵波检测手段，可以使用 2.5MHz 以上的超声频率，实现较高的检测精度。在超声导波检测中，由于使用了 lamb 波，该声波在平行于极片方向传播的同时在垂直于极片的方向进行振荡，这极大增加了声波的传播距离。低频的导波，由于声波传播距离的增加，如果需要检测出锂离子电池内部 10μm 级别的结构变化和锂离子电池的老化伴随的材料杨氏模量的衰退，需要通过设置导波发射和接收探头之间的距离使得超声对于锂离子电池内部的感知效果能够得到累加，从而实现和纵波超声检测相当的检测精度。因此超声导波依然可以实现检测 SOC 变化造成的电极孔隙率变化以及析锂过程中电极材料的杨氏模量的变化。

4.3.3 超声检测装置

由于超声能够做到实时采集并分析数据，并且在任意的锂离子电池工作温度下可以正常运作，因此，超声检测装置只需要实现在电池单体表面承载超声探头即可。如图 4-7 所示，通过同时采集声学信号和电学信号来评估锂离子电池的实时参数，可以看出声学的 TOF、幅值特征和电学信号有着直接对应的关联性。通过这样一组装置的使用可以从"声学 – 电学"的角度对电池充放电过程中的每个特征进行检测，并实现基于超声检测的锂离子电池多维参数分析。

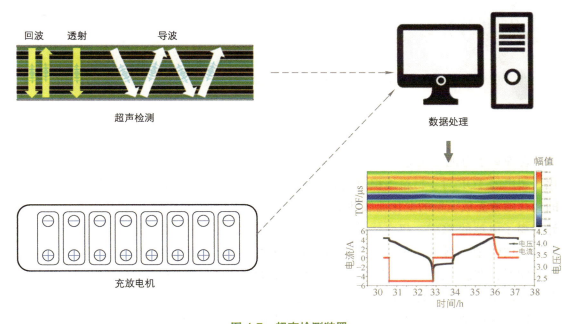

图 4-7 超声检测装置

4.4 电池超声无损检测案例分析

4.4.1 基于超声的电解液浸润检测

锂离子电池的浸润过程是一个缓慢的过程，浸润的时间长度随电池单体容量的增加而增加。图 4-8 中的蓝色对应于超声衰减严重的部分，绿色代表超声信号良好的部分。可以看出当电解液不够浸润的时候，超声信号衰减严重，这种情况是由于未浸润电解液的地方存在气体空腔的结构，这种结果会对声波产生严重的衰减，这一声学特性的应用很好地实现了电解液浸润状态的检测。

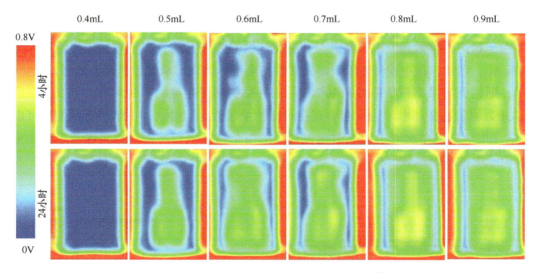

图 4-8　不同浸润状态下的超声扫描结果[4]

4.4.2 基于超声的荷电状态估计和老化评估

在锂离子电池充放电过程中，正负极均会随着锂离子的嵌入和脱嵌而发生体积的变化，超声的 TOF 对于材料体积模量的变化尤为敏感，如图 4-9 所示，超声特征峰的 TOF 的偏移随着充放电量的变化而线性变化，这使得通过算法处理能够利用超声的 TOF 来估计锂离子电池的 SOC。超声估计 SOC 的鲁棒性可以通过电池的老化试验得到验证。在图 4-10 中，在对锂离子电池进行的 200 次循环过程中，电池的容量发生了明显的衰退，与此同时，在满 SOC 的状态下超声信号的特征峰的 TOF 和幅值均发生了对应于容量衰退特性的偏移。超声的 TOF 随电池的老化逐渐减小，原因在于超声特征峰的提前出现，这是因为在电池老化过程中，石墨颗粒会发生破裂，形成新的可以被超声识别的界面。

这种界面的产生使得声波提早发生了反射，从而减小了TOF，同时由于反射界面的增多，也导致了回波的声能的增加，从而导致了幅值的增大。

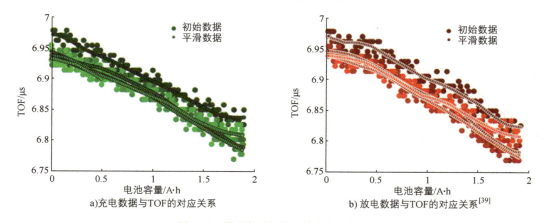

图 4-9 基于超声 TOF 的 SOC 估计

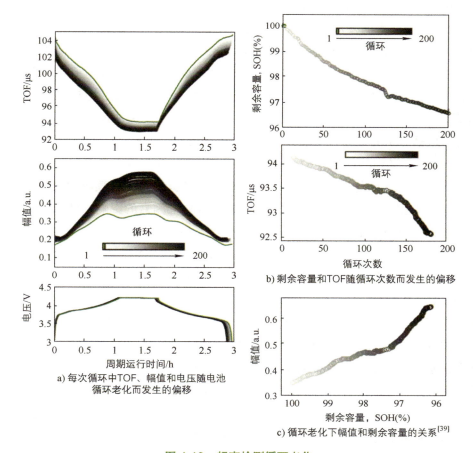

图 4-10 超声检测循环老化

4.4.3 基于超声的电池内部结构缺陷和 SOH 检测

识别锂离子电池的健康状态（SOH）是保护正在运行的电池组免受加速退化和故障的重要工具。随着电池所需的能量和功率密度以及电池组的经济成本的增加，这一点变得越来越重要。超声波飞行时间的特性可以用于识别锂离子电池中的一系列缺陷和 SOH，在软包单体中进行跨多个长度尺度的大型、专用缺陷的分析。该技术也被用于检测商业电池中的微尺度缺陷，并通过检查通过电池的声传输信号来验证。使用 X 射线计算机断层扫描确认缺陷的位置和规模，这也提供了有关单体分层结构的信息。超声检测作为一种具有直接性、非破坏性的深度分辨电极层健康状况的检测方法，具有在 SOH 监测和制造过程实时诊断中的潜在应用价值。

电池性能的退化已被证明与电池组成材料和内部结构的物理变化有关。在电极颗粒水平上，裂纹的生长、颗粒孔隙率增大和电子路径的位错已被证明会加速电极的老化。因此需要新的高通量的在线的电池质量检测技术。然而，目前这种监测通常是使用光学技术进行的，这种技术可能不够灵敏，无法识别表面以下的缺陷。X 射线计算机断层扫描（X 射线 CT）技术的发展已经能在一定程度上实现锂离子电池缺陷检测。例如，在 20 世纪 80 年代，Kok 等[40]证明了该技术对满 SOC 的电池进行评估的潜力，但是检测速率仍无法达到电池生产的要求。超声检测技术能够检测包括密度、孔隙率和应变在内的材料特性，这可以提供许多 SOH 检测的相关参数，包括 SOC、电极老化和潜在的内部缺陷等。对小范围缺陷的检测目前仍是 SOH 检测技术所关注的研究方向之一。SOH 估计的方法包括分析容量变化率或检测内阻等，但是电池服役期间的 SOC 估计、温度检测和 OCV 检测会受到外部噪声的严重影响。目前，电池的退化通常是通过预测建模来确定的，因为监测电池退化的复杂性非常困难，SOH 具有高度依赖应用的特性。通过数据统计和基于电化学模型的算法通常用于减轻这些外部因素的影响。然而，这增加了电池管理系统的计算费用，并且这些方法受到预测行为准确性的限制。与计算方法相比，物理测量，如超声波 TOF 分析，可以确定锂离子电池的 SOH，并将检测结果输入 BMS 中，来提供退化和故障信息，包括灾难性事件的预警，而无需复杂的计算。

自 Ohzuku 等[41]在锂/二氧化锰电池中使用被动声学光谱识别循环过程中的颗粒开裂以来，关于电池超声波分析的报道在数量和复杂性上都有所增加。Villevieille 等也应用了这项技术[42]，他们使用被动声发射光谱来监测 Li/NiSB$_2$ 电池的形态变化，并在第一个循环中识别 SEI 的生长。Rhodes 等[43]研究了电池中的 Si 电极，Sood 等推进了这项工作，首次报道了与单体膨胀/气体形成相关的循环过程中通过单体的声波振幅幅值下降，这项工作证明了在锂离子电池诊断中使用脉冲回波技术的可行性；然而，所使用的电池在相对较低的循环速率下表现出严重的降解，在大约 75 次循环后，电池发生失效。虽然大多数已发表的工作都研究了使用超声技术来监测由于单体循环而引起的可逆的、预期的单体变化，但Bommier等[1]的一份报告展示了使用该技术来识别小袋单体中的锂沉积，这项工作提出了空间分辨声学TOF测量在识别定制单体内厘米到微米尺度故障的方法。该技术的应用在商用电池上得到进一步验证，用于检测微尺度制造缺陷，并通过X射线CT证实了该缺陷的存在。

利用Olympus Focus PX相控阵仪器（Olympus Corp.，Japan）对实验室构建的锂离子袋电池模拟物进行超声TOF测量。一个10MHz的1D线性相控阵探头，由64个换能器和64mm的有效孔径组成，元件间距（元件之间的中心到中心距离）为1mm。探头配有一个0°Rexolite楔形板，以保护传感器的表面。对于单体映射测量，探针的有效孔径被减小以匹配单体的宽度。沿着单体长度的运动使用Olympus GLIDER 2轴编码扫描仪测量，步长设置为1mm，分辨率约为$1mm^2$。元素以16个为一组进行脉冲。使用OmniPC软件对测量信号进行分析，并在MATLAB中进行可视化。进一步的脉冲回波TOF测量在商用400mA·h $LiCoO_2$/石墨电池上进行，使用panametics 5052PR脉冲接收器激发超声换能器。响应信号使用相同的panametics脉冲接收单体记录，该单体依次连接到泰克TBS 1052-EBU数字示波器。测量以1Hz的速率进行，平均64个信号，以给出最终波形，并尽量减少外部噪声的影响。测量是用直径为12.7mm的1MHz（panametics）换能器在适当的驱动电平下获得的，以确保响应信号的幅度不足以使接收器饱和。超声波传输测量通过使用第二个接收探头（5MHz，Olympus Corp.，Japan）获得，其直径为6.35mm，放置在单体的另一侧并连接到示波器。在所有测量之前，通过在一个传感器上放置质量为200g的物体来保持传感器和电池之间的均匀压力，波形从示波器导出为.csv文件并传输给MATLAB进行绘图分析。为了便于声学测量，在所有测量之前，在单体和换能器之间放置了超声波耦合器（D12耦合器，Olympus Corp.，Japan）。

使用尼康XT-225仪器（Nikon Metrology，Tring，UK），通过X射线CT鉴定实验室制备的单体的内部特征。这些扫描是在加速电压为180kV，入射光束功率为18.5W，使用W靶和1mm Cu滤波器的情况下获得的。为了最大限度地减少图像中的伪影，每次扫描获得3176个投影，系统几何放大后得到的图像像素尺寸约为24.5μm。使用"Nikon CT Agent"软件重建放射图像，使电极层和单体内电流收集标签可视化。商用单体使用蔡司Xradia Versa 520（Carl Zeiss XRM，Pleasanton，CA，USA）成像，加速电压为80kV，总功率为10W。共收集了1601个投影，放大倍数为0.4倍，分辨率为7.7μm。使用专有软件（Reconstructor scout-scan，Zeiss，Carl Zeiss，CA，USA）对获取的图像进行重建，并使用Avizo Fire 9.4（FEI，France）对所有重建数据集进行可视化。

为了在锂离子电池生产的过程中利用声学技术检测缺陷，必须证明基于TOF的技术可以在原始区域和包含缺陷的区域之间建立显著且可重复的信号变化。锂离子电池中声TOF信号的解释受许多因素的影响，包括锂离子电池组成材料的声性能和机械性能以及电池的内部结构。在电化学负载下的电池中，由于SOC依赖的电极特性变化会影响声速，因此基于 TOF 的锂离子电池质量检测变得非常具有挑战性。

$$c = \sqrt{\frac{K + \frac{4}{3}G}{\rho}} \quad (4.9)$$

$$K = \frac{E}{3(1-2\nu)} \quad (4.10)$$

$$G = \frac{E}{2(1+\nu)} \quad (4.11)$$

在式（4.9）中，对于声学响应最明显的是杨氏模量 E、密度 ρ 和泊松比 ν。式（4.10）和式（4.11）中 K 和 G 分别是体积模量和剪切模量。当分析一个离线状态的电池时，不需要考虑电流对 TOF 的影响，消除了由循环产生的任何潜在的电化学刚度对超声信号的影响。在这种情况下，声波反射的界面和声波换能器之间的物理距离能够完全决定 TOF 的变化。然而，锂离子电池中的层状结构提供了许多超声分量速度。通过对分量声速的计算，理论上可以实现对锂离子电池中单层声反射层到声波换能器的距离（z）的直接检测。

$$\text{TOF} = \sum_{i=n}^{i=1} c_i(\rho, \tau, \cdots) \cdot z_i \quad (4.12)$$

其中，i 为层数；c_i 是该层的声速分量；ρ、τ 等参数影响了声速分量的计算结果。虽然原理上这是一个相对容易的计算，但大量因素的影响（以空间特征和材料特征为主），包括颗粒大小、密度、局部电极组成和弯曲度等，使得实现单体内部的分层缺陷检测面临巨大的挑战。界面处反射峰的振幅由反射系数 R 决定，反射系数表示入射声波被反射的程度。该系数取决于界面处的两种材料的相对声阻抗 Z，计算方法如式（4.2）所示。

尽管存在上述复杂性，但是声学技术可以提供较高精度的锂离子电池内部参数检测结果。采用这种方法，可以在二维图中观察到特征峰位置的变化。这些峰值的变化行为可能是由于电池中的一系列物理因素引起的，其中一些因素如图 4-11 所示。

由电极层膨胀或收缩引起的界面向换能器方向或远离换能器的移动将改变特征峰的 TOF 值，造成 TOF 的偏移（图 4-11a）。在一些工作中已经报告了由于循环而导致的 TOF 的这种变化[1,45]，并且可以通过评估特征峰的 TOF 值移动范围来实现锂离子电池的特征捕捉。测量的分辨率由特征峰 TOF 的鲁棒性决定；TOF 偏移足以捕捉轻微的结构变化或表面变化，响应时长达到纳秒级别。对于健康的锂离子电池单体，其超声检测的特征峰的 TOF 阈值范围很小，这是由较好的电池一致性决定的。静止单体的特征峰 TOF 偏移表明检测区域存在缺陷，这种缺陷甚至会造成特征峰的缺失。声波波形中特征峰幅值的衰退和特征峰的缺失表明存在非声导层。这种声学检测手段为检测电池的缺陷（如积聚的气穴和单体中的分层）提供了一种简便的方法。

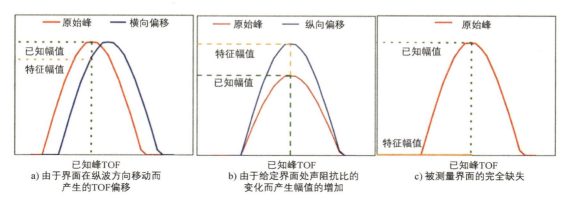

a) 由于界面在纵波方向移动而产生的TOF偏移
b) 由于给定界面处声阻抗比的变化而产生幅值的增加
c) 被测量界面的完全缺失

图 4-11　声学 TOF 分析中的一些潜在峰值变化

为了验证该技术对锂离子电池内部缺陷的检测能力，将相控阵探头在单体上进行 C 扫描，以提供单体的色阶图，包含二维空间坐标 x、y 和声学 TOF，如图 4-12a 所示。在完整的声学 C 扫描之后，对单个峰进行检查，以了解所获得的声波波形的空间变化。对信号施加一致的延迟，以去除与换能器振铃相关的峰值。为了确保微小的峰移不会引起任何变化，绘制了 TOF 大于 0.4μs 的幅值曲线。当超声换能器在电池外表面移动时，电极层和电解质都有轻微的位移，这是由软包电池的包装特性导致的。因此不同的超声检测周期会发现峰值信号幅值的轻微偏移。在色阶图中观察到位于 TOF 约为 2.0μs 处的单峰显示出近似恒定的振幅（区域 1），然后急剧偏离该预期振幅；在区域 2 中，峰值幅值接近于零。不同区域的幅值差异较大，这映射了电极层的结构变化较大。由于 TOF 为 2.0μs 处的峰是声信号中的第三个显著峰，通过声学模型进行计算，判断该缺陷发生在电池的第三层。在这种情况下，与该人为构建的去除第三层阳极层的电池形成对应。通过图 4-12c 所示的重建断层扫描图像进一步证实这一点。在 x 轴负方向，虽然由于电极的缺陷造成了区域 1 与区域 2 明显的幅值色阶对比。但随着色阶向单体的另一端移动（区域 3），可以看到测量值的变化从零开始增加。这是由于传感器的压力使得电极缺陷造成的空隙效果在减小，单体的曲率程度增加，区域 3 中的信号变得复杂，在 X 射线图像中可以得到证实（图 4-12c）。由于阳极层的去除（图 4-12c），且传感器的重量在电池表面上不均匀，在缺陷的边界区域存在压应力和剪应力的缺失，所以阳极层倾向于向自由空间弯曲，进而产生了区域 3 中幅值重新升高的结果。

在区域 2 的声波波谱中，TOF 在 2.0μs 之后的波峰证实了在缺陷层之下的电极层与电解质之间仍然保持了密切接触，并未发生声反射结构的巨大变化。对 TOF 在 2.0μs 之后的单个波峰进行更深入的检查，结果表明电极层在单体中的位置存在相对变化。在图 4-12b 中，在一次回波中，即在约 6.9μs 出现的回波峰的一致性优于其他波峰，这与一次回波穿过了整个电池有关。因此，在分析电池中不同层或电池整体的特征时，应根据情况选取不同的特征峰。区域 2 和区域 3 的声波波谱的相似性较好,直到 TOF 为 2.0μs 之后,波形产生了较大的差异。在 TOF 为 2.0μs 之后的波谱中,每个特征峰的波形都有明显的变化,这表明声波反射层在 TOF 为 2.0μs 的位置发生了巨大的结构变化。与区域 2 相比,区域 3 获得的信号具有更优的回波特征。这表明在区域 3 中由于换能器的压力作用,缺陷以下的电极层被压在了一起,产生了较好的声波反射,并且该反射波不受区域 2 中所见的"边缘效应"的影响。图 4-13 中展示了超声特征峰信号检测大面积极片缺陷的应用,该缺陷面积需大于换能器中超声压电片的面积。在使用接触式 C 扫描测量时,需要保证超声换能器始终对电池单体施加相同的压力,以此来增加不同测量点的变量一致性。

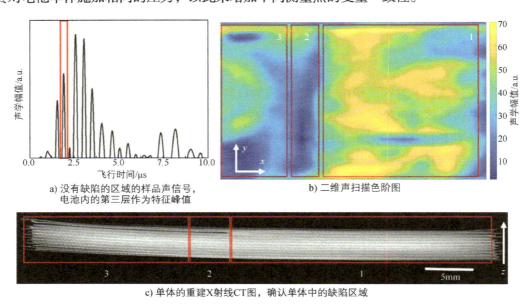

图 4-12 对具有较大的阳极缺陷的锂离子软包电池进行诊断分析(在电池内的一层正极中去除了一部分电极层)

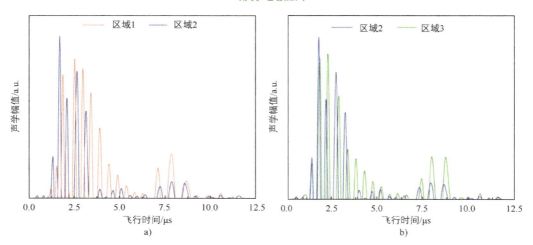

图 4-13 示例波形突出了由边缘效应引起的换能器和电极层之间位移的相对变化

第 4 章
电池超声无损检测技术

在验证了针对大缺陷（即缺乏部分电极层）的检测技术的机理之后，进一步验证超声检测电极缺陷的方法的可行性。位于电池第四层的阴极区域与之前讨论的相似，在密封之前被移除，结果如图 4-14 所示。可以看到 C 扫描成像可以用来识别电极中的缺陷区域。

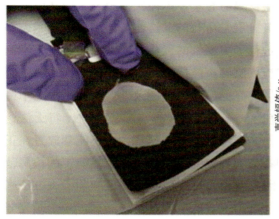

a) 在电池密封之前的照片中的缺陷

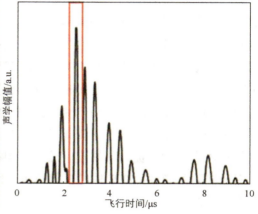

b) 在2.5μs处突出显示特征TOF峰的声学幅值

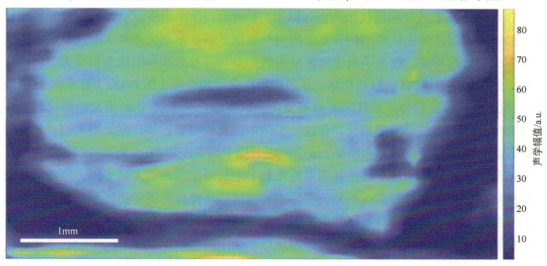

c) 超声C扫描结果，突出显示的区域对应的2D色阶，表明该技术的有效性

图 4-14　超声识别阴极沉积缺陷

图 4-14a 所示的情景可以解释缺陷区域周围明显减小的幅值。图 4-14c 中的图像与图 4-12b 中的图像相似，对比缺陷处和非缺陷处的幅值波形可以发现发生严重衰退的波峰出现在 TOF 为 2.5μs 左右处。可以清楚地看到图 4-14a 所示的缺陷对应的区域，该区域还与第四个特征峰的幅值变化相关，因此缺陷位于第四层。幅值的变化可以在整个缺

陷中观察到，这归因于传感器在电池表面扫描测量时的压力变化。该技术以低于电极厚度的分辨率检测缺陷，表明声学技术作为电极质量的检测方法具有重大前景，通过对电池单体进行 C 扫描成像，获得电池组装的最终质量控制指标。事实上，鉴于 X 射线成像时间长的特点，超声波测量可以作为一种初步筛选技术，以发现电池缺陷的产生，防止灾难性故障并降低电池制造商的相关经济成本。

　　虽然在电池模组检测中超声诊断仍无法实现对所有单体电池全面覆盖，但在电池单体层面检测微米尺度上的内部局部缺陷或电极分层是可行的，这使得超声诊断技术能够部署到更广泛的应用中。商用电池在性能上进行了更精细的优化，因此通常比实验室制造的软包电池更坚硬，含有更少的电解质来提供层间声波传输，但商用电池高水准的制作工艺保证了固液界面的高度平整，这会提供更好的超声检测一致性。在商用电池中最可能出现的缺陷的规模预计小于换能器的直径，当 C 扫描采样点不够多时，将无法达到足以区分缺陷点的分辨率。因此对于单个换能器检测缺陷的模式，把换能器放置在正确的位置才有可能捕捉内部缺陷。然而结构特征和大缺陷已经超出单个换能器的检测范围，因为缺陷可能发生在单体的任何位置。因此需要进行 C 扫描等空间缺陷检查方法来研究超声检测在商业电池中的应用。对两个 400mA·h 的电池进行了测试，一个是完好的，一个是有缺陷的，结果如图 4-15 所示。图 4-15a 中与完好单体相关的超声波形展示了软包单体中预期的规则层状结构，如图 4-15b 所示。在原始商业单体中获得的信号比在实验室构建的单体中获得的信号更加均匀，突出了该技术作为锂离子电池缺陷诊断的潜在用途。如前所述，锂离子电池电极结构的偏差与容量衰减和电池失效有关，因此这种偏差是估计电池 SOH 的候选指标。从缺陷单体获得的波形（图 4-15a）显示在 TOF 约为 1.25μs 之后的波形与原始波形有显著变化，表明缺陷位于该 TOF 所检测的区域。应该注意的是，与之前的结果相反，在这个实例中没有使用延迟块，因此初始信号包含与换能器振铃相关的特征峰。在图 4-15a 中，随着位于约 6μs 和 11μs 的第一回波峰和第二回波峰的消失，信号的绝对幅值和周期性在整个主信号范围内都大幅下降。这些回波峰的缺失表明，由于某种形式的缺陷，波形不能通过电池整体并返回换能器。虽然在测量之前没有观察到电池的宏观气体，但不能排除在缺陷附近区域存在气体，这可以解释信号在缺陷之外传播的大幅下降。获得该波形后，使用高分辨率 X 射线 CT 检查单体以了解信号衰减的原因。重建后，在第二层阴极层中发现了一个轻微缺陷，如图 4-15 所示。这一缺陷的性质无法完全确定，然而，观察到其直径约为 20μm。在电极平面的 200μm 径向区域（图 4-15c 中蓝色框中突出显示）观察到一个较为严重的缺陷，该缺陷使第二个阳极层和阴极层之间的距离增加了一小部分（>5μm）。这表明，这种增加的距离引入了一个声阻空隙，影响了传播途径。

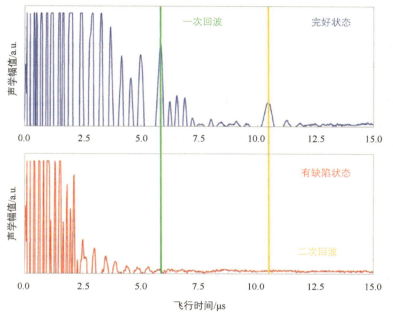

a) 原始和缺陷单体的声波谱图

b) 原始单体的重建X射线断层扫描切片

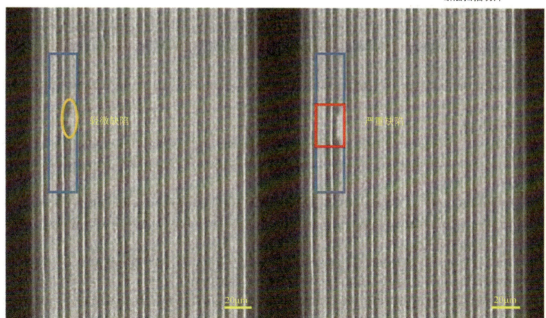

c) 使用X射线断层扫描确认的缺陷

图4-15 利用超声脉冲回波技术鉴定商业软包单体的微尺度缺陷

参 考 文 献

[1] BOMMIER C, CHANG W, LU Y, et al. In operando acoustic detection of lithium metal plating in commercial LiCoO$_2$/graphite pouch cells [J]. Cell Reports Physical Science, 2020, 1（4）: 100035.

[2] BOMMIER C, CHANG W, LI J, et al. Operando acoustic monitoring of SEI formation and long-term cycling in NMC/SiGr composite pouch cells [J]. Journal of The Electrochemical Society, 2020, 167（2）: 020517.

[3] KNEHR K W, HODSON T, BOMMIER C, et al. Understanding full-cell evolution and non-chemical electrode crosstalk of Li-ion batteries [J]. Joule, 2018, 2（6）: 1146-1159.

[4] DENG Z, HUANG Z, SHEN Y, et al. Ultrasonic scanning to observe wetting and "unwetting" in Li-ion pouch cells [J]. Joule, 2020, 4（9）: 2017-2029.

[5] HUO H, HUANG K, LUO W, et al. Evaluating interfacial stability in solid-state pouch cells via ultrasonic imaging [J]. ACS Energy Letters, 2022, 7（2）: 650-658.

[6] LI H, ZHOU Z. Numerical simulation and experimental study of fluid-solid coupling-based air-coupled ultrasonic detection of stomata defect of lithium-ion battery [J]. Sensors, 2019, 19（10）: 2391.

[7] CHANG W, BOMMIER C, FAIR T, et al. Understanding adverse effects of temperature shifts on Li-ion batteries: an operando acoustic study [J]. Journal of The Electrochemical Society, 2020, 167（9）: 090503.

[8] BHADRA S, HSIEH A, WANG M, et al. Anode characterization in zinc-manganese dioxide AA alkaline batteries using electrochemical-acoustic time-of-flight analysis [J]. Journal of The Electrochemical Society, 2016, 163（6）: A1050.

[9] KIRCHEV A, GUILLET N, BRUN-BUISSION D, et al. Li-ion cell safety monitoring using mechanical parameters: Part I. Normal battery operation [J]. Journal of The Electrochemical Society, 2022, 169（1）: 010515.

[10] OCA L, GUILLET N, TESSARD R, et al. Lithium-ion capacitor safety assessment under electrical abuse tests based on ultrasound characterization and cell opening [J]. Journal of Energy Storage, 2019, 23: 29-36.

[11] HSIEH A, BHADRA S, HERTZBERG B, et al. Electrochemical-acoustic time of flight: in operando correlation of physical dynamics with battery charge and health [J]. Energy & Environmental Science, 2015, 8（5）: 1569-1577.

[12] DAVIES G, KNEHR K W, VAN TASSELL B, et al. State of charge and state of health estimation using electrochemical acoustic time of flight analysis [J]. Journal of The Electrochemical Society, 2017, 164（12）: A2746.

[13] SHEN Y, ZHE D, HUANG Y H. Method and device for monitoring state of charge and state of health of lithium-ion battery: U.S. Patent 10, 663, 525[P]. 2020-05-26.

[14] REDKO V, KHANDETSKYY V, SHEMBEL E. Apparatus and method for determining service life of electrochemical energy sources using combined ultrasonic and electromagnetic testing: U.S. Patent 7, 845, 232[P]. 2010-12-07.

[15] GOLD L, BACH T, VIRSIK W, et al. Probing lithium-ion batteries' state-of-charge using ultrasonic transmission-concept and laboratory testing [J]. Journal of Power Sources, 2017, 343: 536-544.

[16] BIOT M A. Theory of propagation of elastic waves in a fluid-saturated porous solid. Ⅱ. Higher frequency range [J]. The Journal of the Acoustical Society of America, 1956, 28（2）: 179-191.

[17] CHANG J J, ZENG X F, WAN T L. Real-time measurement of lithium-ion batteries' state-of-charge based on air-coupled ultrasound [J]. AIP Advances, 2019, 9（8）.

[18] WU Y, WANG Y, YUNG W K, et al. Ultrasonic health monitoring of lithium-ion batteries [J]. Electronics, 2019, 8（7）: 751.

[19] ZHANG Y S, PALLIPURATH RADHAKRISHNAN A N, ROBINSON J B, et al. In situ ultrasound acoustic measurement of the lithium-ion battery electrode drying process [J]. ACS Applied Materials & Interfaces, 2021, 13（30）: 36605-36620.

[20] PHAM M T, DARST J J, FINEGAN D P, et al. Correlative acoustic time-of-flight spectroscopy and X-ray imaging to investigate gas-induced delamination in lithium-ion pouch cells during thermal runaway [J]. Journal of Power Sources, 2020, 470: 228039.

[21] LADPLI P, KOPSAFTOPOULOS F, NARDARI R, et al. Battery charge and health state monitoring via ultrasonic guided-wave-based methods using built-in piezoelectric transducers[C]//Smart Materials and Nondestructive Evaluation for Energy Systems, 2017. Bellingham: SPIE, 2017, 10171: 53-64.

[22] LADPLI P, KOPSAFTOPOULOS F, CHANG F-K. Estimating state of charge and health of lithium-ion batteries with guided waves using built-in piezoelectric sensors/actuators [J]. Journal of Power Sources, 2018, 384: 342-354.

[23] LADPLI P, LIU C, KOPSAFTOPOULOS F, et al. Health prognostics of lithium-ion batteries and battery-integrated structures [C]//Structural Health Monitoring 2019. Lancaster: DEStech Publishing, 2019.

[24] ZHENG S, JIANG S, LUO Y, et al. Guided wave imaging of thin lithium-ion pouch cell using scanning laser Doppler vibrometer [J]. Ionics, 2021, 27: 643-650.

[25] ZHAO G, LIU Y, LIU G, et al. State-of-charge and state-of-health estimation for lithium-ion battery using the direct wave signals of guided wave [J]. Journal of Energy Storage, 2021, 39: 102657.

[26] ZAPPEN H, FUCHS G, GITIS A, et al. In-operando impedance spectroscopy and ultrasonic measurements during high-temperature abuse experiments on lithium-ion batteries [J]. Batteries, 2020, 6（2）: 25.

[27] ROBINSON J B, MAIER M, ALSTER G, et al. Spatially resolved ultrasound diagnostics of Li-ion battery electrodes [J]. Physical Chemistry Chemical Physics, 2019, 21（12）: 6354-6361.

[28] ROBINSON J B, OWEN R E, KOK M D, et al. Identifying defects in Li-ion cells using ultrasound acoustic measurements [J]. Journal of The Electrochemical Society, 2020, 167（12）: 120530.

[29] POPP H, KOLLER M, KELLER S, et al. State estimation approach of lithium-ion batteries by simplified ultrasonic time-of-flight measurement [J]. IEEE Access, 2019, 7: 170992-171000.

[30] KIM J-Y, JO J-H, BYEON J-W. Ultrasonic monitoring performance degradation of lithium ion battery [J]. Microelectronics Reliability, 2020, 114: 113859.

[31] WOOD V. X-ray tomography for battery research and development [J]. Nature Reviews Materials, 2018, 3（9）: 293-295.

[32] PIETSCH P, WESTHOFF D, FEINAUER J, et al. Quantifying microstructural dynamics and electrochemical activity of graphite and silicon-graphite lithium ion battery anodes [J]. Nature Communica-

tions, 2016, 7（1）: 12909.

[33] FINEGAN D P, SCHEEL M, ROBINSON J B, et al. In-operando high-speed tomography of lithium-ion batteries during thermal runaway [J]. Nature Communications, 2015, 6（1）: 6924.

[34] 杨卓, 卢勇, 赵庆, 等. X射线衍射Rietveld精修及其在锂离子电池正极材料中的应用 [J]. 无机材料学报, 2023, 38（6）: 589-605.

[35] ZIESCHE R F, KARDJILOV N, KOCKELMANN W, et al. Neutron imaging of lithium batteries [J]. Joule, 2022, 6（1）: 35-52.

[36] TAKAI S, KAMATA M, FUJINE S, et al. Diffusion coefficient measurement of lithium ion in sintered $Li_{1.33}Ti_{1.67}O_4$ by means of neutron radiography [J]. Solid State Ionics, 1999, 123（1-4）: 165-172.

[37] WEYDANZ W, REISENWEBER H, GOTTSCHALK A, et al. Visualization of electrolyte filling process and influence of vacuum during filling for hard case prismatic lithium ion cells by neutron imaging to optimize the production process [J]. Journal of Power Sources, 2018, 380: 126-134.

[38] MICHALAK B, SOMMER H, MANNES D, et al. Gas evolution in operating lithium-ion batteries studied in situ by neutron imaging [J]. Scientific Reports, 2015, 5（1）: 15627.

[39] COPLEY R, CUMMING D, WU Y, et al. Measurements and modelling of the response of an ultrasonic pulse to a lithium-ion battery as a precursor for state of charge estimation [J]. Journal of Energy Storage, 2021, 36: 102406.

[40] KOK M D, ROBINSON J B, WEAVING J S, et al. Virtual unrolling of spirally-wound lithium-ion cells for correlative degradation studies and predictive fault detection [J]. Sustainable Energy & Fuels, 2019, 3（11）: 2972-2976.

[41] OHZUKU T, TOMURA H, SAWAI K J J O T E S. Monitoring of particle fracture by acoustic emission during charge and discharge of Li/MnO_2 cells [J]. Journal of The Electrochemical Society, 1997, 144（10）: 3496.

[42] VILLEVIEILLE C, BOINET M, MONCONDUIT L J E C. Direct evidence of morphological changes in conversion type electrodes in Li-ion battery by acoustic emission [J]. Electrochemistry Communications, 2010, 12（10）: 1336-1339.

[43] RHODES K, DUDNEY N, LARA-CURZIO E, et al. Understanding the degradation of silicon electrodes for lithium-ion batteries using acoustic emission [J]. Journal of The Electrochemical Society, 2010, 157（12）: A1354.

[44] ROBINSON J B, MAIER M, ALSTER G, et al. Spatially resolved ultrasound diagnostics of Li-ion battery electrodes [J]. Physical Chemistry Chemical Physics, 2019, 21（12）: 6354-6361.

[45] ROBINSON J B, PHAM M, KOK M D, et al. Examining the cycling behaviour of Li-ion batteries using ultrasonic time-of-flight measurements [J]. Journal of Power Sources, 2019, 444: 227318.

第 5 章

超声无损检测技术在电池上的应用

5.1 引言

随着电动汽车、可再生能源储能系统和便携式电子设备的广泛应用，对于电池的安全性、性能和寿命需要更为精确的评估。传统的检测方法往往具有局限性，例如需要对电池进行破坏性测试或只能测量表面温度，难以满足实时、非侵入性和高精度的要求。因此，开发先进的无损检测技术来监测电池内部状态，尤其是电池温度和析锂行为，显得尤为重要。

利用超声的稳定性和高效率的检测方式，超声已经被应用于电池出厂前的锂离子电池合格率检测，针对出厂前的锂离子电池的电解液是否浸润均匀，化成中的固体电解质界面膜是否生长完整做出诊断。由于超声的实时响应特性，能够在不影响锂离子电池的生产效率的同时，提高锂离子电池生产的合格率，为锂离子电池的生产品质提供了保障。

由于电池在工作过程中会产生热量，这些热量的积累和分布直接影响电池的性能和安全性。电池内部温度的变化不仅会影响电化学反应的速率和效率，还会对电池材料的稳定性产生影响。过高的温度可能导致电池材料的降解，甚至引发热失控，导致火灾或爆炸等严重安全事故。传统的温度测量方法如热电偶或红外热像仪通常只能测量电池表面的温度或局部区域的温度分布，无法提供电池内部的全面温度信息。此外，这些方法可能需要对电池进行改装或接触测量点，这在实际应用中具有一定的局限性。

超声无损检测技术通过在电池外施加超声波脉冲，并分析回波信号的特征，能够实现对电池内部温度分布的高精度测量。当超声波在电池材料中传播时，其速度和衰减会受到温度的影响。通过精确测量超声波的传播时间和强度变化，可以推算出电池内部的温度分布情况。在锂离子电池的热参数机理探索方面，超声在高低温工作环境下能够保持对锂离子电池温度参数具有良好鲁棒性的灵敏检测[1]，通过 TOF 的偏移量对电池内部温度特性进行机理分析和特性评估[2]。

除了温度测量，析锂现象也是影响电池性能的重要因素。锂离子电池在充放电过程中，锂离子在正负极之间的迁移和嵌入/脱嵌行为决定了电池的容量和寿命。锂金属在电池内部的不均匀析出会导致锂枝晶的形成，这些枝晶可能刺穿隔膜，引发短路，造成电池失效甚至危险事故。传统的电化学分析方法如循环伏安法、电化学阻抗谱等虽然能够提供一定的锂析出信息，但这些方法通常需要对电池进行破坏性测试或者需要特殊设备离线检测，难以实现对电池内部锂分布的实时监测。

而对于电池中的析锂过程，可以通过超声的检测参数（幅值和TOF）直接推导析锂相关参数（例如超声可识别的界面数量、界面面积，回波幅值等）的偏移情况，建立数学模型来对不同析锂状况的单体进行超声评估，并且对拆解后的电池进行锂枝晶溶解实验，通过溶解后的锂离子浓度来评估析锂程度，从而对析锂的程度进行评估。

5.2 基于超声的热参数测量

本节旨在深入探讨超声无损检测技术在电池热特性评估中的科学原理与应用进展。我们将首先回顾超声波与物质相互作用的基础理论[3]，特别是超声波在不同温度及介质中的传播特性，进而阐述如何利用这些特性来间接或直接测量电池内部的关键热参数。通过对比传统热测量技术，将突出超声检测在非介入性、实时监测以及空间分辨率方面的显著优势。

5.2.1 基于超声技术的电池温度估计原理

在非高温状态下，固体材料的弹性模量和泊松比随温度变化较小，可近似视为常量。在温度 T 时，固体的长度为

$$L_T = L_0(1+\alpha T) \tag{5.1}$$

其中，α 是线膨胀系数；L 是长度，下标 0 和 T 分别代表温度为绝对零度和 T 时对应的物理量。对于边长为 L_T 的立方体，其体积为

$$V_T = L_T^3 = L_0^3(1+\alpha T)^3 = V_0(1+\alpha T)^3 \tag{5.2}$$

忽略上式的 α^2、α^3，式（5.2）简化为

$$V_T = V_0(1+3\alpha T) \tag{5.3}$$

温度为 T 时的密度为

$$\rho_T = \frac{m}{V_T} = \frac{m}{V_0(1+3\alpha T)} = \frac{\rho_0}{1+3\alpha T} \tag{5.4}$$

其中，ρ_0 是绝对零度时的密度。相应地，纵波的波速为

$$c_L = \sqrt{\frac{E(1-v)}{\rho_0(1-2v)(1+v)}}\sqrt{1+3\alpha T} \tag{5.5}$$

对应的 TOF 为

$$\mathrm{TOF} = \frac{L_0}{\sqrt{\frac{E(1-v)}{\rho_0(1-2v)(1+v)}}}\frac{1+\alpha T}{\sqrt{1+3\alpha T}} = \mathrm{TOF}_0\frac{1+\alpha T}{\sqrt{1+3\alpha T}} \tag{5.6}$$

液体的声速与温度的关系是上述方程的一种特殊形式。在大多数液体中，声速与温度的关系近似表示为[4]

$$c_L = a - bT \tag{5.7}$$

其中，a 和 b 是取决于液体性质的两个常数，该式在较宽的温度范围内均成立。对应的 TOF 为

$$\mathrm{TOF} = \frac{L_0(1+\alpha T)}{a - bT} \tag{5.8}$$

5.2.2 电池温度同 $\Delta\mathrm{TOF}_t$ 的关系

1. 均匀电池温度同 $\Delta\mathrm{TOF}_t$ 的关系

（1）试验方案　根据先前的研究，超声波的 TOF shift 受电池温度的影响[5]，在 TOF shift 解耦中将这一部分归纳为 $\Delta\mathrm{TOF}_t$。为了进一步研究 $\Delta\mathrm{TOF}_t$ 与温度的关系，设计了表 5-1 中的实验。在 SOC=0~100%（间隔 25%）时，调节环境模拟设备实现从 0~50℃（间隔 5℃）依次改变环境温度。同时，在每个环境温度点静置 2h 使电池处于热平衡状态，采集超声波信号。因此，对于任意 SOC 的电池，超声波的 TOF shift 仅由温度引起，即 $\Delta\mathrm{TOF}=\Delta\mathrm{TOF}_t$。

表 5-1　$\Delta\mathrm{TOF}_t$ 与温度的标定实验方案

序号	实验名称	测试方法
5.1.1	将 SOC 放电至 0	（1）将电池置于环境模拟设备内，环境温度设置为 25℃，静置 30min （2）以 1C 倍率恒流放电至截止电压，静置 2h
5.1.2	$\Delta\mathrm{TOF}_t$ 温度标定	（1）静置 1min（前一阶段已经静置 2h） （2）将环境温度依次设置为 0~50℃（间隔 5℃），在每个温度点静置 2h （3）以 1C 倍率恒流恒压工况依次充电至 SOC 等于 25%、50%、75% 和 100%，在每个 SOC 处均完成步骤（2）

（2）实验结果分析　ΔTOF_t 与温度的标定实验结果如图 5-1 所示。图 5-1a 为超声检测 0℃ 下 SOC=0 电池的反射波信号。图 5-1b 中颜色代表超声波信号的振幅，其中第一行反射波信号与图 5-1a 相对应。在任何 SOC 下均观察到温度的升高会引起 TOF 偏移现象，且随着 TOF 的增加现象愈发明显。这是由于高 TOF 处的超声波信号在电池内传播距离长，相应地受温度影响的程度较深。

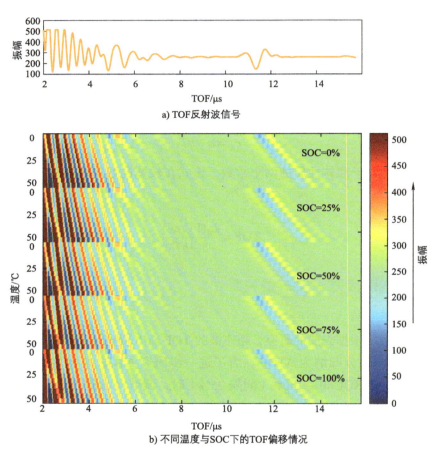

a) TOF反射波信号

b) 不同温度与SOC下的TOF偏移情况

图 5-1　不同 SOC 下 ΔTOF_t 与温度的标定实验结果

一次回波的 TOF 随温度变化的偏移现象最明显，绘制其 ΔTOF_t 与温度的关系如图 5-2 所示。除较高的温度外，ΔTOF_t 与温度的关系几乎不受 SOC 的影响。对于每个 SOC 下的 ΔTOF_t 与温度的映射关系，根据下式进行二次函数拟合：

$$\Delta TOF_t = f(T) = \alpha_2 T^2 + \alpha_1 T \tag{5.9}$$

其中，α_2 和 α_1 是拟合系数，拟合的结果列在表 5-2 中。拟合系数 α_2 比 α_1 小三个量级，所以 ΔTOF_t 与温度的关系近似为线性，有利于应用超声波测量电池的温度。

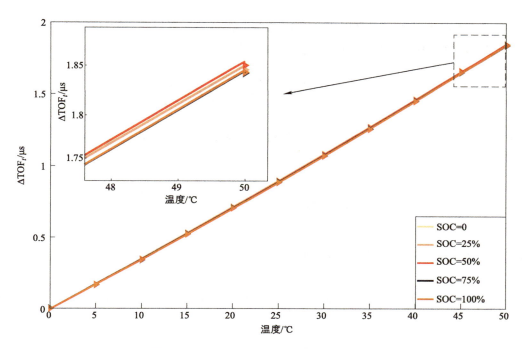

图 5-2 不同 SOC 下 ΔTOF_t 与温度的关系

表 5-2 ΔTOF_t – 温度的二次函数拟合系数

SOC	α_2	α_1
0	4.439×10^{-5}	0.035
25%	4.290×10^{-5}	0.035
50%	5.298×10^{-5}	0.034
75%	5.647×10^{-5}	0.034
100%	5.983×10^{-5}	0.034

2. 非均匀电池温度同 ΔTOF_t 的关系

上一小节中对 ΔTOF_t 与电池的均匀温度进行了实验标定，发现两者之间存在近似线性的关系。当电池内存在温度梯度时，对 ΔTOF_t 与温度的关系进行研究。与前一小节类似，引起 TOF shift 的因素仅保留温度。将存在温度梯度的软包电池近似为具有不同温度的无限个平板的叠加。每个平板的位置为 x，厚度为 dx。假设超声波穿过软包电池的 TOF，等于无限个平板总的 TOF，可得：

$$\mathrm{TOF} = \int_x \mathrm{TOF}(x)\mathrm{d}x = \int_0^\delta \mathrm{TOF}(x)\mathrm{d}x \quad (5.10)$$

其中，TOF(x) 是超声波穿过位于 x 处的平板所需的 TOF；δ 是电池的厚度。

为了简化起见，省略 ΔTOF_t 与均匀温度的二次拟合系数。当整个电池处于热平衡时，超声波穿过单位厚度电池的 TOF 与温度的关系为

$$\text{TOF} = \frac{\Delta \text{TOF}_t}{\delta} + \frac{\text{TOF}_{0℃}}{\delta} = \frac{a_1}{\delta}T + \frac{\text{TOF}_{0℃}}{\delta} \tag{5.11}$$

其中，$\text{TOF}_{0℃}$ 是 0℃时超声波穿过电池的 TOF。因此，局部 TOF(x) 与温度有关，其表达式如下：

$$\text{dTOF}(x) = \text{TOF}(x)\text{d}x = \left[\frac{a_1}{\delta}T(x) + \frac{\text{TOF}_{0℃}}{\delta}\right]\text{d}x \tag{5.12}$$

其中，$T(x)$ 是位置 x 处平板的温度。将式（5.12）代入式（5.10），其表达式如下：

$$\text{TOF} = \int_0^\delta \text{TOF}(x)\text{d}x = \frac{a_1}{\delta}\int_0^\delta T(x)\text{d}x + \text{TOF}_{0℃} = a_1 T_\text{e} + \text{TOF}_{0℃} \tag{5.13}$$

$$T_\text{e} = \frac{\int_0^\delta T(x)\text{d}x}{\delta} \tag{5.14}$$

其中，T_e 是通过 ΔTOF_t 与温度的映射关系估计的温度。因此，根据 ΔTOF_t 估计的温度为超声换能器固定位置处垂直电极方向的平均温度。

为了验证上述提出的 ΔTOF_t 估计电池平均温度的合理性，设计了环境温度突变的实验，见表 5-3。超声波数据的保存时间间隔为 3min，同时热电偶测量电池的表面温度。在 20~50℃环境温度突变实验中，电池的热状态均从稳态过渡至非稳态，最终又回归到稳态。当电池处于稳态时，其平均温度等于表面温度，后续时刻的平均温度由 ΔTOF_t 与温度的映射关系计算得到。在后续的非稳态阶段，电池内部的温度不均匀且随时间迅速变化。将由 ΔTOF_t 估计的平均温度与热电偶采集的表面温度进行对比，结果如图 5-3 所示。对于两种情况的环境温度突变，表面温度均比平均温度反应更迅速，与客观认知相符合，间接证明了由 ΔTOF_t 估计的温度为电池垂直电极方向的平均温度。

表 5-3 环境温度突变实验方案

序号	实验名称	测试方法
5.1.3	环境温度突变实验	（1）将电池置于环境模拟设备内，环境温度设置为 20℃，静置 2h （2）环境温度设置为 50℃，静置 2h （3）环境温度设置为 20℃，静置 2h

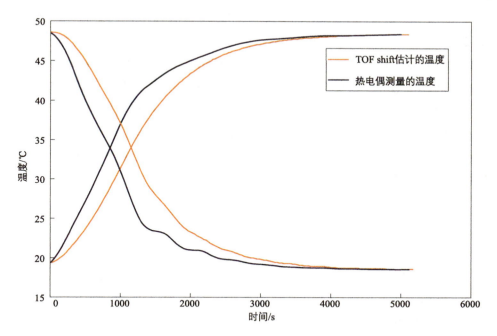

图 5-3 ΔTOF$_t$ 估计的平均温度与热电偶测量的表面温度的对比

5.2.3 电池热模型的搭建

前一节证明了超声波的 TOF shift 是受垂直电极平面方向平均温度的影响，该性质对于简化电池热模型具有重要的意义。因此，本节尝试将超声探伤仪与电池实验室常见的仪器结合应用，利用超声估计的平均温度对包含导热系数的电池热模型进行简化，提出一种估计电池比热容的方法。该方法预计在节省测试时间和降低测试成本等方面具有显著的意义。

锂离子电池的产热按照来源分为可逆热、极化热和副反应热[6]。可逆热是由电池电化学反应中的可逆熵变产生的，而极化热是指充放电过程中由欧姆极化、活化极化和浓差极化造成的能量消耗而产生的热量，副反应热是由充电/放电的 SEI 分解和电解液-电极材料作用等电化学副反应产生的热量。由电化学反应和电极材料的不同，可逆热可能为吸热或放热；对于其他产热来源，均为放热过程。由于电池内部产热机理的复杂性，描述产热过程的方程也具有多种形式。由电化学反应推导出的局部产热公式如下：

$$\dot{Q} = a_s i_n (\phi_s - \phi_e - V_{OC}) + a_s i_n \left(T \frac{\partial U}{\partial T} \right) + \sigma^{eff} (\nabla \phi_s)^2 + \kappa^{eff} (\nabla \phi_e)^2 + \frac{2 R_g T \kappa^{eff}}{F} (t_+^0 - 1) \left(1 + \frac{d \ln f_\pm}{d \ln c_e} \right) \nabla \ln c_e \cdot \nabla \phi_e \tag{5.15}$$

其中，a_s 是电极颗粒单位体积的表面积，单位为 $m^2 \cdot m^{-3}$；i_n 是电流密度，单位为 $A \cdot m^{-2}$；ϕ_s 和 ϕ_e 分别是固相和液相的电势，单位为 V；V_{OC} 是开路电压，单位为 V；σ^{eff} 是固相有效扩散电导率，单位为 $S \cdot m^{-1}$；κ^{eff} 是液相有效离子电导率，单位为 $S \cdot m^{-1}$；R_g 是通用气体常数，数值为 $8.3145 J \cdot mol^{-1} \cdot K^{-1}$；$F$ 是法拉第常数，数值为 $96485 C \cdot mol^{-1}$；t_+^0 是锂离子液相转移系数；$f_\pm$ 是分子盐活度系数；c_e 是液相锂离子浓度，单位为 $mol \cdot m^{-3}$；该式右侧的前三项依次是极化热、反应热、固体相中电子传导的阻力而产生的焦耳热，最后两项为电解液中离子传输的阻抗而引起的欧姆损耗。该方程对电池内部产生的热量进行了较为精确的描述，但涉及过多的电化学参数导致计算复杂性的增加。于是，电池产热的简化形式被提出，具体表达如下：

$$\dot{Q} = I(V_{OC} - V) - I\left(T\frac{dU_{OC}}{dT}\right) \tag{5.16}$$

其中，I 是电池的电流；V 是端电压；dU_{OC}/dT 是熵热系数。该式右侧第一项中的 $V_{OC} - V$ 为电池的过电位，$I(V_{OC} - V)$ 代表电池的不可逆热，第二项为可逆熵热。式（5.16）仅适用于不存在相变或混合放热项、电解液中无浓度梯度和无开路电压变化的情况。该式也可以表达为如下的形式：

$$\dot{Q} = R_i I^2 - IT\frac{\Delta S}{aF} \tag{5.17}$$

其中，R_i 是电池内阻；ΔS 是熵变；a 是参与反应的电子数。根据实验数据，圆柱 SONY-US18650G3 电池的内阻和熵变如式（5.18）和式（5.19）所示[7]，受到温度和 SOC 的影响。

$$R_i = \begin{cases} 2.258 \times 10^{-6} SOC^{-0.3952}, & T = 20℃ \\ 1.857 \times 10^{-6} SOC^{-0.2787}, & T = 30℃ \\ 1.659 \times 10^{-6} SOC^{-0.1692}, & T = 40℃ \end{cases} \tag{5.18}$$

$$\Delta S = \begin{cases} 99.88 SOC - 76.67, & 0 \leqslant SOC \leqslant 0.77 \\ 30, & 0.77 < SOC \leqslant 0.87 \\ -20, & 0.87 < SOC \leqslant 1 \end{cases} \tag{5.19}$$

上述介绍了最常用的几种产热公式，在实际使用中根据应用场景选择适合的公式。为了计算准确的产热率，需要已知众多的电化学参数并选择式（5.17）进行计算。而对于产热率精度要求不高的场景，应用式（5.18）或式（5.19）以降低求解难度。

5.2.4 方波交流脉冲下电极内的锂浓度

以充电过程的石墨电极为对象，研究脉冲电流下电极内的锂浓度分布。如图 5-4a 所示，当锂离子从电解液扩散至石墨 -SEI 界面时，认为所有的锂离子均还原成锂，随后在石墨电极内扩散[8]。如图 5-4b 所示，较慢的锂扩散速率使电极内出现 Li 的浓度极化现象，而充电电流驱使电解液中出现 Li^+ 的浓度极化现象。

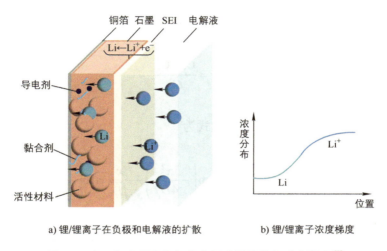

a) 锂/锂离子在负极和电解液的扩散　　　b) 锂/锂离子浓度梯度

图 5-4　锂/锂离子在负极和电解液的扩散与浓度梯度[9]

忽略锂嵌入石墨结构中而形成多相的 Li-GIC，假设石墨电极为具有相同扩散系数的均匀结构，以此为基础，模拟石墨基体内锂的宏观扩散效应[10]。根据菲克第二定律，石墨电极中锂的扩散过程可表示为

$$\frac{\partial C_j}{\partial t} = D_j \frac{\partial^2 C_j}{\partial x^2} \tag{5.20}$$

其中，C_j 是锂的浓度；D_j 是扩散系数；x 是距石墨 -SEI 界面的位置。求解该方程的初始条件为

$$C_j = C_j^*, \quad x \geq 0, t \leq 0 \tag{5.21}$$

其中，C_j^* 是初始浓度；式（5.21）表示在施加电流之前，锂以初始浓度均匀分布在整个石墨基体。远离石墨 -SEI 界面的半无限扩散的边界条件为

$$C_j = C_j^*, \quad x = \infty, t > 0 \tag{5.22}$$

在初始条件和边界条件的约束下，直流电流作用于电池，使用拉普拉斯变换求解式（5.20），解的表达式如下：

$$C_j = C_j^* - \frac{i}{n_j F \sqrt{D_j}} \left[2\sqrt{\frac{t}{\pi}} \exp\left(-\frac{x^2}{4D_j t}\right) - \frac{x}{\sqrt{D_j}} \mathrm{erfc}\left(\frac{x}{\sqrt{4D_j t}}\right) \right] \tag{5.23}$$

其中，i 是电流密度；n_j 是电化学反应中每当量反应物获得或失去的电子数。

对上述的锂浓度进行归一化：

$$y = \frac{C_j - C_j^*}{C_j^*} \tag{5.24}$$

将式（5.23）代入式（5.24），其表达式为

$$y = -\frac{i}{n_j F \sqrt{D_j} C_j^*} \left[2\sqrt{\frac{t}{\pi}} \exp\left(-\frac{x^2}{4D_j t}\right) - \frac{x}{\sqrt{D_j}} \mathrm{erfc}\left(\frac{x}{\sqrt{4D_j t}}\right) \right] \tag{5.25}$$

对于周期性重复的方波交流脉冲而言，由于无法将方波交流脉冲表示成解析函数，通常应用"叠加原理"进行求解[11]。如图 5-5 左侧所示，方波交流脉冲由两个不同电流密度和持续时间的方波脉冲组成，$x=0$ 处的边界条件依次为

$$-D_j \frac{\partial C_j}{\partial x}\bigg|_{x=0} = \frac{i_1(t)}{n_j F}, \quad 0 < t \le t_1 \tag{5.26}$$

$$-D_j \frac{\partial C_j}{\partial x}\bigg|_{x=0} = \frac{i_2(t)}{n_j F}, \quad t_1 < t \le t_2 \tag{5.27}$$

将上述的方波交流脉冲用两个方波脉冲进行叠加表示，如图 5-5 右侧所示，电流密度为 i_1、持续时间为 t_1+t_2 的脉冲 1 和电流密度为 i_2-i_1、持续时间为 t_2 的脉冲 2。在 $0 \sim t_1$ 与 $t_1 \sim t_2$ 期间的锂浓度分布如下[11]：

$$C_j(x,t) = C_j^*[1 + y(i_1, x, t)], \quad 0 \le t < t_1 \tag{5.28}$$

$$C_j(x,t) = C_j^*[1 + y(i_1, x, t) + y(i_2 - i_1, x, t - t_1)], \quad t_1 \le t < t_2 \tag{5.29}$$

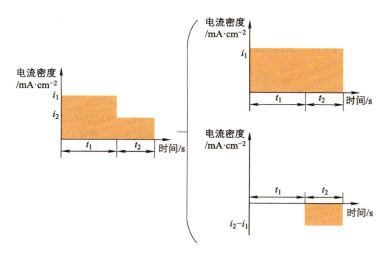

图 5-5 周期方波交流脉冲的叠加原理

5.2.5 超声估计比热容

本研究中应用的电池为 $LiMn_2O_4$ 电池，本节尝试利用超声检测技术估计的平均温度代表整体温度，并与集中参数模型结合来估计比热容。

1. 实验方案

在将电池热模型简化为集中参数模型之前，通常需要预先计算当前热系统与换热条件下的 Bi，以确保简化后的热模型满足精度要求。本研究中的温度来自超声波估计的平均温度，相较于单点温度更能代表电池的整体温度，因此省略预先计算 Bi 的过程，直接对该电池应用集中参数模型。

结合超声检测技术和集中参数模型的比热容估计实验方案见表 5-4。由于电池的比热容随温度和 SOC 变化，所以本实验先将电池的 SOC 固定至 50%，依次测量 5~45℃（间隔 10℃）的比热容。首先，静置 2h 实现电池与环境的热平衡，随后在交流脉冲的作用下电池的产热率大于散热率使其温度升高；同时，电池与环境的温差增大导致散热率的提高。当产热率与散热率相等时，电池的温度维持不变，即处于热平衡中。停止交流脉冲加热后，电池的温度冷却至环境温度。此外，低温环境下电池的内阻通常较大，由式（5.17）可知，电池产热率会相应地升高，从而使电极平面出现不均匀产热影响研究假设[12]。为了避免这种现象，在 5℃ 的环境温度下选择 $2C$ 的交流脉冲加热电池，而在其他温度下应用 $3C$ 的交流脉冲。

2. TOF shift 分析

在任意环境温度下，比热容测试实验中电池 SOC 的变化幅度均小于 1%，因此 ΔTOF_s 忽略不计。此外，ΔTOF_c 与电极中锂分布的均匀程度有关。为了研究交流脉冲的 ΔTOF_c，应用"叠加原理"对锂的分布进行模拟，即将实验中的脉冲电流分解成多个不同电流密度和持续时间的方波脉冲,如图 5-6 所示。研究电极中锂的分布同时涉及石墨负极和锰酸锂正极,两者并无本质区别,因此仅选取石墨电极作为研究对象。

表 5-4　超声估计电池比热容实验方案

序号	实验名称	测试方法
5.1.4	电池 SOC=50% 实验	(1) 将电池置于环境模拟设备内,环境温度设置为 25℃,静置 30min (2) 以 1C 倍率 CC 放电至截止电压,静置 1h (3) 以 1C 倍率 CC 充电 30min,静置 4h
5.1.5	5℃比热容测试	(1) 环境温度设置为 5℃,静置 2h (2) 以 2C 倍率 CC 放电 3s (3) 以 2C 倍率 CC 充电 3s (4) 重复步骤 (2) 和步骤 (3) 1200 次 (5) 静置 2h
5.1.6	15℃、25℃、35℃和 45℃比热容测试	(1) 环境温度设置为 15℃,静置 2h (2) 以 3C 倍率 CC 放电 3s (3) 以 3C 倍率 CC 充电 3s (4) 重复步骤 (2) 和步骤 (3) 1200 次 (5) 静置 2h (6) 将环境温度依次设置为 25℃、35℃和 45℃,在每个温度点静置 2h 并重复步骤 (2)~(5)

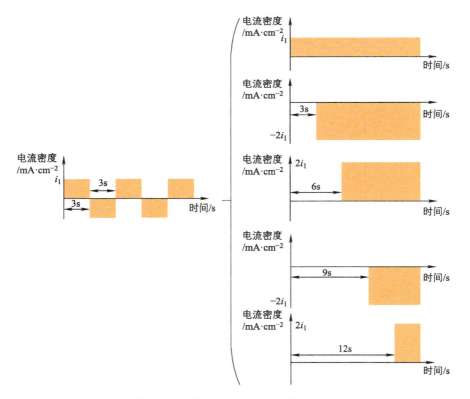

图 5-6　周期方波交流脉冲的分解原理

锂的初始浓度 C_j^* 设为 $2\times10^{-3}\mathrm{mol/cm^3}$[11]。石墨电极的厚度取 $200\mathrm{\mu m}$[13]，每隔 $10\mathrm{\mu m}$ 计算一次锂的浓度。石墨的扩散系数取决于碳材料的类型和测试方法的精度，大致范围在 $10^{-6}\sim10^{-12}\mathrm{cm^2/s}$ 之间[9]。因此，分别选取 $D_j=10^{-6}\mathrm{cm^2/s}$ 和 $D_j=10^{-12}\mathrm{cm^2/s}$ 研究石墨电极中的锂浓度分布。图 5-7 展示了 $0\sim3\mathrm{s}$ 放电过程和 $3\sim6\mathrm{s}$ 充电过程的锂浓度分布。在两种扩散系数下均观察到如下的现象：①在 $0\sim3\mathrm{s}$ 的放电过程，锂在石墨电极中扩散并在石墨/SEI 界面氧化为锂离子，导致石墨中的锂浓度呈现不均匀的下降；② $3\sim6\mathrm{s}$ 的充电过程是放电过程的逆过程，石墨中的锂浓度呈现不均匀的上升；③当一个周期的交流脉冲结束后，锂的浓度未恢复至初始浓度 $2\times10^{-3}\mathrm{mol/cm^3}$，而是呈现出近石墨/SEI 膜界面的区域内锂的浓度较高，其他区域浓度较低的现象。此外，较小的扩散速率导致参与电化学反应的锂主要来源于近石墨/SEI 膜区域，导致该区域的锂浓度变化范围大。上述结果证明了仿真的准确性。

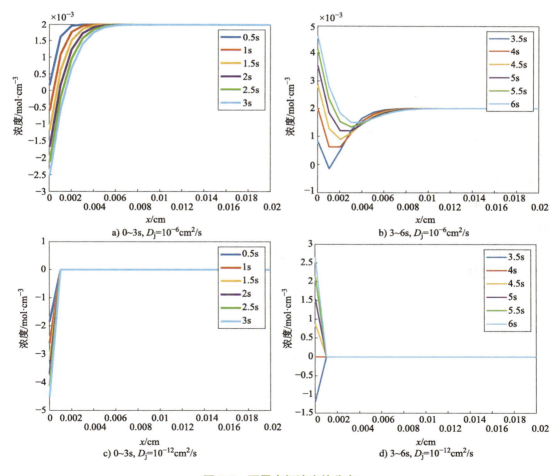

图 5-7　石墨中锂浓度的分布

对多个整周期时刻（6s、12s、18s、24s 和 30s）锂浓度的分布进行研究，结果如图 5-8 所示，两种扩散系数下均出现了多个整周期的锂浓度分布近似相同的现象。由于 ΔTOF_c 取决于锂浓度的分布，因此交流脉冲加热实验中的 ΔTOF_c 允许局限在 0～6s 的一个整周期内进行研究。

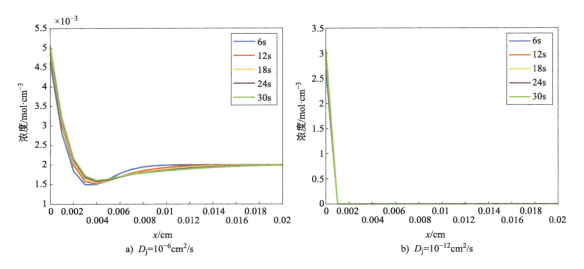

图 5-8 多个整周期时刻石墨中锂浓度的分布

接下来，研究一个周期的脉冲电流内 ΔTOF_c 的变化情况。首先，设计了表 5-5 中的实验，其间超声波数据的采样间隔为 2s。在一个周期脉冲电流的作用下，电池的温度和 SOC 对 TOF shift 的影响均忽略。基于之前的 TOF shift 解耦方法，表 5-5 中的实验实现 $\Delta\text{TOF}=\Delta\text{TOF}_c$。实验结果表明，在 5～45℃的环境温度下，一个周期的交流脉冲均未使 TOF 发生偏移。因此，一个周期乃至整个交流脉冲加热实验的 ΔTOF_c 均可以被忽略。比热容测试实验中 TOF shift 仅由温度引起，即 $\Delta\text{TOF}=\Delta\text{TOF}_t$，该过程的 TOF shift 可以被用作估计电池的平均温度。

表 5-5 一个周期 2C 及 3C 电流脉冲实验方案

序号	实验名称	测试方法
5.1.7	2C 脉冲实验	（1）将电池置于环境模拟设备内，环境温度设置为 5℃，静置 2h （2）以 2C 倍率 CC 放电 3s （3）以 2C 倍率 CC 充电 3s
5.1.8	3C 脉冲实验	（1）环境温度设置为 15℃，静置 2h （2）以 3C 倍率 CC 放电 3s （3）以 3C 倍率 CC 充电 3s （4）将环境温度依次设置为 25℃、35℃和 45℃，在每个温度点静置 2h 并重复步骤（2）和（3）

3. 实验结果及比热容计算

上一小节论证了比热容测试实验中 TOF shift 估计电池平均温度的可行性，本小节将对超声估计电池比热容的方法进行介绍，并计算实验结果。如图 5-9 所示，换能器在电池表面的安装使电池热系统与周围环境之间的热交换情况复杂；电池的下表面与固定下支架之间存在一层导热系数为 0.0267W/（m·K）的空气，电池的上表面与换能器接触部分的热量交换方式为导热，其余部分为强制对流换热。在本研究中，假设产热均匀，忽略换能器对应电池体的区域与其他区域之间的热量交换，将图 5-9 中红色区域单独建立热模型。

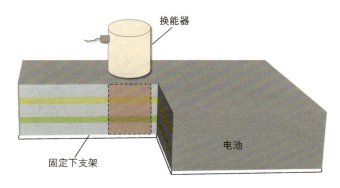

图 5-9 电池热系统与周围环境的热交换情况

以 25℃ 的比热容测试实验为例，图 5-10 展示了电流、电压、产热率和温度的变化。3C 的交流脉冲使电池的端电压出现周期性的波动，范围是 3.62～3.74V。由于实验的温升小于 5℃，开路电压近似等于交流脉冲加热前的端电压，而可逆熵热在一个周期的脉冲电流中相互抵消。具体的产热率计算公式如下：

$$\dot{Q} = (V_{\text{OC}} - V) \times I \times \frac{\left(\frac{17.5}{2}\right)^2 \times \pi}{169 \times 199} \tag{5.30}$$

其中，17.5 是换能器的直径；169 和 199 分别是电极的长度和宽度。

由于此过程的 TOF shift 仅受电池平均温度的影响，即 $\Delta \text{TOF} = \Delta \text{TOF}_t$，根据 ΔTOF_t 与温度的映射关系估计电池的平均温度，计算公式如下：

$$T_e = T_a + \frac{\Delta \text{TOF}}{k} \tag{5.31}$$

其中，k 是 ΔTOF_t 随温度的变化率。根据 5.1.1 节，k 的表达式如下：

$$k = 2a_2 T + a_1 \tag{5.32}$$

其中，由于二次项系数 a_2 的量级和温升均较小，因此令上式中的温度近似为环境温度。

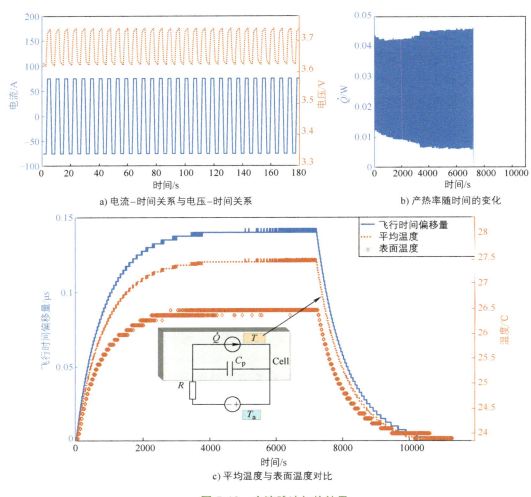

a) 电流-时间关系与电压-时间关系

b) 产热率随时间的变化

c) 平均温度与表面温度对比

图 5-10 交流脉冲加热结果

在图 5-10c 中，将热电偶测量的电池表面温度与 TOF shift 估计的平均温度进行对比。平均温度和表面温度随着实验的进行呈现相同的趋势，这是由于产热和散热过程同时作用于电池热系统。此外，平均温度为 27.53℃，表面温度为 26.5℃，平均温度略微高于表面温度。由于平均温度较表面温度更能代表电池的整体温度，将平均温度代入集中参数模型，其表达式如下：

$$\frac{1}{R}(T_e - T_a) = -mC_p \frac{dT_e}{dt} + \dot{Q} \quad (5.33)$$

其中，m 是换能器对应电池区域的质量。应用对外换热热阻来表示电池散热是由于换能器的固定导致电池表面换热情况复杂，可能同时包含热传导和热对流，两种热量交换方式均能应用对外换热热阻进行表示。根据电池的温度，将上述的超声估计比热容实验分为三个阶段：温度上升阶段、温度恒定阶段和冷却阶段。温度恒定阶段的温度变化率 dT/dt 为 0，式（5.33）简化为如下形式：

$$R = \frac{T_0 - T_a}{\dot{Q}} \qquad (5.34)$$

其中，T_0 是温度恒定阶段的电池平均温度。如图 5-10b 所示，温度恒定阶段的产热率是波动的，取该阶段产热率的平均值。因此，根据式（5.34）可以计算电池的对外换热热阻，并假设该环境温度下整个实验过程的对外换热热阻保持恒定。在冷却阶段，电池热系统的产热率为 0，式（5.33）简化为

$$\frac{1}{R}(T_e - T_a) = -mC_p \frac{dT_e}{dt} \qquad (5.35)$$

令过余温度为

$$\theta = T_e - T_a \qquad (5.36)$$

对式（5.35）进行求解，结果为

$$y = \frac{\theta}{\theta_0} = \frac{T_e - T_a}{T_0 - T_a} = \exp\left(-\frac{1}{mC_pR}t\right) = \exp\left(-\frac{t}{\tau_c}\right) \qquad (5.37)$$

其中，θ_0 和 τ_c 分别是初始过余温度和时间常数。按照式（5.37）对冷却阶段的平均温度进行拟合以计算时间常数，拟合过程如图 5-11 所示。值得注意的是，拟合过程的时间是从冷却阶段开始计算。

因此，电池比热容的计算公式如下：

$$C_p = \frac{\tau_c}{mR} \qquad (5.38)$$

通过上述的超声波估计电池平均温度与集中参数模型相结合的方式，实现了 25℃ 电池的比热容计算。其他温度点的实验也通过相同的处理计算得到相应的比热容，表 5-6 展示了各个温度点下的实验结果。除环境温度为 5℃ 的 2C 交流脉冲加热实验外，其他环境温度下的实验结果均呈现一定的规律性。环境温度的升高导致电池内阻的降低，从而影响了电池的产热率。同时，电池热系统与外界环境的导热系数随着环境温度的升高而降低，直接导致了对外换热热阻的升高。两者的共同作用使温度恒定阶段电池的平均

温度与环境温度的差值降低,最终导致比热容随温度而升高。除了表 5-6 这一组结果外,在每个环境温度点均重复进行了三次实验以避免实验结果的偶然性。

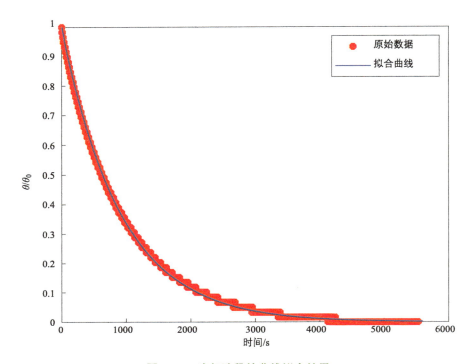

图 5-11 冷却阶段的曲线拟合结果

表 5-6 超声估计电池比热容实验的结果

温度/℃	k	T_0-T_a/K	$\dot{Q}$/W	R/(K/W)	C_p/[J/(kg·K)]
5	0.0345	2.82	0.0238	118.363	1275.4
15	0.0365	4.1096	0.0337	121.95	1260.25
25	0.037	3.31	0.0261	126.82	1336.8
35	0.0382	2.945	0.0206	142.96	1379.21
45	0.0389	2.827	0.0189	149.57	1428.57

5.2.6 绝热加速量热仪测量电池比热容

在上一小节中,阐述了一种基于超声波技术的电池比热容估计方法,详细介绍了实验方案、TOF shift 分析及比热容计算。本小节将利用 ARC 测量电池的比热容,以作为超声估计比热容方法的有效验证。

1. 实验设备以及方案

在应用 ARC 测量电池比热容的实验中,涉及的实验设备包括 Thermal Hazards Technology EV+ 的 ARC 以及电子秤、电加热片、恒压电源、两个热电偶和铝胶带等辅助工具。在测量电池的比热容之前，首先对两块新电池进行容量标定测试，随后以 1C 的倍率 CC 充电至 SOC=50%，分别记作电池 1 和电池 2。

在备好两块电池后，按照设备制造商建议的方法进行 ARC 比热容测试。首先，应用电子秤分别测量两块电池单体的质量，记作 m_1 和 m_2（kg）。如图 5-12a 所示，用铝胶带（已知比热容为 C_{pAl}）将电加热片粘贴在一个电池单体的表面，随后将两个电池单体粘贴在一起，形成电池 1- 电加热片 – 电池 2 的实验样品。如图 5-12b 所示，在实验样品的两个外表面几何中心处分别用铝胶带粘贴一个热电偶，测量其表面温度。将带有热电偶的实验样品悬挂在 ARC 内部，防止实验样品与 ARC 内壁直接接触而引起热传导。实验开始后，将 ARC 设置为绝热模式，在 0℃ 的温度下持续一段时间使实验样品实现热平衡。随后，将 ARC 设置为放热模式，在该模式下 ARC 内壁温度跟踪电池表面的温度，以产生近似的绝热条件。同时，恒压电源开始作用于电加热片，使其对实验样品进行加热。一旦两个热电偶测量的电池表面温度均达到 50℃，ARC 停止追踪电池温度，恒压电源也停止加热实验样品，但继续记录 2h 的 ARC 顶部、侧壁、底部及电池表面的温度。将粘贴在电池表面的铝胶带拆卸并测试其重量，记作 m_3。

图 5-12 ARC 测量电池比热容实验的实物照片

2. 结果对比与分析

图 5-13 记录了 ARC 测量比热容实验中的顶部、侧壁、底部及电池表面的温度，电池表面的温度始终略高于 ARC 内壁的温度。在测试阶段，ARC 内壁温度跟踪电池表面温度以创造近似的绝热环境，使电加热片产生的热量完全作用于实验样品的内能，能量守恒公式如下：

$$P = C_{pTOT} \frac{dT}{dt} \qquad (5.39)$$

其中，P 是电加热片的加热功率，等于恒压电源的电压与电流的乘积，即 21.4W；温度随时间的变化率（dT/dt）是根据电池表面的温度进行计算的；C_{pTOT} 为实验样品的比热容，其表达式如下：

$$C_{p\text{TOT}} = m_3 C_{p\text{Al}} + (m_1 + m_2) C_p \tag{5.40}$$

其中，m_1 为 0.603kg；m_2 为 0.6kg；m_3 为 1.79784×10^{-3}kg。由此，多个温度下锂离子电池的比热容完成求解，该比热容数值具有参考价值以验证超声估计电池比热容方法的准确性。

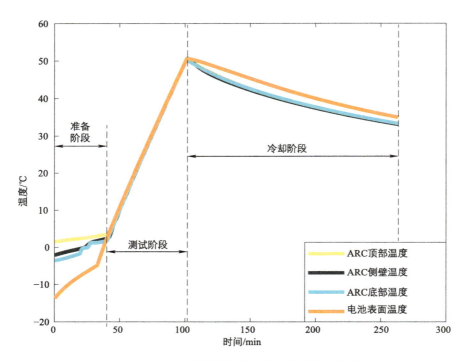

图 5-13　ARC 测量电池比热容实验的温度结果

如图 5-14 所示，对比了由 ARC 测量和超声波估计的比热容，其中的误差条表示在当前温度下超声波估计比热容的数值范围。所提出的方法与 ARC 实验的比热容结果随环境温度变化的趋势一致。表 5-7 列出了在多个环境温度下超声估计比热容方法的最大相对误差，其中 45℃下的比热容估计误差最大，达到 5.9%。因此，基于超声波的比热容估计方法在电池推荐工作温度范围内均可靠，同时该方法摆脱了比热容测量实验中建立复杂的绝热条件而引起高额的测试费用。此外，由于集中参数模型中代表电池热模型的温度是 TOF shift 估计的平均温度，因此对于不严格满足 Bi<0.1 的电池热系统时，应用超声波估计电池比热容的方法也可以满足精度要求。

5.2.7　小结

本节提出了一种基于超声波的电池比热容估计方法。该方法将超声波估计平均温度的特性与集中参数热模型相结合，对多个环境温度下的电池比热容进行估计，方法的有效性通过 ARC 实验进行验证，具体成果总结如下：

1)设计了超声估计比热容的交流脉冲加热–冷却实验,根据 TOF shift 解耦方法对该过程进行分析。首先,实验中 SOC 波动小于 1% 以允许忽略 ΔTOF_s。其次,由于 ΔTOF_c 与电极中锂分布的均匀程度密切相关,应用菲克第二定律与叠加原理对交流脉冲下电极中锂的扩散过程进行仿真,结果表明多个周期交流脉冲的锂浓度分布近似相同,随后设计一个周期的交流脉冲实验以证明 ΔTOF_c 可以被忽略。因此,TOF shift 均由电池温度引起,即 $\Delta TOF=\Delta TOF_t$,进而实现根据 TOF shift 估计电池的平均温度。

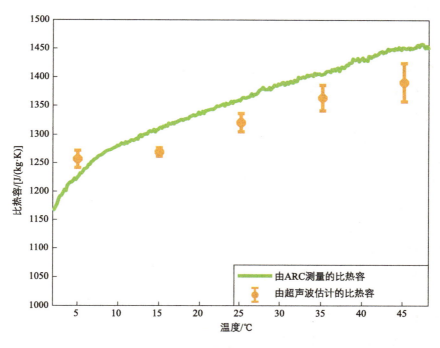

图 5-14 比热容结果的对比

表 5-7 比热容的最大相对误差

温度 /℃	5	15	25	35	45
最大相对误差	3.5%	3.7%	4.1%	4.2%	5.9%

2)将超声估计的平均温度与集中参数热模型结合,估计温度为 5~45℃(间隔 10℃)的电池比热容,并与 ARC 测量的比热容进行对比。结果表明,环境温度的升高使其最大相对误差增大,但误差均在 5.9% 以内,证明了超声估计比热容的方法对于不同的温度具有较强的鲁棒性。与其他估计比热容的方法相比,本方法应用超声估计电池的平均温度以忽略热模型内部的导热过程,避免了求解导热热阻所引起的误差,降低了集中参数模型的应用条件,同时无须创造复杂的绝热环境从而降低了测试成本,开拓了超声检测技术在电池领域的新应用。

5.3 基于超声的析锂诊断

5.3.1 超声诊断锂枝晶的原理

锂枝晶的生长有四种影响因素：电流密度、电极表面状态、电场分布和 SEI 膜稳定性。电流密度是决定锂沉积形态的关键因素。在高电流密度下，电子在阳极表面的局部积累导致电极间的空间电场聚集在阳极表面的高电位区域，增加了锂离子在该区域的迁移速率，从而影响锂的沉积形态，因此电极表面的初始状态显著影响锂离子的沉积。锂晶核倾向于在电极表面的缺陷处优先生长，这会导致锂的不均匀成核、沉积和枝晶生长；电极间的空间电场，尤其是在阳极表面的尖端，对锂沉积也有重要影响。锂离子在电解质中受到强电场力的作用，尤其是在尖端区域，这影响了锂的迁移率和沉积形态；SEI 的形成和稳定性也影响锂的沉积。

关于锂枝晶的生长机理，锂枝晶的生长过程是呈现周期性的，这种周期性体现在锂枝晶的片层式堆叠生长方式上。这种生长方式符合晶体的生长特点，即先出现结晶晶核，再由结晶晶核生长为少位错的规律枝晶，随着晶体的各向异性增加，锂枝晶的生长逐渐由规律型向不规律型发展，并形成质密的层状结构，并完成一个周期的锂枝晶生长。从形貌上，可以观察到是由起初的球状和丝状枝晶向苔藓状枝晶发展，再逐渐生长为片层状质密枝晶层。

建立非破坏性的方法来检测锂离子电池中局部的锂金属镀层一直是一个挑战。在原位检测中，一种优雅而直接的方法是将电池单体进行厚度测量，并将结果与沉积关联[14, 15]。虽然这是一种经过验证的方法，但它无法区分气体反应和锂金属沉积，这两者都可能增加电池厚度。电化学行为分析，如电压曲线分析[16, 17]、量热法[18-21]或库仑法[22]提供了检测析锂的方法，但依赖于整个电池的平均测量，并且经常混淆沉积和非沉积的相关副反应。例如，Bommier 等[23]通过观察电压瞬变中的特征拐点，推断出锂沉积的发生。超声作为无损检测的手段，被研究人员尝试检测锂沉积的形成。Wang 等[24]之前的工作介绍了声波超声探测电池在循环过程中的物理动力学的能力，具体来说，将传输的超声波信号的变化归因于电极密度和体积模量的变化。同样，Gold 等[25]利用频率相对较低的超声波脉冲（200kHz）来分析慢纵波的到达时间。这项工作表明，声学技术可以应用于对商业规模的锂离子电池的锂金属沉积检测。由于超声 TOF 对单体内多种参数的高度敏感，基于 TOF 偏移的析锂诊断目前处于定性阶段。通过超声 C 扫描可以观察到单体层面内不同区域的非均匀的锂沉积。并且超声技术的部署成本小，只需要换能器、声学探测器和开源软件包即可实现检测[25, 26]，无需拆卸整个电池并观察/表征沉积的每个单独电极。

第 5 章 超声无损检测技术在电池上的应用

超声对于界面的形态有着良好的响应机理,对于电极材料的体积模量的不均匀能够在 TOF 的偏移量中体现出来。如图 5-15 所示,在制造析锂工况后,超声的幅值出现了明显的衰减,TOF 也发生了明显的偏移。这种幅值的剧烈衰减只发生在析锂周期的开始和结束阶段,这使得超声对于轻微的析锂过程极为敏感。超声对于析锂现象的捕捉在析锂的初始阶段,之后随着锂枝晶的继续生长,幅值的变化相对缓慢。

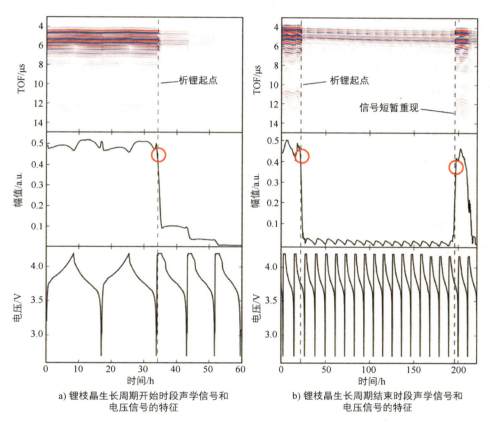

a) 锂枝晶生长周期开始时段声学信号和
电压信号的特征

b) 锂枝晶生长周期结束时段声学信号和
电压信号的特征

图 5-15 声波信号对析锂的响应 [27]

5.3.2 超声诊断锂枝晶的模型

由于锂枝晶的生长直接表现在超声可识别的界面数量 n、界面面积 s、检测区域的材料的密度 ρ、杨氏模量 E 和泊松比 ν,通过超声信号(幅值和 TOF)可以直接推导出材料参数的偏移情况,从而对析锂的程度进行评估。这是一种离线的不可逆锂枝晶的评估方法,这种方法需要在常温(25℃)环境下,保证电池单体的容量被放空至 0% SOC。在这种条件下,不再有活性锂枝晶存在,能检测到的锂枝晶都是不可逆析锂。同时这种静态检测方法通过控制温度和 SOC,能够排除温度和锂离子在电极中嵌入和脱嵌产生的应变对超声检测结果的影响。

$$\text{TOF} = \frac{2d}{\sqrt{\dfrac{E}{\rho(1+v)(1-2v)}}} \quad (5.41)$$

其中，d 是声波传输距离。析锂量直接决定了公式中的材料参数，从而影响 TOF。

$$A = nA_0 RF(s) \quad (5.42)$$

其中，超声可识别的界面数量 n、界面面积 s 直接影响回波幅值 A。通过以上的参数识别公式，建立数学模型来对不同析锂状况的单体进行超声评估和拆解后锂枝晶溶解实验，通过溶解后的锂离子浓度来评估析锂程度。通过 LSTM 的机器学习方法对不同析锂程度的电池的超声信号曲线进行特征学习对未知析锂量的电池进行超声检测后，能够通过机器学习的模型进行析锂程度评估。如图 5-16 所示，用训练得到的三种析锂模型（1～3 析锂类型的析锂程度递增）对 1 类型的析锂离子电池的超声检测曲线进行逐段识别（每输入一个数据点即预测下一个数据点的 TOF 和幅值），发现该超声曲线与 1 类型的机器学习模型的预测曲线最为相似，验证了模型的可行性，从而实现了基于超声诊断的析锂程度的识别。

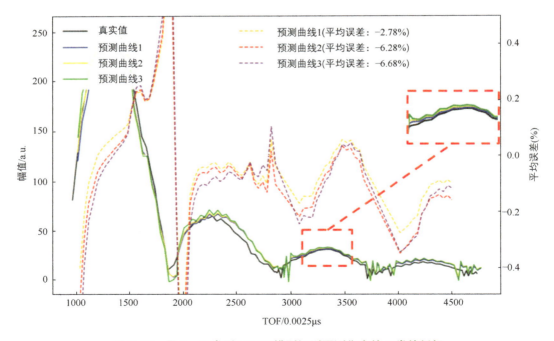

图 5-16 用 1～3 类型 LSTM 模型识别预测集中的 1 类的析锂

参 考 文 献

[1] OWEN R E, ROBINSON J B, WEAVING J S, et al. Operando ultrasonic monitoring of lithium-ion battery temperature and behaviour at different cycling rates and under drive cycle conditions [J]. Journal of The Electrochemical Society, 2022, 169 (4): 040563.

[2] APPLEBERRY M C, KOWALSKI J A, AFRICK S A, et al. Avoiding thermal runaway in lithium-ion batteries using ultrasound detection of early failure mechanisms [J]. Journal of Power Sources, 2022, 535: 231423.

[3] CHAIX J-F, GARNIER V, CORNELOUP G. Ultrasonic wave propagation in heterogeneous solid media: theoretical analysis and experimental validation [J]. Ultrasonics, 2006, 44 (2): 200-210.

[4] 孙崇正. 超声波测温技术进展 [J]. 宇航计测技术, 1995 (2): 34-42.

[5] ZHANG R, LI X, SUN C, et al. State of charge and temperature joint estimation based on ultrasonic reflection waves for lithium-ion battery applications [J]. Batteries, 2023, 9 (6): 335.

[6] CHEN Z, QIN Y, DONG Z, et al. Numerical study on the heat generation and thermal control of lithium-ion battery [J]. Applied Thermal Engineering, 2023, 221: 119852.

[7] INUI Y, KOBAYASHI Y, WATANABE Y, et al. Simulation of temperature distribution in cylindrical and prismatic lithium ion secondary batteries [J]. Energy Conversion and Management, 2007, 48 (7): 2103-2109.

[8] AN S J, LI J, DANIEL C, et al. The state of understanding of the lithium-ion-battery graphite solid electrolyte interphase (SEI) and its relationship to formation cycling [J]. Carbon, 2016, 105: 52-76.

[9] PURUSHOTHAMAN B, LANDAU U. Rapid charging of lithium-ion batteries using pulsed currents: a theoretical analysis [J]. Journal of The Electrochemical Society, 2006, 153 (3): A533.

[10] YAN J, XIA B J, SU Y C, et al. Phenomenologically modeling the formation and evolution of the solid electrolyte interface on the graphite electrode for lithium-ion batteries [J]. Electrochimica Acta, 2008, 53 (24): 7069-7078.

[11] PURUSHOTHAMAN B, MORRISON P, LANDAU U. Reducing mass-transport limitations by application of special pulsed current modes [J]. Journal of The Electrochemical Society, 2005, 152 (4): J33.

[12] XIE Y, ZHENG J, HU X, et al. An improved resistance-based thermal model for prismatic lithium-ion battery charging [J]. Applied Thermal Engineering, 2020, 180: 115794.

[13] KUANG Y, CHEN C, KIRSCH D, et al. Thick electrode batteries: principles, opportunities, and challenges [J]. Advanced Energy Materials, 2019, 9 (33): 1901457.

[14] SPINGLER F B, WITTMANN W, STURM J, et al. Optimum fast charging of lithium-ion pouch cells based on local volume expansion criteria [J]. Journal of Power Sources, 2018, 393: 152-160.

[15] LIU Q, XIONG D, PETIBON R, et al. Gas evolution during unwanted lithium plating in Li-ion cells with EC-based or EC-free electrolytes [J]. Journal of The Electrochemical Society, 2016, 163 (14): A3010.

[16] BURNS J C, STEVENS D A, DAHN J R. In-situ detection of lithium plating using high precision coulometry [J]. Journal of The Electrochemical Society, 2015, 162 (6): A959.

[17] ELLIS L, ALLEN J, HILL I, et al. High-precision coulometry studies of the impact of temperature

and time on SEI formation in Li-ion cells [J]. Journal of The Electrochemical Society, 2018, 165 (7): A1529.

[18] SMITH A, BURNS J, DAHN J R, et al. High-precision differential capacity analysis of $LiMn_2O_4$/graphite cells [J]. Electrochemical and Solid-State Letters, 2011, 14 (4): A39.

[19] SMITH A J, DAHN J R. Delta differential capacity analysis[J]. Journal of The Electrochemical Society, 2012, 159 (3): A290.

[20] PETZL M, DANZER M A. Nondestructive detection, characterization, and quantification of lithium plating in commercial lithium-ion batteries[J]. Journal of Power Sources, 2014, 254: 80-87.

[21] HAN X, OUYANG M, LU L, et al. A comparative study of commercial lithium ion battery cycle life in electrical vehicle: aging mechanism identification [J]. Journal of Power Sources, 2014, 251: 38-54.

[22] DOWNIE L, KRAUSE L, BURNS J, et al. In situ detection of lithium plating on graphite electrodes by electrochemical calorimetry [J]. Journal of The Electrochemical Society, 2013, 160 (4): A588.

[23] BOMMIER C, CHANG W, LU Y, et al. In operando acoustic detection of lithium metal plating in commercial $LiCoO_2$/graphite pouch cells [J]. Cell Reports Physical Science, 2020, 1 (4): 100035.

[24] WANG X, LYU Y, SONG G, et al. Theoretical analysis of ultrasonic reflection/transmission characteristics of lithium-ion battery[C]//2020 15th Symposium on Piezoelectricity, Acoustic Waves and Device Applications (SPAWDA). New York: IEEE, 2021: 292-296.

[25] GOLD L, BACH T, VIRSIK W, et al. Probing lithium-ion batteries' state-of-charge using ultrasonic transmission—concept and laboratory testing [J]. Journal of Power Sources, 2017, 343: 536-544.

[26] KNEHR K W, HODSON T, BOMMIER C, et al. Understanding full-cell evolution and non-chemical electrode crosstalk of Li-ion batteries [J]. Joule, 2018, 2 (6): 1146-1159.

第 6 章

电池电化学阻抗谱检测技术

6.1 引言

现有的电池管理系统主要依靠电池电流、电压等外部可测参数，进行一定的数据处理，从而对电池的 SOC、SOH、内部故障等重要状态参数进行估计。由于锂离子电池的内部电化学动态特性复杂、非线性特性强烈，仅依靠外部可测参数难以对电池进行准确的数学建模，估计精度受到了极大的限制；而光纤传感、超声波传感等高新感知技术尽管在电池感知方面展现了非凡的潜力，由于涉及新型传感器的应用，其在电池管理系统中的实际安装应用和配套的数据处理分析方法仍处于研究的早期。可见，目前的电池系统亟需一种感知灵敏、应用简单的新型感知技术，以在短期内显著提高电池管理系统的管控能力。

电化学阻抗谱（Electrochemical Impedance Spectroscopy，EIS）是一种经典的电化学测试方法，具有非破坏性、信息丰富、高灵敏度和操作简便等优点。EIS 技术已经被广泛用于能源、生物、化学等领域的研究，近年来也在电池管理领域展现出了潜力。EIS 测量仅涉及简单电信号的注入和采样，却可以灵敏地捕捉锂离子电池内部特性的变化，从而获得有关内部物理参数和动态特性的详尽描述，测量能耗小、效率高、不损害电池寿命；结合特征提取或模型辨识算法，便可以对电池的各项关键状态参数实现高精度无损测量，是一种理想的电池性能评估方法。目前，已有许多研究利用 EIS 技术实现了电池 SOC、SOH、内部温度等关键状态参数的估计。与现有方法相比，基于 EIS 的电池参数估计方法在估计精度、估计灵敏度等方面都展现了显著的优势。如能够将 EIS 技术应用到电池管理系统中，有望极大提升对锂离子电池的感知能力，从而实现高灵敏精细化电池管控，提高锂离子电池系统使用寿命和安全性。

然而，在电池管理系统中实现 EIS 检测仍然存在一定的困难。目前，EIS 检测主要由电化学工作站或电池测试仪等专用测试仪器进行，这些仪器体积笨重、价格昂贵，且测量时受测电池必须从其工作环境拆出，即所谓的离线测量，因此难以在电动汽车电池或储能电站等实际应用场景进行大规模推广；同时这些仪器的测量时间长，一次测量的时间往往以数分钟计，不易对状态变化迅速的锂离子电池进行实时参数估计，从而损害了电池管理系统所需的实时性。要实现 EIS 技术在实际环境中的应用，就要研究在实际电气架构环境下进行 EIS 测量的方法，即原位 EIS 技术；以及在电池工作状态下进行实时 EIS 测量的方法，即在线 EIS 技术。

在以上背景下，本章将介绍 EIS 技术在锂离子电池系统中的典型应用，以及在线/原位 EIS 技术的研究现状。首先，本章将阐述面向锂离子电池系统应用的 EIS 检测技术基本原理，包括检测、验证、分析方法；从两个 EIS 技术感知电池内部状态的案例，展现该技术用于电池管理系统的优越性；然后介绍目前受到研究的在线/原位锂离子电池阻抗谱测量实现思路与方案，包括为电池组加装额外硬件、采用新型多频激励信号以及使用数据处理算法提取阻抗信息的方案。

6.2　电化学阻抗谱技术原理

6.2.1　EIS 技术基本原理

电化学阻抗代表了电化学系统中电荷或带电粒子移动受到的阻力。电化学阻抗是一个复数，并且随输入信号频率而变化。在线性电系统中，其实部和虚部分别定义为输入电信号和响应信号的幅值比和相位差；电化学阻抗谱则是电化学阻抗随频率在一定频率范围内的变化。通过向测量电化学系统施加各个频率的正弦激励电信号，可得到系统在不同频率下的复阻抗，复阻抗的集合即为系统的电化学阻抗谱。阻抗谱包含了关于系统动态特性的丰富信息，可以用于对电化学系统的结构和电极过程的性质进行分析[1]。

根据施加的激励电信号，EIS 测量可分为恒电位法和恒电流法；恒电位法向系统施加电压激励信号，测量电流响应信号；恒电流法向系统施加电流激励信号，测量电压响应信号。锂离子电池测试领域往往倾向于使用恒电流法，因为锂离子电池的电阻抗太小，恒电位法很容易导致电池过电流；此外，电流控制也比电压控制在工程上更加容易实现。因此以下以恒电流法为例，概述 EIS 的基本测量原理。

对受测系统，施加一定频率 f、幅值 I_{amp}、初相位 φ_i 的正弦电流激励信号：

$$I = I_{\mathrm{amp}} \sin(2\pi ft + \varphi_i) \tag{6.1}$$

若受测系统为线性系统，可获取具有相同频率、幅值 U_{amp}、初相位 φ_u 的正弦电压响应信号：

$$U = U_{\mathrm{amp}} \sin(2\pi ft + \varphi_u) \tag{6.2}$$

根据广义欧姆定律，可以得到系统在该频率下的复阻抗：

$$Z = U_{\text{amp}} / I_{\text{amp}}, \ \Delta\varphi = \varphi_u - \varphi_i \tag{6.3}$$

其中，Z 是复阻抗的模；$\Delta\varphi$ 是复阻抗的相位角。

根据需要，也可进一步将阻抗值转化为复数形式：

$$Z_{\text{re}} = Z\cos(\Delta\varphi), \ Z_{\text{im}} = Z\sin(\Delta\varphi) \tag{6.4}$$

其中，Z_{re} 是复阻抗的实部；Z_{im} 是复阻抗的虚部。

重复测量不同频率下的复阻抗，即可得到受测系统的阻抗谱。

在 EIS 测量中，应当满足下述的三个基本条件，得到的阻抗谱结果才是有意义的：

1）因果性条件。测量过程中，电化学系统的响应应当是仅随着激励的作用而发生的，需要保证两者之间因果关系的唯一性，即必须排除测量过程中外部干扰信号的影响。在实际阻抗谱测量中，特别是测量低频阻抗时，测量的时间较长，系统所处环境的温度、磁场、振动等因素都有可能对测量结果造成影响，从而破坏因果性条件。

2）线性条件。系统的响应应该是线性的，即对于不同幅度和频率的激励信号，系统的响应应该是线性变化的。现实中的电化学系统耦合了电、化、热、机械等诸多因素，往往呈现强烈的非线性特性。但是，通常通过将激励信号的幅值保持在较小范围，即可使系统呈现近似线性，从而可以利用广义欧姆定律计算交流阻抗。

3）稳态条件。测量过程中，施加的激励不应该改变系统的内部结构，激励停止后，系统应当能够恢复到初始的状态；即测量过程应确保施加的激励信号不对系统状态产生影响。锂离子电池是可逆系统，施加的正弦电激励也具有相同的正负方向幅值，因此锂离子电池的 EIS 测量较容易确保稳态条件。

由上述条件可见，实际的锂离子电池 EIS 测量一方面需要尽可能排除外部干扰信号的影响，确保信号的信噪比；另一方面需要限制激励幅值，以确保系统满足近似线性条件。在数学上，可以推导出当满足上述条件时，测量结果将严格满足 Kramers-Kronig（K-K）关系，理论上可以利用 K-K 关系验证阻抗谱测量结果的可靠性[2]。而实际应用中，可以采用实验的方法来确定合适的激励幅值，原则是在满足 K-K 条件的同时，尽可能提高激励幅值以获得更好的信噪比[3]；或更加经验性地，控制响应信号的幅值不超过一定大小即可[4]。

对测得的阻抗谱分析时，往往将测得的复阻抗点绘制成各种形式的曲线，由曲线的形状特征对电系统的特性进行直观的分析。阻抗谱常用的表示形式有两种，即奈奎斯特图（Nyquist Plot）和伯德图（Bode Plot）。图 6-1a 是锂离子电池的典型 EIS 奈奎斯特图，横坐标为复阻抗的实部 Z_{Re}，纵坐标为复阻抗的虚部 Z_{Im}。由于锂离子电池的阻抗谱主体在实轴以下，为了方便分析，纵轴常进行正负翻转。图 6-1b 和 c 是对应的 EIS 伯德图，横轴代表测量频率 f，纵轴分别为实部和虚部的阻抗。

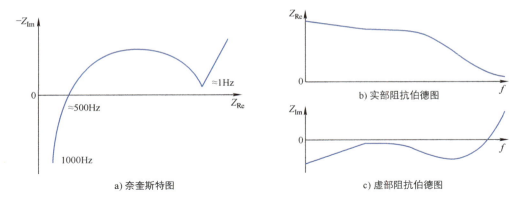

图 6-1 锂离子电池典型 EIS 曲线

6.2.2 锂离子电池电化学阻抗谱建模

可以发现，锂离子电池的 EIS 曲线在不同的频率段呈现不同的特性。大量研究指出，不同频段的电化学阻抗与电池内部不同组成和电化学过程存在一定的对应关系，这就为通过电化学阻抗谱曲线的变化分析电池内部的反应机理提供了可能。为了对这种对应关系作定性或定量描述，人们根据锂离子电池的具体结构和电化学阻抗谱特性，综合考虑计算精度、计算速度和应用的方便性，提出了多种电化学阻抗数学模型，这些模型主要可分为电化学模型、电化学阻抗模型和电化学等效阻抗模型[5]。

电化学模型直接从锂离子电池电极的微观结构出发，模拟了电极多孔结构的动态特性。图 6-2 是伪二维（Psuedo-Two-Dimensional，P2D）电化学模型，这是一种经典的电化学模型。显然，这种模型实际上完全模拟了锂离子电池内部的电极、电极材料、电解液、隔膜等结构。模型中，电极材料颗粒由伪二维的球体进行模拟，固相扩散、液相扩散、固相传导、液相传导、固液界面穿越五大主要电化学过程都在该二维模型中得到了模拟。这种模型具有极高的计算精度，且适用于多种电池类型；但计算量极其巨大，不适合用于工程场景。

电化学阻抗模型由电化学模型推导简化而来，专注于对电极和电解液之间的固液界面层的数学描述，而忽略了电池内部的实际结构，一定程度上减少了计算量。图 6-3 展示了一种电化学阻抗模型。尽管如此，由于电化学模型和电化学阻抗模型都直接基于实际的电化学物理过程进行建模，涉及复杂的电化学过程计算，应用于工程环境时在模型拟合和实时计算上都存在困难。

目前，电化学等效阻抗模型由于其直观、易于计算的优点，成了电化学阻抗谱应用于电池系统时的主要解析方法。等效阻抗模型是一种经验模型，选择一系列电感、电容、电阻等等效阻抗元件，将其搭建成等效电路模型，可以得到与锂离子电池相似的阻抗谱特性；再结合充放电实验数据，利用最小二乘法对这些等效元件的具体阻抗进行定量拟合，即可较好地贴合原有的阻抗谱曲线，此时的等效阻抗元件参数即可用于电池状态定量分析。表 6-1 列出了几种在锂离子电池 EIS 等效阻抗分析中常用的元件类型及其对应阻抗谱的奈奎斯特图。

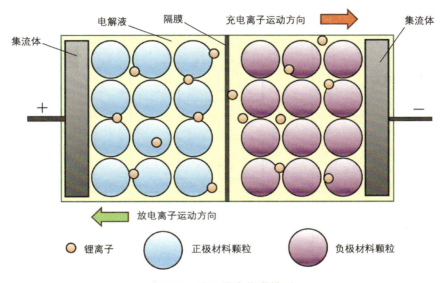

图 6-2　伪二维电化学模型

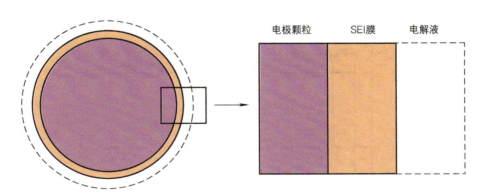

图 6-3　一种电化学阻抗模型

表 6-1　常用等效阻抗元件及其阻抗谱

等效阻抗元件	元件示意图	阻抗谱的奈奎斯特图
电感	L	$-Z_{Im}$, Z_{Re}

（续）

等效阻抗元件	元件示意图	阻抗谱的奈奎斯特图
电阻	R	点
电阻 – 电容对	R, C	半圆
电阻 -CPE 元件对	R, CPE	半圆
Warburg 元件	W	斜线

根据测得阻抗谱的形状，即可由表 6-1 选取合适的等效阻抗元件，连接成对应的等效阻抗模型，再进行数值拟合。图 6-4 是一个典型的电池 EIS 阻抗谱及其根据表 6-1 搭建的对应等效阻抗模型。

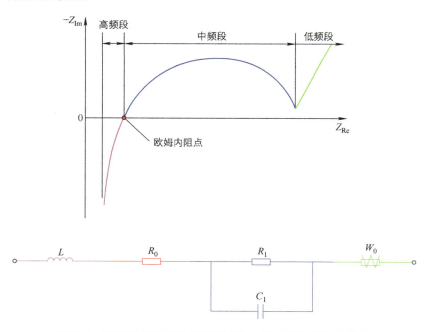

图 6-4　锂离子电池 EIS 频段划分与一种对应等效阻抗模型

如图 6-4 所示，等效阻抗模型的各个元件都可以与 EIS 阻抗谱的某一频率区间一一对应。在此图中，锂离子电池 EIS 阻抗谱的主要特征区段及其对应等效阻抗模型如下：

1）高频段：阻抗谱曲线在实轴以下（正虚部阻抗）的部分，对应频率约在 500Hz 以上，该部分阻抗主要来自集流体、极耳和导线。该部分阻抗谱呈现感性阻抗，因此在等效阻抗模型中呈现为电感。

2）欧姆内阻点：阻抗谱曲线与实轴的交点，对应频率在数百赫兹左右，该点的阻抗虚部为 0，即在此频率点处，电池呈现出阻性阻抗；因此该点表示了电池的欧姆阻抗，在等效阻抗模型中呈现为电阻。

3）中频段：阻抗谱在中频区段的一个或多个圆弧曲线部分，对应频率在数百赫兹到 1 Hz 左右，该部分阻抗主要受电池的 SEI 膜迁移过程和电荷转移过程影响，在等效阻抗模型中呈现为一组或多组电阻电容对或电阻和一种称为常相位角元件（Constant Phase Element，CPE）的假想元件的组合。

4）低频段：阻抗谱在低频区段呈直线部分，对应频率一般小于 1Hz，主要体现了离子在电极活性材料颗粒内部的扩散过程。在等效阻抗模型中，该频率段的特性常用一种称为 Warburg 元件的假想元件来表示。

需要指出的是，上文呈现的阻抗谱曲线和等效阻抗模型只是常见类型中的一种，不同型号、体系、状态的锂离子电池的阻抗谱曲线有可能呈现不同的频率特性；对同一条阻抗谱曲线，根据实际分析的需要，也可以使用不同的阻抗等效模型进行拟合。实际上，这也体现了等效阻抗模型的缺点：其物理意义并不完全明确，等效阻抗模型与实际的电池内部电化学工程与结构并不一定存在准确的对应关系。实际应用时往往会观察测得的阻抗谱曲线，根据曲线在不同频段呈现的形状特征，选择对应的等效阻抗元件进行参数拟合，并根据拟合效果对模型结构或参数进行修正，直到拟合效果满足后续分析的需求。

6.3 电化学阻抗谱在电池管理方面的应用

从根本上来说，锂离子电池的各项状态参数，都是由电池内部的某项或多项组分状态变化或电化学过程决定的。将 EIS 技术测得的电池阻抗谱结果利用上一节所介绍的特征分析方式处理，即可精准获取电池内部各电化学过程的状态信息。由于这一特性，基于 EIS 的电池状态估计算法与常规的利用外特性参数的方法相比，有望最大限度地准确反映当前电池状态。目前，已经有利用 EIS 估计电池 SOC、SOH、内部温度、内部故障等状态的相关研究。

6.3.1 荷电状态估计

SOC 是电池最重要的状态参数，精准测量 SOC 是避免电池过充电或过放电，并充分发挥电池可用容量的必要条件。然而锂离子电池的 SOC 无法直接测量，只能通过外部参数进行间接计算。目前常用安时积分法计算 SOC，即直接从 SOC 的定义出发，在初始 SOC 值的基础上对运行电流进行积分，从而求得此时的 SOC 值。显然，这样计算的 SOC 精度严重依赖于初始 SOC 和电流的精度，且存在累积误差。近年来，大量基于电池电压、电流、温度等外部可测参数的 SOC 估计算法被提出，包括基于卡尔曼滤波、神经网络等方法的算法。这些算法在估计精度上相比安时积分法有所提高，然而这些方法的可用精度还是受到了电池管理系统数据采集精度的限制，难以有进一步的提高。

与之相比，EIS 测量结果与电解液状态具有直接关联，其自然具有对 SOC 高度灵敏的感知能力，直接利用对 SOC 敏感的阻抗谱特征点或等效阻抗模型参数，即可实现基于 EIS 的 SOC 估计。这种方法实际上对 SOC 实现了直接测量，不受电流、初始 SOC 等因素影响，也不需要对过去的电流数据进行积分，从而在减少运算开销的同时，极大提升了 SOC 估计的精度和实时性。如 Lee 等[6]发现，锂离子电池等效阻抗模型中 RC 对的时间常数与电池的 SOC 有强烈的关联性，并由此提出了一种基于 EIS 等效阻抗模型的 SOC 估计方法；Srivastav 等[7]通过对一节半电池的 EIS 仿真发现代表电荷转移过程的阻抗谱圆弧段特征与 SOC 具有强相关性，并由此提出了一种表征电池 SOC 的方法。

除了直接用于 SOC 估计，借助 EIS 感知电池内部状态的能力，其也能够与现有的各类基于模型的 SOC 估计算法进行配合。一方面，许多锂离子电池在充放电中段时会出现较为平坦的电压平台，限制了各类算法在该区间的 SOC 感知能力；而 EIS 随 SOC 的变化则不受影响，因此可以在电压平台期间作为补充测量，保持 SOC 估计算法的精度。另一方面，由于电池的内部状态会随着使用时间和循环次数的增加而逐渐变化，基于模型的 SOC 估计方法必须面对长期测量期间模型参数变化的问题。利用 EIS 技术，可以对模型的某些参数进行定期修正，以保证长期的估计精度。如 Sockeel 等[8]将 EIS 测得的复阻抗作为扩展/无迹卡尔曼滤波算法中的模型参数，实现了对 SOC 的实时高精度估计；Wang 等[9]在基于等效电路模型的 SOC 估计算法的基础上，利用 EIS 对模型进行随着电池老化的参数修正，从而实现了对老化电池的准确 SOC 估计。

6.3.2 健康状态估计

SOH 代表了电池可用容量的衰退程度，是确定电池剩余可用寿命的重要参考。锂离子电池常用于电动汽车等工况不确定性极高的场景，根据用户的不同，电池组的老化状况可能出现极大的差别；同时由于电池生产和运行环境的不一致，单体之间的老化也往往会出现差异。为了准确感知电池的老化状况，确保电池长期安全运行，电池管理系统必须对电池的 SOH 进行准确估计。然而与 SOC 类似，SOH 并不能由外部可测参数直接测量。从原始定义出发，SOH 的直接测量通常只能通过电池的完全充放电容量测试进行，这对实用的电池组系统显然是不现实的；目前的 SOH 估计主要基于历史电流、电压数据进行数据提取和融合，由于电池老化机制多种多样，基于数据的估计方法精度仍然有限。

电池的衰老机理相当复杂，但都可归结于电池内部物性的变化，主要是可用锂离子的损失和 SEI 膜的增厚；这两种现象都会带来电池内部阻抗的显著变化，可以被 EIS 技术感知，从而使 SOH 的高精度直接估计成为可能。如 Galeotti 等[10]开展 EIS 测量试验，对锂聚合物电池的 EIS 及其等效阻抗参数受 SOC 和 SOH 的影响进行了分析，并基于证据理论提出了一种由欧姆阻抗对 SOH 进行查表估计的方法；Mc Carthy 等[11]采用阻抗谱实部的增加来对电池老化程度进行表征，实现了对电池容量衰退的精确估计；Wang 等[12]使用了 EIS 中的电荷转移阻抗进行 SOH 估计。为了排除 SOC 和温度的影响，一个计算模型被建立起来，将测得的电荷转移阻抗转化到一标准状态，从而实现了不同 SOC 和温度状况下对 SOH 的精确估计。

此外，EIS 技术也常常与其他各类电池测试技术结合，对电池老化的具体机理进行研究。Zhu 等[13]利用差分电压技术和 EIS 技术深入研究了 18650 锂离子电池的老化机制。试验发现，可用负极物质和可用锂含量的损失主导了电池的老化过程；同时 EIS 结果表明电池的电荷转移阻抗和扩散阻抗受电池老化影响而增大。经过相关性分析，确定了主导老化过程与阻抗增加之间的量化联系，为电池老化检测提供了良好的参考。

6.3.3 温度估计

电池的运行安全与其运行温度直接相关，运行在过高或过低的温度环境，会给电池带来加速老化、性能衰退、析锂乃至于热失控等一系列不良后果，因此对电池温度进行实时测量极其重要。受结构限制，现有的电池系统一般通过外贴热敏电阻或热电偶等传感器测量电池表面温度。然而随着电池单体容量与功率的增大，单体内部温度与表面温度有可能出现很大差异，而正是内部温度直接影响了电池的运行安全性。因此，对电池内部温度进行检测的方法日益受到重视。

近年的研究发现，电池内部各过程的阻抗受内部温度影响明显，因此 EIS 曲线的特征也能够敏感捕捉到电池内部温度状况的变化。利用阻抗的实部、虚部、相位等参数，都可以建立起对内部温度的精确估计方法。Zhu 等[13]通过实验选取了能够反映内部温度变化而受 SOC 和 SOH 影响较小的 EIS 频率区间，利用该区间的阻抗相位角实现了高精度在线内部温度估计；范文杰等[14]则选取了 10Hz 和 100Hz 两个激励频率点，以这两个频率点的虚部阻抗值建立了内部温度评估模型；Wang 等[15]采用阶梯激励电流提取了电池的 10Hz 阻抗进行内部温度估计，最大误差达到了 0.5℃。

进一步地，还可以综合以上使用的各个特征进行全面分析，继续提高对温度的测量能力。Beelen 等 [16] 提出了一套综合现有基于 EIS 的温度估计方法的框架。通过采用蒙特卡罗方法对阻抗测量和参数估计这两个主要步骤进行分析，作者得以对现有的温度估计方法进行比较，并最终提出了一种更优的温度估计方法，即使在 SOC 未知时也可以达到 0.7℃ 的温度估计精度。

6.3.4　内部故障检测

锂离子电池在运行过程中，随着长期使用老化或受到滥用工况的影响，有可能出现内电路、析锂等隐性内部故障。在发展早期，这类内部故障较为隐蔽，由于在充放电性能方面影响不大，现有的 BMS 短期内不易察觉这些故障，但会对电池容量、温度等方面造成多种不良影响，造成加速老化；如果不及时发现，随着电池在不良工况下的长期运行，这些隐性故障还有可能继续发展，造成电池的寿命严重衰减，甚至是电池报废或热失控事故。而 EIS 技术借助其对电池内部状态的灵敏感应，提供了直接检测内部故障的可能性。

内短路是指电池内部发生的正负极之间的短路。除非是严重的机械冲击或穿刺，大多数内短路都是由难以监测的微小内短路开始发展，逐渐发展成严重内短路；而后者可以直接引发热失控。如果能够对微小内短路进行检测，就有可能进行及时、有效的干预，避免热失控的严重后果。Thangavel 等 [17] 发现负极界面层阻抗可以用于预测机械滥用导致的内短路，展示了利用 EIS 技术检测内短路的可行性；Kong 等 [18] 在伪二维电化学模型中对内短路现象进行了分析，发现隔膜导电性能是用于监测内短路的关键指标，进而提出了基于阻抗辨识的内短路诊断方法；Xiao 等 [19] 模拟了电池不同方向的机械挤压，并进行了 EIS 检测和拆解分析，发现机械挤压会对电池造成不可逆的阻抗变化，为 EIS 检测内短路提供了新思路。

析锂也是一种常见的隐性故障。在低温大倍率充电工况下，锂离子电池中的锂离子嵌入负极的能力不足，就可能以金属锂的形式析出，造成可用锂的减少和电池容量的快速衰减；如果析锂严重，很可能造成锂枝晶的出现，有可能刺穿隔膜造成内短路甚至热失控。如果能够对早期的析锂进行检测，就有机会及时改变运行工况，避免析锂的进一步恶化。研究发现不同阶段的析锂对阻抗都会造成影响，可以用 EIS 技术对析锂的状况进行准确的估计。Koseoglou 等 [20] 使用动态 EIS 测量方法，可以对析锂在电池充放电过程中的出现时间进行精准测量；Schindler 等 [21] 综合使用电压松弛法和 EIS 测量，实现了商用电池的析锂在线测量。

6.3.5　热失控预警

电池在内短路、过冲、过热等极端情况下，有可能产生自发、不可逆转的内部反应，造成大量热能的产生,最终导致起火或爆炸,这就是热失控现象。热失控一旦发生便极难停止,但是如果 BMS 可以在热失控发生前的一段时间检测到某些预警现象,就有可能采取措施制止热失控,或至少是发出报警以减少人员或财产损失。

在即将发生热失控时,电池内部的反应逐渐剧烈,伴随着内部温度的增加和气体的产出,这些现象都能够被 EIS 技术感知到,从而提供了一种对热失控进行早期预警的技术途径。如 Feng 等[22]发现电池被加热到 120℃以上时,其交流阻抗会产生显著的增加,这代表了电池内部隔膜开始解体,而隔膜的溶解将直接导致电池内部的不可控反应;因此该阻抗变化特征可作为热失控的预警信号。类似地,Srinivasan 等[23]发现锂离子电池 70~10Hz 的阻抗相位对锂离子电池内部的产气事件有极为敏感的反应,可以在热失控发生的 100s 之前做出预警,因此建议为 BMS 加装相移监测器来预警热失控。

6.4 电化学阻抗谱检测案例分析

为了展现 EIS 对电池内部状态的高灵敏感知能力,下面基于如图 6-5 所示的由恒温箱、电化学工作站和上位机构成的锂离子电池 EIS 试验平台,选取电池温度、SOC 和电池析锂等常用电池状态参数开展 EIS 测试,观察电池 EIS 结果随电池状态参数变化的变化。

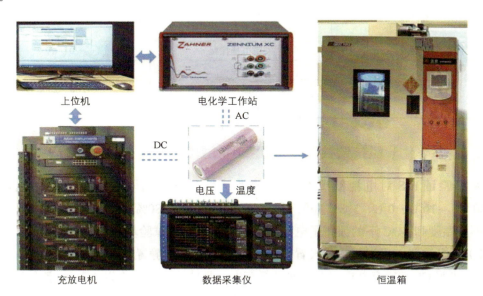

图 6-5 锂离子电池 EIS 试验平台

由图 6-5 可知,该电池试验平台主要包括:①一台恒温箱,用于模拟电池周围环境温度,为电池提供一个稳定的试验条件;②一台充放电机,用于对电池施加直流工况;

③一台电化学工作站,用于电池的 EIS 测试;④一台上位机,用于控制充放电机和电化学工作站,并记录设备反馈的电流、电压、阻抗等实时测试数据;⑤一台数据采集仪,用于采集电池的电流、电压和表面温度等参数信息。值得一提的是,为尽量减小电池温度分布差异所导致的测量误差,可将两个热电偶沿电池轴向分别布置在电池两端,取二者读数的平均值作为电池的表面温度。具体地,电池试验平台的主要设备参数见表 6-2。

表 6-2 电池 EIS 试验平台主要设备参数

设备名称	规格	参数
恒温箱	型号	ECT-408-40-CP-AR
	温度范围	−45~100℃
	标称电压	220V
	标称电流	32A
	频率	50Hz
充放电机	型号	LBT-5V300A4CH
	工作电压	380V/220V
	最大电流	17A/6A
	最大功率	11250V·A/1200V·A
	频率	50Hz/60Hz
电化学工作站	型号	Zennium XC
	交流阻抗频率范围	10μHz~5MHz
	频率精度	0.0025%
	交流电流振幅	±2A
	交流电压振幅	0~6V
数据采集仪	型号	HIOKI LR8431
	测温范围	−200~2000℃
	测温精度	0.1℃

6.4.1 电化学阻抗谱检测电池温度和 SOC

为了验证 EIS 对电池温度和 SOC 的敏感性,下面选取某型号锂离子电池,选择 −20℃、−10℃、0℃、5℃、10℃和 25℃的温度环境和 80%、50%、20% 的 SOC 状态,开展不同温度和 SOC 下的锂离子电池 EIS 测试。具体的试验步骤如下:

1)将电池置于恒温箱中,设置恒温箱温度为 25℃,静置 6h。

2)按照 CC-CV 充电规程对电池进行充电。具体地,电池先以 $1/3C$ 电流倍率充电至充电截止电压,再以恒定电压充电,直到电流小于充电截止电流 $1/20C$,即可认为此时的 SOC 为 100%。

3)电池以 $0.5C$ 电流倍率放电,直至放电容量达到最大可用容量的 20%,静置 2h。

4)以恒电位法对电池进行 EIS 测试,采用电化学工作站对电池施加幅值为 5mV 的正弦电压扰动，设置测试频率范围为 104Hz～0.1Hz。

5）设置恒温箱温度为下一个目标温度，静置 6h。

6）重复进行上述步骤 4 和步骤 5，直至该 SOC 下的电池完成所有目标温度的 EIS 测试。

7）电池以 $0.5C$ 电流倍率放电，直至达到下一个 SOC 点，静置 2h。

8）重复进行上述步骤 4～步骤 7，直至完成所有目标温度和 SOC 下的 EIS 测试。

依据上述试验步骤，锂离子电池在不同温度和 SOC 下的 EIS 测试结果如图 6-6 所示。

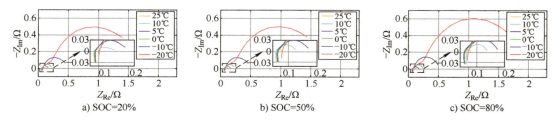

图 6-6　不同温度和 SOC 下锂离子电池的 EIS 曲线

由图 6-3 可知，随着温度的降低和 SOC 的变化，电池的阻抗实部和虚部均有明显改变，说明电池 EIS 对于温度和 SOC 较为敏感。具体地，EIS 曲线的主要变化如下：一是随着温度降低和 SOC 变高，低频段应出现的 45° 斜线在测量频谱中逐渐消失，表明该段所描述的电池内部扩散过程的特征频率逐渐减小，甚至超出了测试频率范围；二是中低频区的半圆不再完整显示，表明该段所描述的电荷转移过程的特征频率也逐渐减小；三是中低频区和中高频区的半圆半径都显著增大，表明该段所对应的 SEI 阻抗和电荷转移阻抗明显增大；四是 EIS 曲线整体基本呈现向右偏移的趋势，相应地，EIS 曲线与实轴的交点也随之右移，表明该点所对应的电池欧姆内阻逐渐增大。

试验表明，随着温度和 SOC 的变化，测得的电池 EIS 结果在低频段、中频段、欧姆内阻点等频率区段都出现了明显的变化，表明了这些区段特征用于电池温度和 SOC 估计的潜力。尽管如此，某些区间的结果变化同时受到了温度和 SOC 变化的影响；如果要利用该曲线估计温度或 SOC，就需要增加试验，以选取两者互不干扰的频率区间，或采用其他方法对两者带来的影响进行解耦。

6.4.2　电化学阻抗谱结合等效阻抗模型检测电池析锂

在低温、大倍率充电工况下，锂离子电池有可能出现析锂故障，造成电池容量的快速衰减；严重情况下，析锂还会发展为锂枝晶，有可能刺穿电池内部隔膜，造成内短路甚至是热失控。然而，目前对析锂的可靠非破坏性测量手段只有循环容量测定，在车载等实际应用场景进行容量循环测试并不现实；而等到 BMS 能够感知到析锂带来的容量变化，析锂往往已经发展到了比较严重的程度。因此，电池管理业界急切需要一种能够在电池实际工作环境中对析锂进行高灵敏度测量的测试手段。许多研究发现，EIS 技术对电池的析锂状态表现灵敏，是实现原位析锂检测的优秀候选技术之一。

为了展示 EIS 技术在析锂检测方面的应用，下面选取一批 8 节同样型号的锂离子电池，以上述平台进行 −10℃ 低温环境充电试验诱发电池析锂，对试验前后的电池进行 EIS 测试，并利用拟合等效阻抗模型方法观察规律。具体的试验步骤如下：

1）在室温下，采用充放电机对 8 节电池进行容量测定测试，并放电到截止电压。

2）将电池置于恒温箱中，设置恒温箱温度为 −10℃，静置 6h。

3）电池以 $0.5C$ 电流倍率充电，直至电池电压达到上限截止电压，静置 30min。

4）电池以 $0.05C$ 电流倍率放电，直至电池电压达到下限截止电压，静置 30min。

5）重复进行上述步骤 4 和步骤 5 三次。

6）恢复恒温箱温度到室温，静置 6h。

7）采用充放电机对 8 节电池进行容量测定测试，并放电到截止电压。

8）以恒电流法对 8 节电池进行 EIS 测量，采用电化学工作站对电池施加幅值为 50mA 的正弦电流扰动，设置测试频率范围为 10000Hz ~ 0.1Hz。

依据上述试验步骤，测得了 8 节析锂电池的析锂前后容量和 EIS 阻抗谱，由此可计算电池的容量衰退率，见表 6-3。可见，8 节电池都由于析锂产生了不同程度的容量衰退。

表 6-3　析锂电池容量衰退情况

电池编号	析锂前容量 /A·h	析锂后容量 /mA·h	容量衰退率
1	2.83	2.72	−3.88%
2	2.86	2.73	−4.54%
3	2.83	2.65	−6.36%
4	2.82	2.62	−7.09%
5	2.83	2.72	−3.88%
6	2.82	2.75	−2.48%
7	2.84	2.73	−3.87%
8	2.85	2.79	−2.11%

下面进行等效阻抗模型拟合。选取其中一节电池的 EIS 阻抗谱进行观察，如图 6-7a 所示。根据阻抗谱曲线的形状，设计了如图 6-7b 所示的等效阻抗模型进行拟合。具体地说，高频段阻抗体现出明显的感性特性，因此选择了等效感抗 L_0，体现导线、电极和集流体的感抗；与实轴的交点用等效电阻 R_0 拟合，代表了电路中的欧姆内阻；阻抗谱中频段只有一个圆弧，因此选用一个电阻 R_1 和常相位角元件 CPE_0 的组合进行拟合，代表了电荷从电解质到 SEI 膜界面，再从 SEI 膜到负极活性材料的转移行为；最后的低频段为

一条倾斜的直线,其与实轴呈 45° 夹角,表征了离子的扩散行为,选用一个 Warburg 元件 W_0 进行拟合。

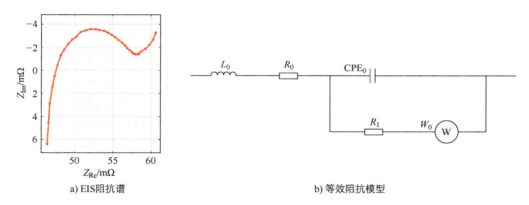

a) EIS阻抗谱　　　　　　　　b) 等效阻抗模型

图 6-7　测得析锂电池 EIS 阻抗谱和等效阻抗模型

模型拟合采用最小二乘拟合方法,以尽可能地使等效阻抗模型的 EIS 曲线与测得 EIS 曲线重合。这一步可以由各类成熟的 EIS 数据分析软件进行,本文选用了 Zennium XC 电化学工作站配套的 Zahner Analysis 分析软件进行拟合。各个电池的模型拟合结果及整体误差见表 6-4,其中 CPE_0 具有 Y_0 和 α 两个参数。

表 6-4　析锂电池等效阻抗模型拟合结果及整体误差

电池编号	L_0/nH	R_0/mΩ	R_1/mΩ	$Y_0/\Omega^{-1} \cdot cm^{-2} \cdot s^{\frac{1}{2}}$	α/m	$W_0/\Omega \cdot cm^2$	整体误差
1	982	51.4	7.89	522	811	2.45	1.83%
2	875	65.7	8.16	495	828	2.62	1.83%
3	895	57.0	8.43	464	829	2.64	2.06%
4	903	56.6	8.84	483	817	2.57	2.06%
5	909	59.4	8.23	490	827	2.63	2.00%
6	913	63.2	7.43	564	836	2.52	1.96%
7	910	58.6	8.04	478	832	2.67	2.04%
8	919	58.3	7.70	536	830	2.64	2.07%

与表 6-3 对比观察,发现参数 R_1 与衰退容量间存在一定相关性。将 R_1 与容量衰退率的关系作图并进行线性拟合,如图 6-8 所示,可以观察到明显的正相关关系。考虑到本试验前后,电池的 SOC 和温度没有变化,并且循环次数少,电池的 SOH 也认为没有明显变化,可认为 R_1 的变化与析锂导致的容量衰退存在直接的线性关系。该例说明,参数 R_1 有作为表征电池析锂严重程度的阻抗参数的潜力。

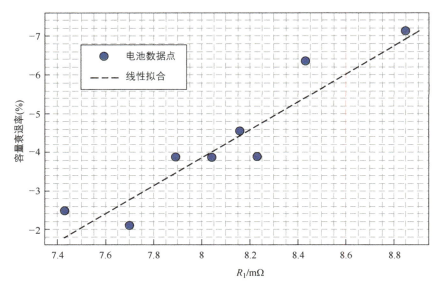

图 6-8　参数 R_1 与容量衰退率的关系

6.5　在线/原位电化学阻抗谱技术综述

尽管 EIS 技术在电池系统中有广阔的应用前景，如何在电池系统中实现 EIS 测量却是一个挑战。目前较为常用的 EIS 测量手段是通过电化学工作站或电池测试仪等专用仪器进行测量，如图 6-9 所示。其测量精度极高，测量频率范围广，可适应包括电池在内的多种电化学体系的测量。但是这些专用仪器体积大、价格昂贵，只能在实验室环境下工作；并且其需要电池断开外部连接，在静态状态下进行测量，即所谓的离线测量。显然，这些仪器难以在储能系统或电动汽车等实际应用场景进行大规模推广。

a) 电化学工作站

b) 电池测试仪

图 6-9　常用的 EIS 测量设备

此外，传统的单频率正弦波逐点测量方式也导致传统 EIS 测量时间长、效率低。为了提高测量精度，排除测量噪声的影响，EIS 测量通常需要至少 3～5 个周期的信号数据进行平均。那么对于每个 1Hz 以下的频率点，就往往需要 10s 左右或以上的时间进行激励和采样；测量点较多时，总测量时间很容易达到几分钟甚至 10 分钟以上。考虑到锂离子电池应用的不同工况，电池的 SOC、温度等参数可能在几秒内发生变化，显然其难以胜任在电动汽车等实际工作环境对测量实时性的需求。

另外，在所测频率区间一定的情况下，实际环境应用对测试精度和频率范围的要求也较为有限。就锂离子电池的 EIS 阻抗谱来说，当测量频率高于 5000Hz 时，测得的阻抗主要来自连接导线和集流体带来的感性阻抗。该部分阻抗容易受到电池组内部的接线情况的影响，因此参考意义不大，且太高的阻抗频率也对测量设备提出了过高的要求；而测量频率小于 0.01Hz 时，单频率点测量时间就需要至少 100s 以上，且测量过程极易受到电池状态变化和外部干扰的影响，得出的阻抗结果同样意义不大。同时，现有的锂离子电池 EIS 研究所利用的 EIS 阻抗谱频率区间大都集中于 5000Hz～0.01Hz，可见实际环境并不总是需要仪器级别的极高测量精度和频率范围，这就为以一定的测量性能换取更好的实时性和经济性提供了可能。

要满足实际环境应用中 BMS 测量所需的实时性、经济性需求，就需要发展在线/原位 EIS 测量技术。所谓原位测量，即无须断开电池与工作系统的连接，在其保持在工作环境原位的情况下，就可进行 EIS 测量；在线测量则是允许在电池正常充放电运行期间，以较快的速度实时进行阻抗谱的测量。针对实际应用场景，研发成本低、速度快的在线/原位 EIS 测量方法或设备，将有助于推广 EIS 技术在电池系统中的应用，为锂离子电池的状态估计和安全监测提供强有力的检测手段，以提高电池管理系统对锂离子电池的管控能力，进一步提高锂离子电池系统的性能。

现有的在线/原位 EIS 研究主要集中在以下几个方向：①对电池组加装额外的激励硬件，以在实际的电池组环境限制下实现 EIS 激励；②修改电池组数据采样架构，满足 EIS 测量所需的信号测量需求；③改进 EIS 激励信号，以在保证测量精度的同时，尽可能减少测量时间；④基于现有的电池组架构，发展在线数据处理算法，通过测得的电压、电流等正常运行数据直接估计电池阻抗谱。

6.5.1 加装额外激励硬件的研究

传统电池组系统具有数据监测、被动均衡、通断控制等功能，而并没有专门设置 EIS 测量所需的激励注入装置。如果要实现传统 EIS 测量所需的激励注入，那么必然要对现有的电池组电气结构进行改造，以产生激励信号。关于激励产生方式方面的研究，主要可以分为整包级别和单体级别方案[24]。

整包级别方案如图 6-10 所示。为了满足不同使用场景的需求，现实中的电池组常常需要搭配各类大功率电力电子设备进行使用。如储能电站需要搭配大型 AC/DC 变换器、DC/DC 变换器，以在电网和电池组、电池组和电池组之间传递电能；而电动汽车则需要搭配高压 DC/DC 变换器、充电机或电机控制器，实现充电、整车低压供电、电机驱动等需求。整包级别方案便是旨在利用这些电子设备，在整个电池组级别上注入激励电流，再通过各个单体采得的响应电压，计算各单体的阻抗谱。Koch 等[25] 提出，现有的电动汽车充电机架构便具有对电池组进行 EIS 激励的潜力。他们参考现有充电机，设计了一种带有 LCL 滤波器的半桥逆变器，实现了对车用等级电池包的正弦激励注入。Huang 等[26] 则是通过控制 DC/DC 变换器的占空比，可以在电池向 DC/DC 变换器输出的放电电流中，叠加所需的 EIS 激励信号，从而实现了在线 EIS 测量；Howey 等[27] 使用以电流控制模式工作的车载电机控制器，实现了在电动汽车的运行过程中，向动力电池注入多正弦或宽频谱 EIS 激励信号。

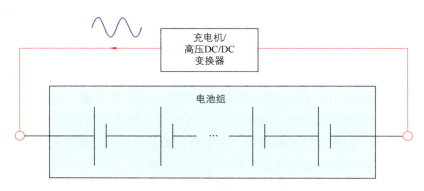

图 6-10　EIS 整包级别方案

整包级别方案可以充分利用现有设备，有望降低改造成本，并且可以与现有的电池使用体系较好地融合，有助于 EIS 技术在实际应用环境的推广。然而这些功率电子设备往往针对大功率、大电流工况设计，过大的激励信号很容易破坏 EIS 测量必须保证的线性条件，进而降低 EIS 测量的可靠性；此外，现有的充电机等设备大都仅考虑了直流工况，其是否有能力产生 EIS 所需的高频率、高精度激励信号也是值得商榷的。

相比之下，单体级别方案如图 6-11 所示，其试图将激励生成电路集成到单体或子模组级别，在每个单体或子模组上分别执行 EIS 激励和测量。目前的 BMS 在单体层面上都设有被动均衡电路，可以为电池单体连接电阻来为 SOC 过高的单体放电，以保证电池包 SOC 均衡。利用这一电路，Koch 等[28] 通过以一定频率通断单体放电开关，即可产生方波激励信号。当然，被动均衡电流受电阻功率限制，电流幅值很小且数值不定，EIS 测量效果不易保证；因此更多的研究转而设计全新的单体级别激励设备，以对单体施加高精度的 EIS 激励电流。La 等[29] 利用现有的电容式主动均衡电路设计实现了在线 EIS 测量，测量误差小于 5%；Liu 等[30] 提出了一种在子模组级别上进行无线耦合的电池均衡设备,实现了无线主动平衡和可达 500kHz 的 EIS 测量;Liebhart 等[31]还提出了一种基于 2 开关可重构单体的在线阻抗测量方法。开关周期性地将单体连接到电池串中和移除,从而产生方波扰动。

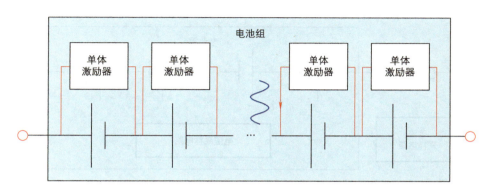

图 6-11　EIS 单体级别方案

在单体层面新增加激励装置,由于不需要考虑大电流工况,其较容易确保很高的激励精度。然而这一类设计的激励功率受到电池单体周边有限空间的限制,可能难以对大容量的电池单体施加足够的激励,以达到足够的信噪比;同时为每个单体加装激励设备势必会带来成本和系统复杂性的显著提升。因此,这一类激励方式通常会和其他主动均衡手段一起设计,以充分发挥增加的系统复杂度带来的性能提升。

6.5.2　信号采样架构

信号采样也是实现在线/原位 EIS 测量的一个主要挑战。EIS 测量中激励和响应信号不能过大,保证电池满足线性稳态条件,才能够利用欧姆定律计算电池的复阻抗;同时测量较高频段的 EIS 时,也需要更高的信号采样频率;这就对电压和电流的测量精度和速度提出了较高的要求。

现有的电池系统数据采样架构如图 6-12 所示,其中电流传感器往往只设置在电池包母线上,用于测量母线上的充放电大电流,具有较大的量程,测量精度一般为 0.1A 级别;而在 EIS 测量中,为了保证电池的线性条件,激励电流可能只有数安或更小,因此电流采样精度难以满足 EIS 测量的需要。而在电压测量方面,目前的 BMS 电压测量电路由于需要满足实时报警和精确容量估计的需求,且所需量程也只需限定在锂离子电池正常运行的 2.8~4.5V 区间,因此保有相对较高的精度,可以达到 0.1mV 级别。然而,由于采样硬件和数据总线容量的限制,电流和电压的采样频率均很少超过 1kHz。上文提到的许多关于电池管理中 EIS 应用的研究都依赖于 1kHz 到 0.1Hz 之间的阻抗信息,而这要求在相应的频率下进行激励和响应信号的采样。根据奈奎斯特定理,采样率应高于奈奎斯特频率,即采样信号最高频率成分的两倍,才能确保采样过程中不丢失信息。现有的研究还指出，为了准确获取所需信号，EIS 测量中的信号采样频率还应比激励信号频率提高更多倍[32]。显然，现有 BMS 采样电路的采样频率无法直接满足车载 EIS 应用要求。

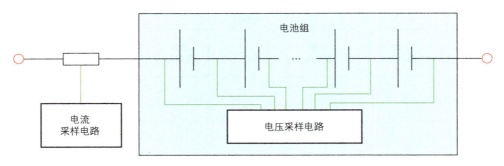

图 6-12　传统 BMS 采样架构

到目前为止，尽管许多现有研究都只专注于 EIS 激励的产生和后续的信号处理，越来越多的研究者都意识到了高性能采样对 EIS 测量的必要性，并试图在现有的 BMS 架构下实现满足 EIS 测量需求的数据采样。如 Din 等[33]对电池组中的每个单体配备了高速双通道模/数转换器（ADC）来记录其电压和电流，如图 6-13a 所示。当然，这样的配置将大大提高采样方面的硬件成本，且富余的采样性能难以在 EIS 测量以外的场景得到利用。出于效费比的考虑，Wang 等[34]在串联的锂离子电池中使用了多路复用器电路，以增加可以由单个高速高精度 ADC 监测的电池数量，如图 6-13b 所示。Gong 等[35]还提出了一种新颖的 EIS 电池监控芯片方案，将单体电压和电流采样、被动均衡、EIS 激励和阻抗计算集成到了一个芯片中，形成一套集成化的在线 EIS 解决方案，如图 6-13c 所示。

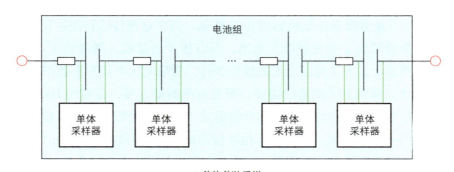

a) 单体单独采样

图 6-13　EIS 采样硬件方案

第6章 电池电化学阻抗谱检测技术

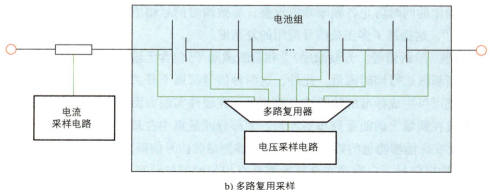

b) 多路复用采样

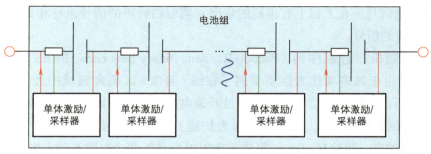

c) EIS集成芯片

图 6-13 EIS 采样硬件方案（续）

6.5.3 激励条件

如上文所述，标准的 EIS 测量流程采用纯正弦信号作为激励，以确保信号功率集中在所测频率点上，并顺序测量每一个频率点来得到完整的阻抗谱。这种扫频测量方法拥有理论上最高的信噪比，但一次只能测量一个频率点，所需时间较长，特别是在测量低频阻抗点的时候。过长的测量时间一方面增加了外部干扰对测量造成影响的机会；同时在在线应用下，电池的状态可能在测量期间发生变化，从而丧失了状态监测的实时性。

为了减少阻抗测量所需的时间，各种新型的多频激励信号被提出。与纯正弦信号不同，这类信号含有多个频率的信号成分，从而实现多个频率点的同时激励；再借助快速傅里叶变换（FFT）分离出各频率点的激励和响应信号，即可一次计算多个频率点的阻抗，大大提高了 EIS 测量效率。目前受到研究较多的多频激励信号包括多正弦信号、方波/阶跃信号、白噪声信号、PRBS 信号等。

1）多正弦信号。多正弦信号是最简单的多频信号[36]，通过将不同频率的正弦信号简单叠加，即可实现多频激励。不过有研究指出，多正弦信号中的每个频率成分的幅值、相位需要根据实际应用场景，对各频率成分的幅值和相位进行针对性设计，以在保证足够信噪比的同时防止各频率峰值重叠，导致瞬时信号幅值过高而破坏电化学系统的稳态条件[37]，这提高了多正弦信号应用的复杂度。

2）方波/阶跃信号。方波激励[38]和阶跃激励[39]包含无限多次谐波，理论上可以对低频段和高频段进行同时测量。此外，这两种信号都属于开关信号，只需要电子开关的定时开合就可以生成标准的阶跃或方波信号，在硬件实现方面具有独特的优势。其主要缺点是谐波在频域上的能量分布不均匀，大部分能量集中在基频，频率越高，能量成分越低，因此实际能够测量的频率上限受到能够测量的信号信噪比的限制。

3）白噪声信号。白噪声在全频段都具有均匀的能量分布[40]，通过限制其带宽，可以在所需频率段上对电池进行高幅值、均匀的激励。然而如何产生大功率、频谱均匀的白噪声激励信号，在工程上有很高的难度；同时白噪声的信号采样和处理也难于其他具有离散频谱的信号。

4）伪随机二进制序列（Pseudo-Random Binary Sequence，PRBS）信号。近年来，PRBS信号由于其多项优秀性质受到了在线/原位EIS研究领域的关注。PRBS信号和方波一样属于一种开关信号，可以通过开关电路较为方便地生成，却具有与白噪声类似的较均匀频谱能量分布，极其适合作为快速EIS激励信号[41]。目前，许多研究专注于PRBS信号的进一步改良。Sihvo等[42]在PRBS信号的两个电平基础上增加了第三个电平，保证信噪比的同时降低了信号幅值，从而减少了对电池稳态条件的影响；Du等[43]提出了一种双段式的PRBS激励方法，进一步扩宽了PRBS可用于测量的频率范围。

综上所述，目前受到研究的各种EIS激励信号类型及其各方面性能的比较汇总在表6-5中。总的来说，目前PRBS信号因其良好的测量精度、速度和较低的实现难度受到了较多的研究，但纯正弦信号仍以理论上最高的信噪比作为标准的测量信号，并时常充当其他测量信号类型的对比基准。

表6-5 EIS激励信号类型及其性能比较

激励信号类型	波形示意图	测量时间	信噪比	实现难度
正弦信号		长	最高	中等
多正弦信号		中等	高	中等
方波/阶跃信号		中等	中等	低

(续)

激励信号类型	波形示意图	测量时间	信噪比	实现难度
白噪声信号		短	低	高
PRBS 信号		短	高	低

6.5.4 基于运行数据的阻抗估计方法

除了上述方案，还有一些研究指出，可以由电池系统运行期间自然产生的运行工况数据，通过一定的信号处理方法直接提取阻抗信息，从而完全避免了对主动激励硬件的需求。Liebhart 等[44]提出了一种被动数据处理方法，通过对行车期间电池的电压电流数据分段并使用一种加权交叠平均算法，可以直接计算电池单体的阻抗谱；Li 等[45]的研究提出，通过电池的充电/放电曲线，可以进行等效电路模型拟合，进而可以推导出电池的电化学阻抗谱曲线；Geng 等[46]直接从运行中车辆的 CAN 总线数据上读取实时电压和电流数据，并提取了在 10mHz 到 5Hz 范围内的电池阻抗数据。

以上基于运行数据的方法可以最大限度降低对额外激励硬件的需求，有望以最小的改装成本适配到现有的 BMS 中。然而从根本上来说，无论采用哪种数据处理方法，阻抗测量精度和频率范围仍然受制于硬件采样电路的精度和频率；正如前文所述，如要实现基于 EIS 的状态估计，需要用到较高频率范围的阻抗数据，则至少在采样电路方面的改造投入依然无法避免。即使数据采样频率足够，为了顾及高频和低频的阻抗测量，不可避免地需要以高采样频率进行较长时间的记录；这有可能导致记录数据量太大，又对数据储存、传输、处理提出了难题。此外，车辆运行工况不确定性高，某些频率区间不一定能够获得足够的激励；如果长期稳定运行或静止停放，就无法进行阻抗计算，从而损害了 BMS 进行阻抗测量所需的实时性。

6.5.5 局限性分析

上述研究已经针对实际应用环境需求，对 EIS 测量方法做出了大量改进，但仍然存在一定的局限性。整包层面的激励方案利用现有的电池充电机或高压 DC/DC 变换器来产生 EIS 激励，以降低实际应用的改装成本。然而这些功率电子设备通常为大电流充放电工况设计，电流范围大而精度有限，与 EIS 激励电流小幅值、高精度要求并不匹配。对于基于电池单体级别的激励方案，由于使用电池组系统的高集成度，单体周边布置空间相当有限，进而导致可用的功率受限，限制了其测量大容量、低阻抗的电池单体的能力。对激励信号的改进有助于提升在线/原位 EIS 测量的精度和效率，但目前相关研究大都基于实验室级信号发生器进行，其与上述激励产生方案的结合效果仍有待研究；基于运行数据的方法可以最大限度降低对额外激励硬件的需求，但车辆运行工况不确定性高，如果长期稳定运行或静止停放即无法进行阻抗计算，从而损害了在线/原位阻抗测量所需的实时性。此外从信号采样的方面来看，几乎所有上述方法都依赖于高采样率、高精度的电流、电压采样；这就要求对现有 BMS 的采样系统进行大幅升级，既极大增加了这些方案实际应用所需成本，富余的测量能力在 EIS 测量期间外也很难得到利用。可见，如何以相对低的成本和改装难度，实现大功率和高精度 EIS 激励以及精度和频率足够的数据采样，仍然需要该领域学者的进一步探索。

参 考 文 献

[1] ORAZEM M E, TRIBOLLET B. Electrochemical impedance spectroscopy [M]. 2nd edition. Hoboken: Wiley, 2017.

[2] GINER-SANZ J J, ORTEGA E M, PÉREZ-HERRANZ V. Application of a Montecarlo based quantitative Kramers-Kronig test for linearity assessment of EIS measurements [J]. Electrochimica Acta, 2016, 209: 254-268.

[3] BOUKAMP B A. A linear Kronig-Kramers transform test for immittance data validation [J]. Journal of The Electrochemical Society, 2019, 142（6）: 1885-1894.

[4] MC CARTHY K, GULLAPALLI H, RYAN K M, et al. Review-use of impedance spectroscopy for the estimation of Li-ion battery state of charge, state of health and internal temperature [J]. Journal of The Electrochemical Society, 2021, 168（8）: 080517.

[5] WANG X Y, WEI X Z, ZHU J G, et al. A review of modeling, acquisition, and application of lithium-ion battery impedance for onboard battery management [J]. Etransportation, 2021, 7: 100093.

[6] LEE J H, CHOI W. Novel state-of-charge estimation method for lithium polymer batteries using electrochemical impedance spectroscopy [J]. Journal of Power Electronics, 2011, 11（2）: 237-243.

[7] SRIVASTAV S, LACEY M J, BRANDELL D. State-of-charge indication in Li-ion batteries by simulated impedance spectroscopy [J]. Journal of Applied Electrochemistry, 2017, 47（2）: 229-236.

[8] SOCKEEL N, BALL J, SHAHVERDI M, et al. Passive tracking of the electrochemical impedance of a hybrid electric vehicle battery and state of charge estimation through an extended and unscented Kalman filter [J]. Batteries, 2018, 4（4）: 52.

[9] WANG L, ZHAO X W, DENG Z W, et al. Application of electrochemical impedance spectroscopy in battery management system: state of charge estimation for aging batteries [J]. Journal of Energy Storage, 2023, 57: 106275.

[10] GALEOTTI M, CINÀ L, GIAMMANCO C, et al. Performance analysis and SOH（state of health）evaluation of lithium polymer batteries through electrochemical impedance spectroscopy [J]. Energy, 2015, 89: 678-686.

[11] MC CARTHY K, GULLAPALLI H, KENNEDY T. Online state of health estimation of Li-ion polymer batteries using real time impedance measurements [J]. Applied Energy, 2022, 307: 118210.

[12] WANG X Y, WEI X Z, DAI H F. Estimation of state of health of lithium-ion batteries based on charge transfer resistance considering different temperature and state of charge [J]. Journal of Energy Storage, 2019, 21: 618-631.

[13] ZHU J G, SUN Z C, WEI X Z, et al. A new lithium-ion battery internal temperature on-line estimate method based on electrochemical impedance spectroscopy measurement [J]. Journal of Power Sources, 2015, 274: 990-1004.

[14] 范文杰, 徐广昊, 于泊宁, 等. 基于电化学阻抗谱的锂离子电池内部温度在线估计方法研究 [J]. 中国电机工程学报, 2021, 41: 3283-3292.

[15] WANG X Y, WEI X Z, CHEN Q J, et al. Lithium-ion battery temperature on-line estimation based on fast impedance calculation [J]. Journal of Energy Storage, 2019, 26: 100952.

[16] BEELEN H P G J, RAIJMAKERS L H J, DONKERS M C F, et al. A comparison and accuracy analysis of impedance-based temperature estimation methods for Li-ion batteries [J]. Applied Energy, 2016, 175: 128-140.

[17] THANGAVEL N K, MUNDHE S, ISLAM M M, et al. Probing of internal short circuit in lithium-ion pouch cells by electrochemical impedance spectroscopy under mechanical abusive conditions [J]. Journal of The Electrochemical Society, 2020, 167 (16): 160553.

[18] KONG X D, PLETT G L, TRIMBOLI M S, et al. Pseudo-two-dimensional model and impedance diagnosis of micro internal short circuit in lithium-ion cells [J]. Journal of Energy Storage, 2020, 27: 101085.

[19] XIAO F Y, XING B B, KONG L Z, et al. Impedance-based diagnosis of internal mechanical damage for large-format lithium-ion batteries [J]. Energy, 2021, 230: 120855.

[20] KOSEOGLOU M, TSIOUMAS E, FERENTINOU D, et al. Lithium plating detection using dynamic electrochemical impedance spectroscopy in lithium-ion batteries [J]. Journal of Power Sources, 2021, 512: 230508.

[21] SCHINDLER S, BAUER M, PETZL M, et al. Voltage relaxation and impedance spectroscopy as in-operando methods for the detection of lithium plating on graphitic anodes in commercial lithium-ion cells [J]. Journal of Power Sources, 2016, 304: 170-180.

[22] FENG X N, SUN J, OUYANG M G, et al. Characterization of large format lithium ion battery exposed to extremely high temperature [J]. Journal of Power Sources, 2014, 272: 457-467.

[23] SRINIVASAN R, DEMIREV P A, CARKHUFF B G. Rapid monitoring of impedance phase shifts in lithium-ion batteries for hazard prevention [J]. Journal of Power Sources, 2018, 405: 30-36.

[24] ABEDI V M, STRICKLAND D. A comparison of online electrochemical spectroscopy impedance estimation of batteries [J]. IEEE Access, 2018, 6: 23668-23677.

[25] KOCH R, KUHN R, ZILBERMAN I, et al. Electrochemical impedance spectroscopy for online battery monitoring - power electronics control[C]//2014 16th European Conference on Power Electronics and Applications, August 26-28, 2014, Lappeenranta, Finland. New York: IEEE, 2014.

[26] HUANG W, QAHOUQ J A. An online battery impedance measurement method using DC-DC power

converter control [J]. IEEE Transactions on Industrial Electronics, 2014, 61（11）: 5987-5995.

[27] HOWEY D A, MITCHESON P D, YUFIT V, et al. Online measurement of battery impedance using motor controller excitation [J]. IEEE Transactions on Vehicular Technology, 2014, 63（6）: 2557-2566.

[28] KOCH R, RIEBEL C, JOSSEN A. On-line electrochemical impedance spectroscopy implementation for telecommunication power supplies[C]//2015 IEEE International Telecommunications Energy Conference（INTELEC）, October 18-22, 2015, Osaka, Japan. New York: IEEE, 2015.

[29] LA P-H, CHOI S-J. Integrated on-line EIS measurement scheme utilizing flying capacitor equalizer for series battery string[C]//2021 IEEE Applied Power Electronics Conference and Exposition（APEC）, June 14-17, 2021, Phoenix, AZ. New York: IEEE, 2021.

[30] LIU M, WANG P, GUAN Y, et al. A 13.56 MHz multiport-wireless-coupled（MWC）battery balancer with high frequency online electrochemical impedance spectroscopy[C]//2019 IEEE Energy Conversion Congress and Exposition（ECCE）, September 29-October 3, 2019, Baltimore, MD. New York: IEEE, 2019.

[31] LIEBHART B, DIEHL S, SCHMID M, et al. Improved impedance measurements for electric vehicles with reconfigurable battery systems[C]//2021 IEEE 12th Energy Conversion Congress & Exposition - Asia（ECCE-Asia）, May 24-27, 2021, Singapore. New York: IEEE, 2021.

[32] WEI X Z, WANG X Y, DAI H F. Practical on-board measurement of lithium ion battery impedance based on distributed voltage and current sampling [J]. Energies, 2018, 11（1）: 64.

[33] DIN E, SCHAEF C, MOFFAT K, et al. A scalable active battery management system with embedded real-time electrochemical impedance spectroscopy [J]. IEEE Transactions on Power Electronics, 2017, 32（7）: 5688-5698.

[34] WANG X Y, WEI X Z, CHEN Q J, et al. A novel system for measuring alternating current impedance spectra of series-connected lithium-ion batteries with a high-power dual active bridge converter and distributed sampling units [J]. IEEE Transactions on Industrial Electronics, 2021, 68（8）: 7380-7390.

[35] GONG Z, LIU Z, WANG Y, et al. IC for online EIS in automotive batteries and hybrid architecture for high-current perturbation in low-impedance cells[C]//2018 IEEE Applied Power Electronics Conference and Exposition（APEC）, March 04-08, 2018, San Antonio, TX. New York: IEEE, 2018.

[36] ABU QAHOUQ J A. Online battery impedance spectrum measurement method[C]//2016 IEEE Applied Power Electronics Conference and Exposition（APEC）, March 20-24, 2016, Long Beach, CA. New York: IEEE, 2016.

[37] NIAN H, LI M, HU B, et al. Design method of multisine signal for broadband impedance measurement [J].IEEE Journal of Emerging and Selected Topics in Power Electronics, 2022, 10（3）: 2737-2747.

[38] YOKOSHIMA T, MUKOYAMA D, NARA H, et al. Impedance measurements of kilowatt-class lithium ion battery modules/cubicles in energy storage systems by square-current electrochemical impedance spectroscopy[J]. Electrochimica Acta, 2017, 246: 800-811.

[39] WANG X Y, KOU Y, WANG B, et al. Fast calculation of broadband battery impedance spectra based on S transform of step disturbance and response [J]. IEEE Transactions on Transportation Electrifica-

tion, 2022, 8（3）: 3659-3672.

[40] GÜCIN T N, OVACIK L. Online impedance measurement of batteries using the cross-correlation technique [J]. IEEE Transactions on Power Electronics, 2020, 35（4）: 4365-4375.

[41] SIHVO J, MESSO T, ROINILA T, et al. Online internal impedance measurements of Li-ion battery using PRBS broadband excitation and Fourier techniques: methods and injection design[C]//2018 International Power Electronics Conference（IPEC-Niigata 2018 -ECCE Asia）, May 20-24, 2018, Niigata. New York: IEEE, 2018.

[42] SIHVO J, STROE D I, MESSO T, et al. Fast approach for battery impedance identification using pseudo-random sequence signals [J]. IEEE Transactions on Power Electronics, 2020, 35（3）: 2548-2557.

[43] DU X H, MENG J H, PENG J C, et al. A novel lithium-ion battery impedance fast measurement method with enhanced excitation signal [J]. IEEE Transactions on Industrial Electronics, 2023, 70（12）: 12322-12330.

[44] LIEBHART B, KOMSIYSKA L, ENDISCH C. Passive impedance spectroscopy for monitoring lithium-ion battery cells during vehicle operation [J]. Journal of Power Sources, 2020, 449: 227297.

[45] LI T, WANG D Y, WANG H R. New method for acquisition of impedance spectra from charge/discharge curves of lithium-ion batteries [J]. Journal of Power Sources, 2022, 535: 231483.

[46] GENG Z Y, THIRINGER T. In situ key aging parameter determination of a vehicle battery using only CAN signals in commercial vehicles [J]. Applied Energy, 2022, 314: 118932.

第 7 章

电化学阻抗谱检测技术应用

7.1 引言

由于 EIS 技术非破坏性、信息丰富、高灵敏度和操作简便的特点，其在电池管理方面的应用受到了相关产业界极大的关注。德州仪器公司在其电池管理系统技术白皮书中，明确将 EIS 技术的应用写入了未来 BMS 应当具备的功能之一；恩智浦等公司也推出了具备原位 EIS 测量能力的实验性电池管理系统产品。可以说，实现 EIS 技术的应用是目前新一代 BMS 的一项重要技术发展方向。

要实现 EIS 技术在电池管理方面的实际应用，重点在于在实际电池工作环境中实现原位 EIS 测量，以及发展基于 EIS 的电池参数估计算法。两者是互相依靠的软硬件关系，不能在实际环境中实现低成本、高效率的 EIS 测量，EIS 技术的推广应用就无从谈起；没有基于 EIS 的参数估计算法，就无法充分发挥 EIS 技术带来的诸多优势，提升现有 BMS 的监测性能。

EIS 测量主要包含激励信号注入、响应信号采样两个主要步骤；原位 EIS 的主要研究难点也就是在实际的电池电气架构限制下实现以上两大步骤。上一章对原位 EIS 测量技术的现有研究方案进行了介绍，通过充分利用现有电路设备并加以有限的软硬件改造，这些方法实现了在电池组环境下的 EIS 信号注入与信号采样，从而实现了原位 EIS 测量。然而，EIS 测量对激励注入与响应采样具有高频率、小量程的要求，这与现有电池系统普遍的低频率、大量程的特性不符，带来了额外的改装成本，这是上述利用现有电路设备的方案所不得不面对的困难。

EIS 技术测量的是锂离子电池的阻抗谱曲线，并不能够直接反映电池管理系统所需的电池参数，还需要一定的实验标定和算法设计才可以从阻抗谱中提取对电池参数估计有用的信息。目前的常用方法是通过实验提取对需要估计的电池状态参数敏感的阻抗谱曲线的特定特征，包括定频率阻抗、曲线特征点、等效阻抗值等，进行拟合实现参数估计。更进一步地，由于 SOC、SOH、温度等多种状态参数对阻抗谱曲线都会产生影响，设计算法时还必须考虑由不同状态参数所产生的阻抗谱变化之间的相互影响，这就要求进行多变量实验，以提取互不干扰的阻抗特征；必要时还需要应用特定方法进行多影响因素之间的解耦。

第 7 章
电化学阻抗谱检测技术应用

作为 EIS 检测技术应用于电池管理的实例，本章介绍了两种电池组原位 EIS 方案，以及一种基于原位 EIS 的电池析锂估计方法设计。本章首先针对车载环境，提出了一种基于模组激励器和等效采样方法的原位 EIS 方案，其将激励产生装置设置在模组级别，集成了高精度电流传感器，通过模组内多路复用器对单体进行激励；同时基于目前动力电池组常规的电压采样架构，结合一种等效采样算法，实现了对高频电压响应信号的测量，从而实现电池电化学阻抗谱的原位测量。与现有原位 EIS 方案相比，该方案具有激励功率大、适应范围广、改装成本可控的特点。另外，本章还提出了一种基于智能电池架构的单体级别 EIS 测量方案，其利用智能电池自由重构、分布式监测的特性，配合辅助电路，可以实现无须外部电源辅助的原位 EIS 测量。在实现原位 EIS 测量的基础上，以析锂这一电池常见隐性故障为例，发展了一种电池组析锂原位量化检测方法。通过低温充放电循环，制造了一批产生不同程度析锂的电池；将其组装到电池组内，利用前述的原位 EIS 测量方法模拟电池组环境中的原位 EIS 测量；随后进行电池拆解与测定实验，定性、定量地确认电池的析锂严重程度；最后进行阻抗谱特征提取与拟合，对这一批电池的析锂程度实现了量化表征。

7.2 车载环境原位电化学阻抗谱测量方案设计

针对上一章总结的目前研究存在的缺点，本节提出了一种基于模组激励器和等效采样方法的车载环境 EIS 方法。本方案设计了一种模组级 EIS 激励架构，将激励产生装置设置在模组级别，集成了高精度电流传感器，通过模组内多路复用器对单体进行激励；同时基于目前动力电池组常规的电压采样架构，结合一种等效采样算法，实现了对高频电压响应信号的测量，从而实现电池电化学阻抗谱的原位测量。

7.2.1 整体方案设计

图 7-1 是所提出 EIS 测量方案的原理示意图。该方案基于传统的动力电池组系统设计，包括串联电池模组，以及电池数据采样系统。在此基础上，在每个电池模组中，一个小型的模组 EIS 激励产生器和一组激励分配电路被引入，产生器输入端与车辆低压供电相连，输出端连接选通电路；每个单体设置一个双刀单掷电子开关，在需要进行 EIS 测量时，闭合开关与激励器连接，进行 EIS 激励；激励产生器负责激励电流的记录，电压记录由原有的电池数据采样系统进行。

EIS 激励产生器是一个小型的 DC/AC 逆变器，可以产生高精度的正弦激励电流。激励分配器包括两个辅助轨和若干对电子开关，辅助轨的一个端口连接到激励产生器的输出端，而一对开关对应一个单体。在进行 EIS 测量时，通过接通相应的开关，激励分配器可以一次将一个单体连接到激励产生器。与上一章介绍的现有方案相比，在模组级别设置单独的激励产生电路具有多种优点。一方面，激励产生器的功率是为激励单个电池单体而设计，却不必局限于单个单体周边的狭窄空间，从而减轻了对激励产生器的功率密度要求，更容易在有限的占用空间和硬件成本下实现大激励功率；另一方面，与直接采用电池包级别的电流传感器的方案相比，该方案中的电流传感器只需要测量激励电流，所需量程要窄得多，这也减轻了对电流采样电路分辨率的要求，更容易在较低成本下达到较高的电流检测精度。

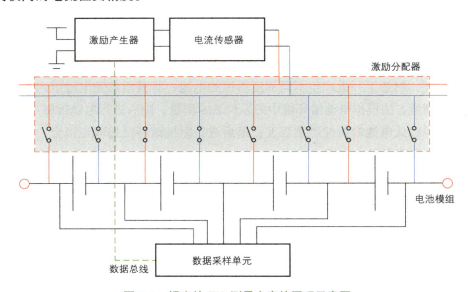

图 7-1　提出的 EIS 测量方案的原理示意图

电池数据采样系统的结构和功能几乎与常规的 BMS 数据采集单元完全相同，其在电池组正常运行和 EIS 测量期间负责测量各个单体的电压。此外，电池数据采样系统还通过数据总线与激励产生器和激励分频器连接，以进行 EIS 测量期间的系统控制和阻抗的计算。为了提高与传统 BMS 设计的共通性，电池数据采样系统采用了电池组监视芯片作为电压测量电路方案。电池组监视芯片是一种专门为大型串联电池系统设计的芯片，可以同时测量串联连接的超过 10 个电池的电压，与上述需要为每个单体设计独立采样电路的设计相比，大大降低了硬件成本。此外，该类芯片也是现代商用 BMS 的核心组件，已经在电动车和储能电站中得到了大规模应用。因此，该方案可以以最小的改装成本整合到目前的 BMS 中。

然而，传统的 BMS 数据采样能力并不足以直接胜任 EIS 响应的采样。电池组监视芯片由于需要满足实时报警和精确容量估计的需求，且所需量程也只需限定在锂离子电池正常运行的 4.5～2.8V 区间，因此保有相对较高的 0.1mV 级别精度，对 EIS 测量尚可足用；然而电池组监视芯片的采样频率往往十分有限，由于需要满足多节电池实时监测的需要，电池组监视芯片被设计为在数百微秒内完成一次 8~16 节单体电压的测量，即最高采样频率在 1kHz 左右，无法直接满足 EIS 测量的需要；而如果选用高采样频率的采样器件则又会带来成本的上涨；并且溢出的采样性能在电池正常运行期间也难以得到利用。因此，必须在采样算法上考虑一定的改进，使电池组监视芯片满足 EIS 数据采样的要求。

7.2.2 激励产生器和激励分配器设计

目前，大部分基于在线 EIS 的电池参数估计研究利用的 EIS 频段都集中在 1200~0.1Hz 区间，高于该频段的阻抗数据主要是来自导线和集流体的感性成分，受连接导线和夹具等外部器件的影响太过敏感，而低于该频段的频率点所需测量时间太长，实用价值较小。同时考虑到适配不同阻抗大小的电池，选定激励产生器的设计输出频率为 1200~0.1Hz，输出电流区间为 ±5A。

为了尽可能地简化硬件电路设计，减少电路成本，本节选择了同步 Buck/Boost 电路作为 EIS 激励产生器方案，这是能够产生标准无偏正弦激励电流的激励器方案中最简单的设计之一[1]。图 7-2 展示了激励产生器的电路原理图。

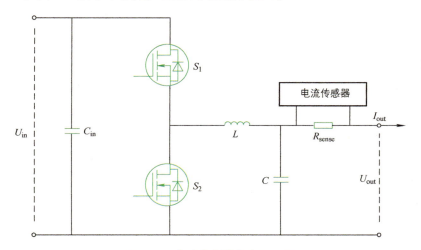

图 7-2 激励产生器电路原理图

如图所示，该电路主要包含两个功率 MOS 管 S_1 和 S_2，由电感 L 和电容 C 组成的 LC 滤波器，以及一组电流采样电路。电路左侧与电源连接，电源电压 U_{in} 应大于电池电压 U_{out}。两个 MOS 管受一定频率 f_s 和占空比 d 的 PWM 信号控制交替开闭，上管 S_1 导通时，电感 L 左侧电势大于右侧，电流正向增大；下管 S_2 导通时，L 与 U_{out} 直接连接，右侧电势大于左侧，电流反向增大。与常用的 Buck 电路相比，由于输出端有受测电池提供的电势，该电路具有双向传递电能的能力。当 $I_{out}>0$ 时，电路以 Buck 降压模式工作，电流由输入端流向输出端；当 $I_{out}<0$ 时，电路以 Boost 升压模式工作，电流由输出端流

向输入端。通过合适的控制算法控制占空比 d，就可以产生期望的无偏正弦输出电流信号 I_{out}。

根据 Buck 电路的设计流程，下面将以电路的设计最大输出，即 I_{out}=5A 为设计工况进行电感 L 和电容 C 的参数设计。设 U_{in}=12V，U_{out}=4V，控制频率 f_s=100kHz，要求电流纹波小于 20%，电压振荡小于 0.5%。

在电流不变时，占空比 $d=U_{out}/U_{in}$=0.333，时钟周期 $T=1/f_s$=10μs，则上管导通时间 $T_{on}=T·d$=3.33μs；纹波电流 $\Delta I=I_{out}·20\%$=1A，由电感的特性公式有

$$U_{in}-U_{out}=L\frac{\Delta I}{T_{on}} \tag{7.1}$$

代入参数，可以解得所需电感 L=80μH；考虑到工艺误差、工作电流等因素对实际电感量的影响，应选择稍大些的电感，因此选择 L=100μH。

要求电压振荡 $\Delta U=U_{out}·0.5\%$=2mV，则电容值可按下式计算

$$C=\frac{T_{on}\Delta I}{8·\Delta U} \tag{7.2}$$

代入参数可得所需电容值 C=6.25μF。同理应选择较大的电容值，最终选择 C=50μF。

激励产生器的电流控制逻辑方面，为了使激励信号能够达到需要的电流幅值，同时确保良好的动态性能和抗扰动能力，采用了瞬时电流-电流幅值双环控制回路。具体控制逻辑如图 7-3 所示，包含外环的电流幅值环和内环的电流环。幅值计算器通过记录的电流数据计算每个周期的实际电流幅值，并与给定的目标幅值对比进行 PI 闭环控制，输出量和给定激励频率一同输入参考信号发生器，以计算瞬时的参考正弦信号；参考信号再与采集得到的瞬时电流信号对比进行 PI 控制，得到瞬时开关电路占空比；PWM 信号发生器根据占空比，输出两路互补带死区的 PWM 开关信号，驱动两个开关，从而实现对输出电流的闭环控制。

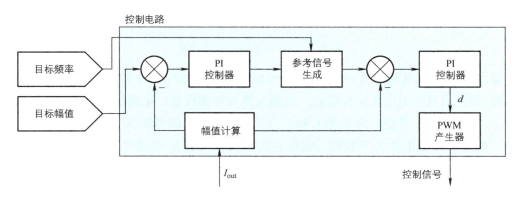

图 7-3 激励产生器电流控制逻辑

在 EIS 激励生成过程中，该电路将周期性地输入和输出能量，因此对其供能的电源应具有双向输入输出能力。对此，可以考虑使用诸如电池或超级电容的储能元件作为缓冲器，吸收激励发生器返回的能量[2]。为了进一步减少模组层面的硬件体积，该储能元件可设置在电池包级别，由多个模块级发生器共用。在此基础上，通过适当的能量调度策略，该电路架构还有望实现整包级别的电池均衡。

主控电路选用 STM32H750 微控制器芯片，该芯片具有 480MHz 的主频、DSP 控制、硬件浮点数运算等高性能特性，以满足 100kHz 开关频率下的数据采样、记录以及电流实时控制需求。电流采样方面，一个 0.01Ω 的分流电阻被放置在主回路中，以将输出电流转换成电压信号。由于分流电阻串联在主回路中，阻值不能太大，0.01Ω 电阻对于设计需求的 $-5\sim 5A$ 输出电流仅会产生 $-50\sim 50mV$ 的电压响应，需要进行信号放大。因此选用 INA213 电流信号放大器，其放大倍率为 50V/V，配合 2.5V 的参考电位，可以将电压响应范围转换为 $0\sim 5V$，实现了电流的高精度采样。此外，还设计了高精度模拟供电电路、运算放大器信号调理电路、单片机控制电路等，均采用常规设计，不在此做详细展开。图 7-4 是激励产生器 PCB 设计。

图 7-4　激励产生器 PCB 设计

激励分配器配合电池模组串数，配有 4 对继电器，可将激励产生器与模组中 4 个电池单体中的 1 个进行连接。图 7-5 是激励分配器 PCB 设计。

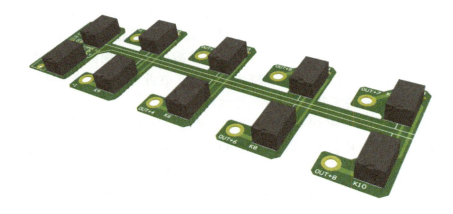

图 7-5 激励分配器 PCB 设计

7.2.3 电池数据采样系统设计

可靠的数据采样是任何 EIS 测量或计算方法的必需条件。EIS 测量需要对电池进行可达 1000Hz 以上的激励,并且测量同样频率的响应信号。根据奈奎斯特采样定理,采样频率必须大于所测信号含有最高频率成分频率的 2 倍,以确保不损失所含信息;同时为了精确测得激励和响应信号的幅值和相位,一般认为需要采样频率高于激励频率 10 倍以上才能得到较好的采样效果[3];则对 EIS 测量常用的 0.1~1000Hz 频段,采样频率需要达到 10kHz 以上。然而,目前常用的电池包单体电压采样电路的采样频率往往十分有限。出于故障预警和参数估计的需要,电池组监视芯片被设计为在数百微秒内完成一次 8~16 节单体电压的测量,即最高采样频率在 1kHz 左右。即使能够以足够的频率进行采样,采样数据也会大大占用电池包内部的总线通信。以 16bit 的较高精度采样数据为例,以 30kHz 进行采样时,单个单体电压数据需要的传输波特率是 $16 \times 10\text{kbps}=160\text{kbps}$,这已经占用了常见的 500kbps 波特率的 CAN 总线的 32%。显然,目前的 BMS 采样电路无法直接满足 EIS 测量的需要,而如果选用高采样频率的采样器件则会带来成本的上涨;并且溢出的采样性能在电池正常运行期间也难以利用,造成了成本的浪费。

为了降低原位 EIS 对采样硬件的要求,本方案采用了一种简化的等效采样方法。等效采样是一种亚奈奎斯特采样方法,能够以低采样率实现高频周期带限信号的采样,常用于射频信号等超高频信号。对一频率已知、带宽有限的周期性受测信号进行采样时,通过在多个信号周期的不同相位采样,再还原到一个周期内,高频信号的波形可以无损失地得到还原,从而突破奈奎斯特定理的限制。在 EIS 测量中常用的正弦激励信号及响应信号恰好是一种周期性带限信号,符合等效采样的条件,因此可以利用该方法降低采样硬件需求,从而充分利用现有 BMS 采样电路设计,减少应用成本。

设信号频率为 f_m,信号采样频率为 f_s,相应周期为 $T_m=1/f_m$、$T_s=1/f_s$;从信号的某个相位开始采样，每个周期采样1个不同相位的采样点。每当采样点回到开始采样的相位时，经过时间应为T_m、T_s的最小公倍数，即有

$$T_c = N_m T_m = N_s T_s \tag{7.3}$$

式中，T_c是完成一次采样的时间；N_m是一次采样所经过的原信号周期数；N_s是一次采样得到的点数。

每当经过T_c时间，一个信号周期内的同一个位置的点将被采样；同时在T_c时间内，一共有N_s个原信号的一个周期内不同位置的点被采样。也就是说，只要将这N_s个点按规律进行重新排列，就可以还原原来一个信号周期的波形，且等效的采样频率是原信号周期的N_s倍。该方法的原理示意图如图7-6所示。

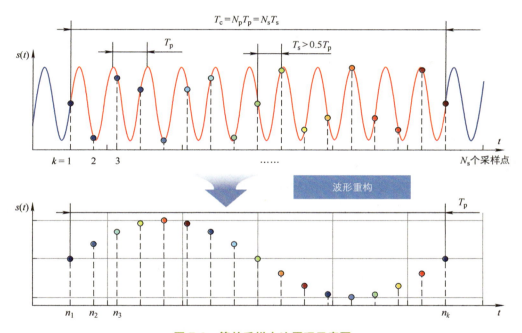

图7-6 等效采样方法原理示意图

为了尽可能完整地还原信号，N_s应当选的大些；但为了减少采样时间，N_m应当选的小些；同时，N_s和N_m必然保持互质关系。如此，则等效采样频率f_c为

$$f_c = \frac{T_m}{N_s} \tag{7.4}$$

此外，为了简化采样程序，我们还希望用较少的采样频率去测量尽可能多的信号频率。因此，我们设定$f_s<1000Hz$，要求$N_s>10$，$N_m<5$，在$300Hz<f_s<1200Hz$范围内，采用640Hz的采样频率，可找到表7-1中的测量频率点。

表 7-1　等效采样测量频率点

f_p/Hz	1160	1080	1000	920	840	760
N_s	32					
N_p	29	27	25	23	21	19
f_e/Hz	33640	29160	25000	21160	17640	14440
f_p/Hz	680	600	520	440	360	280
N_s	32					
N_p	17	15	13	11	9	7
f_e/Hz	11560	9000	6760	4840	3240	1960

与此同时，通过式（7.5）可获得各个频率对应的采样序列中各采样点在一个信号周期内的排列顺位 n_k，该顺序可存储在电池数据采样系统的 flash 存储器内，以进行直接的查表还原，将所有数据点还原到第一个信号周期内。

$$n_k = \frac{N_s}{T_m} \mathrm{mod}(kT_s, T_m) + 1 \qquad (7.5)$$

可见，通过选取适当的激励和采样频率，等效采样频率可以达到实际采样频率的数倍甚至数十倍，极大提高了对高频信号的采样能力。同时，上述算法不需要对硬件电路进行任何改动，也不需要应用复杂的数据处理算法，仅涉及特定采样频率的选取和简单的查表计算，极其适合用于提高现有采样设备的采样频率。由此，即可实现采用现有电压采样系统，对 EIS 测量中产生的响应信号进行采集。

采样精度方面，以市售 BMS 常用的 LTC6804 电池组采样芯片为例，其具有 12 个 16 位电压采样通道，每个通道的采样误差为 0.2mV。如要保证测量相对误差为 1%，则需要输入的响应信号幅度大于 20mV。此外，由于本原位 EIS 方案针对电池静态状况设计，还可以利用移动平均法过滤噪声，进一步提高获得阻抗信息精度。

本研究选用了凌力尔特公司的 LTC6804 电池组监视芯片（图 7-7），该芯片可同时测量 12 节电池的电压，带有 5 个模拟量采集端口，且具有电池被动均衡、断线检测等功能。根据该芯片的特性，电池数据采样单元将设计为可监测 12 节单体数据，并且带有被动均衡、温度监测、断线监测、隔离通信等功能。该芯片是目前最受欢迎的同类产品之一，已经被广泛

图 7-7　LTC6804 芯片

用于国内外多家车企、新能源企业以及储能场景中，可以充分代表现有商业 BMS 的现有水平。

要实现等效采样方法，还需要特别关注所使用采样电路的模拟输入带宽。为了完整获取所需频段波形的信息，模拟输入带宽的上限必须高于所采样频段的上限[4]。此外，由于采样频率低，该采样方法容易受到高频信号混叠带来的干扰。由于汽车电磁环境复杂，模拟输入带宽的上限又不能过高，以抵抗高频干扰的影响。对此，注意到现有的电池数据采样芯片本身即针对汽车工作环境设计，通常配备了可调的输入带宽，可以灵活调节满足等效采样方法的需要。本研究选用的 LTC6804 芯片，其在 7kHz 工作模式下，具有 6.8kHz 的 −3dB 输入带宽以及 21kHz 的 −40dB 输入带宽，足以满足 1200Hz 以下 EIS 响应信号的采样需求，同时对高频干扰具有较强的抵抗能力，特别对 100kHz 的激励器开关噪声有良好的抑制作用。当然，不同的输入带宽也可能导致采样延迟发生变化，因此需要对所有采样通道和不同激励频率进行针对性的相位补偿。

为了尽可能还原车用电池组的常见 BMS 设计，电池数据采样单元直接参考了凌力尔特公司提供的基于 LTC6804 的电池数据采样单元原理图设计。其具有 12 节电池电压采样、5 个温度点采样能力，并且具有隔离通信和均衡功能，可以支持对常见车用电池组进行模组级别的采样和电压均衡。图 7-8 是设计完成的电池数据采样单元电路板。

图 7-8　电池数据采样单元电路板

7.2.4 控制与数据处理算法设计

在以上设计硬件的基础上，本系统的数据处理算法如图 7-9 所示。

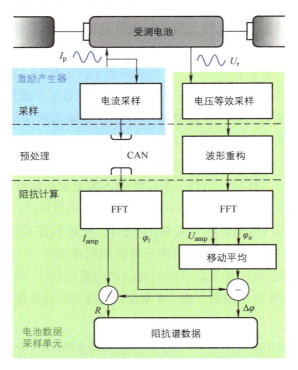

图 7-9 数据处理算法

由于上述测量系统的特性，阻抗测量在电池系统待机期间进行，如车辆停放或充电完成期间。具体的测量步骤如下：

1) 模组数据采集单元控制激励分配器，接合需测量单体开关组，将单体两端与模组激励器输出端连接。

2) 模组数据采集单元根据阻抗测量需求，确定测量阻抗频率点、激励电流大小与周期数等参数；模组数据采集单元通过数据总线与模组激励器进行通信，发送上述参数，并且进行模组数据采集单元与模组激励器之间的时钟同步。

3) 模组激励器开始输出所需正弦波激励；在监测到波形稳定后，模组激励器记录输出电流，模组数据采集单元记录对应单体电压。

4) 达到目标周期数后，模组激励器停止输出，通过数据总线向模组数据采集单元发送测得电流数据。

5) 模组数据采集单元选择新的测量阻抗频率，重复步骤 2 ~ 步骤 4，直到测得所有所需频率点。

6) 模组数据采集单元控制激励分配器，断开单体开关，选择新的单体，重复步骤

1~步骤5，直到所有需要测量的单体都完成了测量。

得到所有测量数据后，按以下的流程进行数据处理：

1）对模组数据采集单元测得的各个激励频率下的低频电压采样数据，采用式（7.5）计算的顺序进行重排和连接，得到还原后的电压响应波形。

2）对电压和电流数据分别采用快速傅里叶变换，计算对应激励频率下的电压、电流幅值，及各自的相位。

3）对计算得出的电压信号的幅值和相位进行移动平均滤波，进一步减少抖动。

4）根据广义欧姆定律，电压幅值除以电流幅值得到该频率点阻抗的模，相位相减得到阻抗的相位，从而计算得到该频率点的复阻抗。

7.2.5 样机测试

图7-10是根据上述原理设计制造的阻抗谱原位测量系统原理样机。在由4个18650电池串联组成的电池模组上，加装了前文介绍的激励产生器、分配电路和电池数据采样单元，组成了原理样机。激励产生器由程控电源进行供电，模拟车载环境下的低压车载供电。使用的电池单体数据见表7-2。

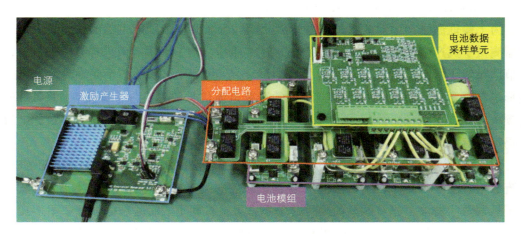

图7-10 阻抗谱原位测量系统原理样机

表7-2 电池单体数据

项目	值
制造商	BAK
型号	N18650CL-29
封装	18650
额定容量	2900mA·h
最大充/放电倍率	1C/3C

下面对样机进行实际运行测试，对测试过程中产生的电压、电流等波形进行记录，验证上述设计的可行性；同时还将进行对比测试，将电化学工作站测量得到的参考阻抗谱数据与样机测量得到的 EIS 阻抗谱结果进行对比，验证样机的 EIS 测量性能。具体步骤如下：

1）取 4 节全新单体，调节电池 SOC 到 90%，设定环境温度为 25%。

2）用 Zahner Zennium XC 电化学工作站对 1 节全新受测电池单体的阻抗谱进行测量，测量频率范围为 2400Hz 到 0.1Hz。

3）将包括该节单体在内的 4 个全新电池单体装入样机。

4）设定 EIS 激励幅值。根据该电池单体的说明书，其阻抗约为 60mΩ；根据 7.2.2 节的讨论，激励电流幅值设定为 200mA，以产生足够幅值的响应电压。

5）设定 EIS 测量频率范围。根据 7.2.2 节中的计算，在 1160Hz 到 200Hz 区间以 80Hz 的间隔选择了 12 个频率点（见表 7-1），并在 100Hz 到 0.1Hz 区间以对数间隔选择了 21 个频率点，共 33 个频率点。

6）用样机依次对 4 节单体进行 EIS 测量，记录测量期间的激励产生器电流波形、激励产生器记录的电流信号、电池参数采集单元记录的电压信号。

7）用采样数据还原响应电压波形，计算 EIS 阻抗谱。

为了验证激励产生器的激励信号生成质量，示波器在激励产生器的输出端口通过分流器测量了其产生的激励电流波形，如图 7-11 所示。为了展示等效采样算法的效果，本小节以及以下小节都选取了较高频段的 1160Hz、840Hz、520Hz 三个频率点测量期间的波形进行展示。可以看出，激励器输出的正弦电流信号波形良好，即使在 1160Hz 的较高频率和 0.2A 的小激励电流幅值下，也准确符合所需的信号频率和幅值。不过，电流信号仍然具有明显的开关电路噪声。

图 7-12 展示了由样机所测得的 1160Hz、840Hz、520Hz 三个频率点测试期间的电压、电流数据。图 7-12a~c 展示了激励产生器记录的电流数据。由于激励产生器采样程序内置了低通数字滤波，原有的开关噪声几乎不可见，有利于随后的数据处理。图 7-12d~f 是由电池数据采样单元直接测得的信号点。有别于理论的正弦波形，采样得到信号呈现了周期性，且频率远低于原激励信号的频率。这体现了在低频采样下，原信号频率成分混叠到了奈奎斯特频率以下。由于激励所用的正弦信号是带限信号，并且开关高频噪声信号受到了采样单元输入带宽的限制，激励信号成分可以单独地以混叠方式采样得到，使重构成为可能。图 7-12g~i 是利用所提出采样方法重构的响应电压信号。由于一个原信号周期的波形需要多个实际信号周期的数据来重构，在同样数量的采样点下，重构得到的波形长度显著短于直接测得数据。由波形可以看出，重构后的信号还原了原来的正弦信号，并可以进行正弦拟合，如图中的虚线所示。该结果展示了本节所提出的等效采样方法帮助现有电池采样电路进行 EIS 数据采样的能力。

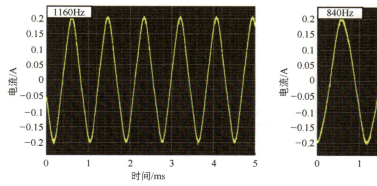
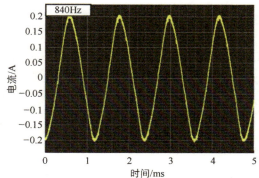
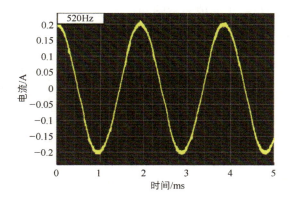

图 7-11 不同频率激励产生器的电流波形

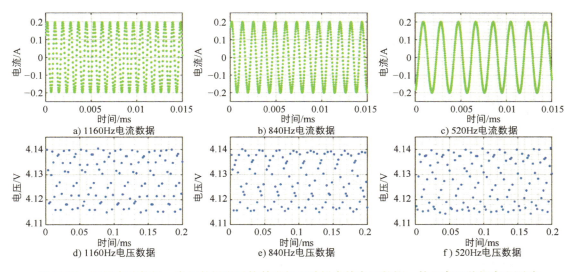

图 7-12 记录电流数据、电压数据和重构并进行正弦拟合的电压数据，并且在三种频率下测试

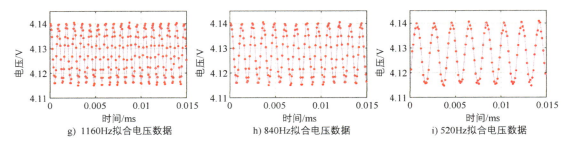

g) 1160Hz拟合电压数据　　h) 840Hz拟合电压数据　　i) 520Hz拟合电压数据

图 7-12　记录电流数据、电压数据和重构并进行正弦拟合的电压数据，并且在三种频率下测试（续）

图 7-13a 是电化学工作站测得对照结果与样机测得同一节电池单体阻抗谱的对比。由图可以看出，样机测得阻抗谱的整体形状与对照结果较为符合，尤其是在中频圆弧区段。图 7-13b 和 c 是由两组结果差值表示的测量误差，包括阻抗模误差和阻抗相位误差。可见样机的阻抗模误差小于 0.6mΩ，相位误差小于 1°。

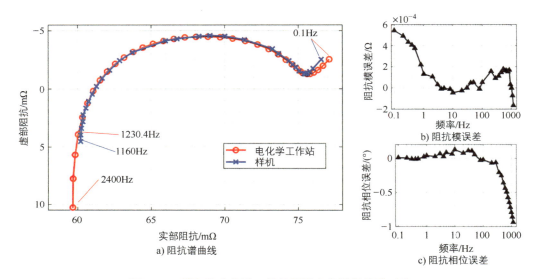

a) 阻抗谱曲线　　b) 阻抗模误差　　c) 阻抗相位误差

图 7-13　样机和电化学工作站测得电化学阻抗谱对比

在高频区间，样机测得阻抗的虚部明显大于对照数据，这应当是受到硬件接线方式的影响。在实验室环境中，EIS 测量通常要求使用四线制接法，即将激励信号回路和响应测量回路分离，以避免连接导线的阻抗对高频阻抗的影响。然而，本方案使用电池组采样芯片测量电池响应信号，该类芯片出于节省引脚的目的，往往将每个引脚直接接在两个串联电池单体的连接导体上，则连接导体的阻抗总是会被包括在测量回路中，对测得高频阻抗造成影响。不过，考虑到实际电池组电气连接往往是永久性的，这部分阻抗应当较为固定，可以通过适当的校准方式进行补偿。

而在低频区间，由于商用电池采样芯片的有限精度，其在低频区间测量阻抗时需要相对电化学工作站更多的激励周期，以通过平均提高阻抗测量精度。有文献指出，在低频段过长的激励时间可能导致电池内部状态变化，进而影响阻抗测量结果[5]。对此，该方法的测量流程和参数需要进一步优化。

测试证明，提出的测量方法可以在设计的 EIS 频率区间获得受测电池单体的 EIS 曲线，并且在绝大部分频率区段具有足够的测量精度。

7.3 智能电池环境原位电化学阻抗谱测量方法设计

传统电池组存在连接方式固定、状态监测方式有限等局限性，难以满足储能系统对安全性、能量密度等性能日益增长的需求。对此，智能电池的概念应运而生，在电池结构、监测方式等方面结合了大量新技术，极大拓展了电池系统的能力边界，成了新一代电池组的重要发展趋势[6]。图 7-14 是一种典型的智能电池架构。

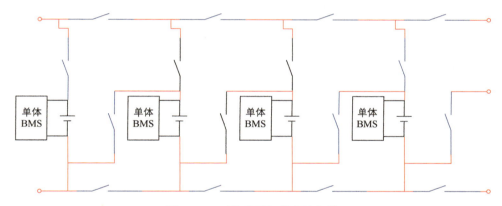

图 7-14　一种典型智能电池架构

由图 7-14 可见，与传统电池组架构相比，智能电池的主要特点如下：

1）智能电池采用分布式 BMS 架构，BMS 所具备的电压、电流、温度采样功能以及状态估计功能都由单体自身完成。与传统的集中式 BMS 相比，分布式 BMS 增强了单体级别的感知和管控能力，并减少了电池箱内部连线。

2）智能电池在单体周边增加了功率开关，带来了可重构功能的实现。与传统的串并联方式固定的电池组相比，智能电池可以通过重构自由改变电池组的串并联结构，进而实现工况适配、主动均衡、故障隔离等功能，极大提高电池组的适应能力、放电能力和安全性能。

智能电池的以上两个特点，同时也为原位 EIS 测量带来了便利：

1）分布式 BMS 架构摆脱了传统 BMS 的硬件限制，增强了单体级别的数据采样和处理能力，从而解决了原位 EIS 中对信号采样方面的需求。

2）可重构能力可以自由在电池组内部形成串数、并数可变的电池簇，有望可以利用一部分电池组成电源,为另一部分电池施加 EIS 激励,从而取消对外部激励源的需求。

可见,智能电池环境下,原位 EIS 测量的实施具有天然的便利性。因此,本节将研究智能电池场景下原位 EIS 测量的应用,充分利用智能电池的独特性能,进一步提高原位 EIS 测量的方便性。

7.3.1 智能电池实验平台介绍

本节实验使用了如图 7-15 所示的一种智能电池实验平台,其硬件架构与图 7-14 所示一致,具有单体级别的数据采样处理与可重构功能。

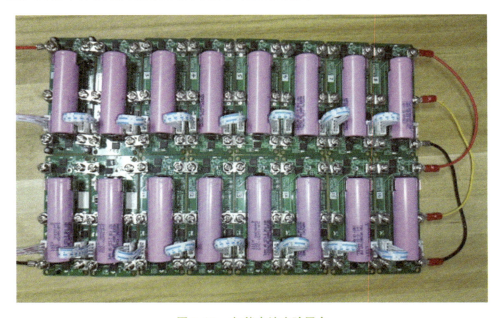

图 7-15 智能电池实验平台

该智能电池由智能单体连接而成,可以取任意数量的智能单体连接成为智能电池组,同时保持单体数据采样与可重构能力。图 7-16 展示了该智能电池组进行构型重构的能力,可见其能够将电池组中的电池单体进行自由串并联,并可以将任意有故障的单体从电池组中隔离出去。

7.3.2 智能电池原位电化学阻抗谱方法设计

借助智能电池的分布式 BMS 设计和重构能力,可以实现更加便捷的原位 EIS 测量。可以在电池组内部添加一定的激励产生电路,并借助电池重构,由一部分电池组成电源为激励产生电路供电,另一部分电池作为受测电池接受激励电流;同时借助智能电池的分布式 BMS 设计,接受激励的单体 BMS 可以对单体电压和电流进行采样,并自行完成阻抗谱计算。具体的测量架构如图 7-17 所示。

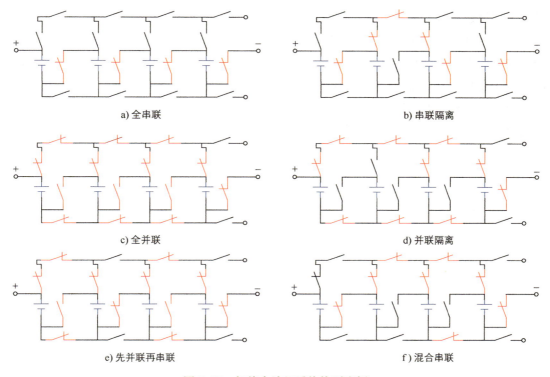

图 7-16 智能电池组重构构型实例

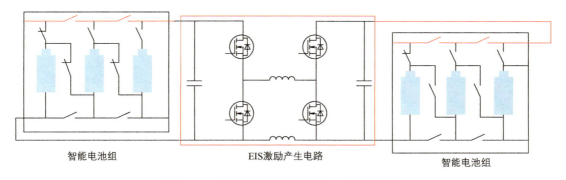

图 7-17 智能电池环境的原位 EIS 测量架构

如图 7-17 所示,该测量架构在两个智能电池之间加装了一个双向激励产生电路,其以上一节所设计的 EIS 激励产生器为基础,由两个对称的半桥激励电路组成。激励电路在运行模式下,可以配合两侧的可重构电池模组,保持串联或并联构型;在电池包静置状态下,可以用一侧的可重构电池作为电源,向另一侧的可重构电池输入激励。该套硬件体系可以使智能电池组无须外部协助,就能够进行原位 EIS 检测和快速容量均衡。

系统的运行逻辑如图 7-18 所示。电池系统向外充放电时的系统状态如图 7-18a~c 所示,中部的激励产生器可以将两侧电池组串联或并联,因此左右的两组智能可重构电池组可以看作一体,共同根据需要组成所需的串联、并联或串并联混合形式。电池系进行内部原位 EIS 测量的状态如图 7-18d 所示。此例中，左侧的智能电池组为 2 串 2 并，右侧的电池组则只选择了 1 个单体，从而形成了压差；此时中部的半桥电路作为 Buck 降压电路，左侧 2 串电池组作为电源，可以向右侧的 1 个电池单体注入 EIS 正弦激励电流，各个单体通过自身测得的电压和电流数据进行 EIS 计算。这 1 个单体测量完成后，再切换其他单体进行 EIS 测量；由于电路为完全对称，同理可以将右侧的单体串并联作为电源，对左侧的单体进行 EIS 激励。

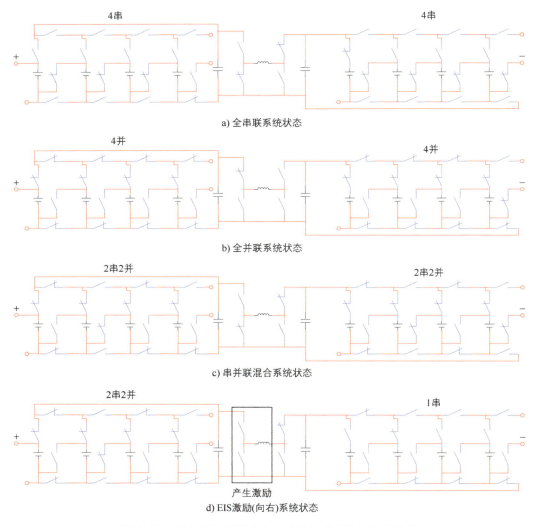

图 7-18　附有 EIS 激励产生电路的智能电池组运行原理

7.3.3　智能电池原位电化学阻抗谱方案验证

图 7-19 为扩展了原位 EIS 功能的智能电池组实验平台，包括由 8 节智能电池单体组成的智能电池组以及原位 EIS 辅助电路。

图 7-19 扩展了原位 EIS 功能的智能电池组实验平台

首先对智能电池进行自重构，改变其串并联构型的能力进行验证。令电池组重构成为图 7-18a ~ c 所示的串联、并联和串并联三种不同构型，并用万用表测量电池组总电压，以验证是否完成重构。图 7-20 展示了三种不同构型下，可重构电池组的实拍照片以及此时测得的电池组输出总电压。对比构型图片和测得总电压，可见此时电池组构型串数符合构型要求，从而验证了原位 EIS 功能的加入没有损害智能电池的可重构能力。

图 7-20 自重构测试

接下来，对样机内部产生阻抗激励进行 EIS 测量的能力进行验证。按照图 7-18d 所示的 EIS 测量方法，首先由左侧智能电池组作为电源，顺序测量右侧 4 个电池的阻抗谱；

再由右侧作为电源，测量左侧 4 个电池。实验完成后，将所有智能电池单体拆出，连接电化学工作站进行 EIS 测试，作为对照结果验证原位 EIS 测量精度。

图 7-21 为样机测得的 EIS 测量结果。由图可见，样机能够在没有外部电源的情况下，依靠电池自身的能量进行 EIS 激励，并通过智能电池单体自身的采样和计算能力获得 EIS 曲线。尽管型号和批次相同，各个电池的 SOC 状态不同，因此阻抗谱的形状有一定的不同；同时，智能电池所用电池夹具也对阻抗的欧姆内阻有一定的影响。

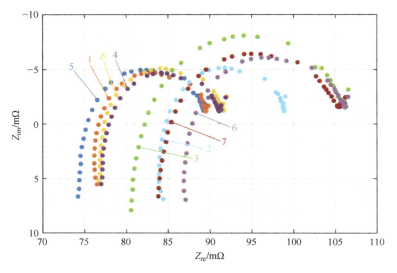

图 7-21　智能电池原位 EIS 测量结果

图 7-22 是智能电池单体样机测量结果与电化学工作站测量结果的对比。由对比图可以看出，尽管精度受到有限硬件采样能力的限制，样机测得 EIS 曲线依然能较好地符合仪器级的结果。实验结果证明了该智能电池组样机独立原位测量所有单体阻抗谱的能力，具有应用各种基于 EIS 的电池状态估计与故障检测算法的基础。

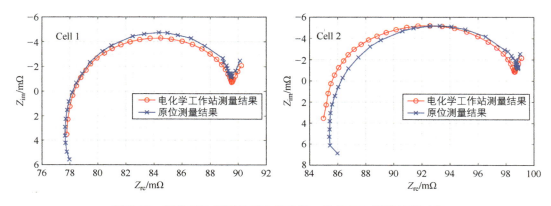

图 7-22　原位 EIS 测量结果与电化学工作站 EIS 测量结果对比

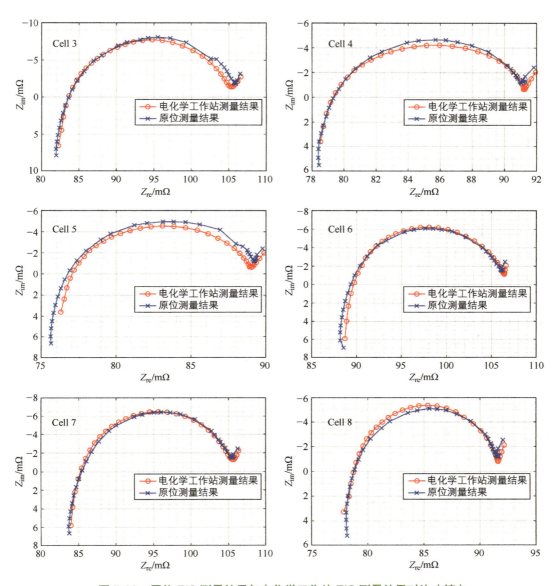

图 7-22　原位 EIS 测量结果与电化学工作站 EIS 测量结果对比（续）

7.4　基于原位电化学阻抗谱的电池析锂诊断

锂离子电池主要由正负电极、电解液以及隔膜组成，电极浸泡在电解液中，隔膜将电解液中的正负电极分开到两个区域。在充电时，电池中的锂离子从正极脱嵌，在电解液中穿过隔膜移动到负极，并嵌入负极材料中，从而导致电池内部的电荷转移，结合电池外接电路中同等电荷数量的电子移动，即形成充电电流将电能转化为化学能；向外放电时则相反。正常充电情况下，从正极脱离的锂离子和嵌入负极的锂离子应当保持平衡。然而在某些严苛的充电工况下，如低温、大倍率充电或过度充电时，锂离子嵌入负极电极材料的能力不足，就有可能在负极表面以锂单质的形式析出，这就是所谓的析锂[7, 8]。在放电时这些析出的锂有可能再次溶解，但由于靠近负极极片的锂往往更早溶解，如果析出的锂金属过多，远离电极的部分锂可能与电极脱离，形成不可逆析锂[9]。

析锂现象对锂离子电池有多种不良影响。不可逆析锂将减少电池内部可用的活性锂成分，进而永久减少电池可用容量；如果析锂十分严重，还可能产生锂枝晶，有可能穿透分割正负电极的隔膜而与正极接触，造成内短路使电池发热，甚至导致热失控等严重事故[10, 11]。与此同时，析锂作为电池的内部反应过程，现时的 BMS 设备仅依靠电流电压等外部参数难以直接测量，当检测到明显的外部变化时，析锂可能已经发展到较为严重的阶段。实验室环境下，针对电池析锂的检测主要采用精密仪器观测电池电极表面形态，或对电极进行化学成分分析，以确定是否有锂金属在电极表面析出。这两种方法都需要在实验室环境下将电池进行拆解以取出电极材料，显然不适用于实际应用环境的析锂检测。目前主要的非破坏性析锂测定方式是对电池进行循环容量测定，通过容量的衰退检测析锂的程度，这在工况要求复杂的实际应用环境中也并不易于实施。

近年来，研究人员发现，锂离子电池电化学阻抗谱与析锂状况也存在一定的关联性。通过在电池的充电、放电等阶段并行进行 EIS 测量，就可以同时对电池的析锂状况进行分析[12, 13]。与上述方法相比，基于 EIS 的析锂检测方法速度较快，可实现定量测量，如果能够与原位 EIS 测量方法结合，就有望实现高效的锂离子电池原位析锂测量。因此，本节将以前文介绍的原位 EIS 测量方法为基础，发展一种原位析锂定量检测方法，展示 EIS 技术用于电池参数估计的方法。

7.4.1 析锂电池制备

锂离子电池的析锂现象，主要发生在低温、大倍率充电工况，且析锂的严重程度和温度、充电倍率都有密切关系。为了展现在位阻抗谱检测系统对不同析锂程度的检测能力，设计了低温大倍率充电实验，在低温下以不同的倍率对数个单体进行充电，制备具有不同析锂程度的单体。

受测单体方面，容量较大的电池充放电能力强，不易发生析锂，且析锂实验中的安全风险较大。因此，选择了容量较小的 18650 电池单体进行析锂实验。本实验选择和 7.2 节实验同型号的单体，参数如表 7-2 所示。将 4 节同批次的上述单体编号为 1～4 号，其中 1～3 号为测试单体，4 号为对照单体。实验环境如图 7-23 所示，实验在巨孚抽屉式高低温试验箱中进行，使用新威公司的 CT-40365V30A 充放电设备进行充放电。

图 7-23　析锂电池制备实验环境

实验步骤参照国家标准电池容量测试方法制定[14]，主要步骤如下：

1）容量循环测试。通过充放电循环，测定 1～4 号测试单体在析锂测试前的可用容量。测试在 25℃下进行，根据厂商推荐的容量测试方法，首先用 1/3C 的放电倍率将单体放电到其截止电压 3V，静置 30min，然后采用 CCCV 法充电，以 1/3C 充电倍率充电到上限电压 4.2V，保持电压，直到充电电流减小到 0.01C 以下，再静置 30min。以上充放电循环重复 3 次，计算 3 次放电容量的平均值。如果 3 次放电容量和平均值的偏差小于 2%，则将平均值作为该电池单体的可用容量。

2）析锂诱发测试。通过低温大倍率充电，诱发 1～3 号电池单体不同程度的析锂；由于恒压充电时，析出的锂金属有可能继续回嵌，弱化析锂效果，因此充电阶段仅使用恒流充电。测试在 -10℃ 环境温度下进行，首先静置 30min，使电池内部温度和环境温度一致；用 0.1C 倍率将单体放电到截止频率，静置 30min；然后用 0.5C、0.75C、1C 的放电倍率，分别将三个测试单体充电到上限电压，静置 30min。充放电循环重复 3 次。

3）容量衰退测试。检测容量衰退是检测电池是否析锂最有用且最为直接的一种方法。由于不可逆析锂的发生，导致可用锂数量下降，电池容量迅速衰退。因此，对比析锂前后的容量衰退情况，可以很好地检测各个实验电池的析锂状况，同时也可作为其他析锂检测方式的验证。通过充放电循环测定析锂测试后的 1～3 号单体以及对照的 4 号单体的可用容量，测试环境和流程与第 1 步相同。

表 7-3 是析锂测试前后各个单体的容量测试结果。析锂测试前，4 个全新电池单体的容量一致性较好，平均容量差异率最大不超过 0.3%，因此可以排除电芯出厂容量误差对实验结果的影响。析锂测试后，3 个测试电池出现了不同程度的容量衰退，4 个电池的容量衰退从严重到轻微的顺序为 2、3、1、4。由于电池在测试前皆为全新，并且在实验中只循环了 9 次，循环老化对电池容量的影响可以忽略不计，因此认为电池的容量衰退

与电池的析锂严重程度呈直接相关。值得注意的是，该顺序与低温循环实验时充电倍率大小的顺序并不相同。由于析锂是受多种因素相互制约的复杂过程，这样的结果是正常的，不同情况需具体分析。推测在充电倍率过大时，由于极化效应过强，在达到阈值电压前实际充入电池的电量较少，进而导致了析锂程度并没有充电倍率较低时显著。

表 7-3 析锂测试前后各个单体容量测试结果

单体	实验前容量 /A·h	实验后容量 /A·h	容量衰退率
1	2.8964	2.69	−7.126%
2	2.9093	2.56	−11.947%
3	2.8992	2.61	−9.975%
4	2.8979	—	—

7.4.2 在位阻抗测量测试

在析锂测试完成后，4 个单体被安装到 7.2 节所制的原位阻抗谱测量原理样机中，进行原位阻抗谱测试。考虑到电化学阻抗谱对电池的温度、SOC、静置时间等因素都较为敏感，测试时必须严格控制变量。因此实验前，单体 SOC 通过充放电机，以调整到 90%，在 25℃恒温箱中静置 2h 后，再进行阻抗谱测量。测试得到的 4 节单体阻抗谱如图 7-24 所示。

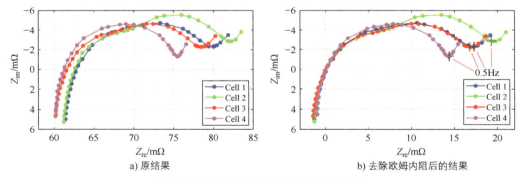

a) 原结果　　　　b) 去除欧姆内阻后的结果

图 7-24 原位测量析锂单体阻抗谱结果

由图 7-24a 可以看到，4 节电池的阻抗谱曲线的整体走向和大小类似，但在局部细节、横向位置等方面呈现了明显的变化，这初步体现了各个电池单体的析锂情况差异。不过，阻抗谱与横轴的交点，即欧姆内阻点，受电池夹具、接线阻抗等因素的影响较大，容易影响对析锂情况的判读；并且现有研究指出[12]，析锂对电化学阻抗谱的影响主要体现在中频圆弧段的扩大上，对欧姆内阻和高频区间的影响相比较小。为了充分体现各个单体析锂程度不同的影响，这里将每条阻抗谱曲线的欧姆内阻略去，平移对齐到欧姆内阻为 0 处。将平移后的实部阻抗称为相对实部阻抗，如图 7-24b 所示。

由图 7-24b 可见，4 个单体的阻抗曲线主要区别在于中频圆弧区间，特别是在 20Hz 以下的区间。特别地，3 节测试单体的阻抗曲线在中频段呈现一大一小两个圆弧叠加的形状，而 4 号对照单体则只能看出一个圆弧。第二个圆弧的显现，说明析锂对电荷转移阻抗产生了显著的影响，这也和现有研究的结果相吻合[15]。2 号电池的圆弧最大，1 号和 3 号次之，4 号最小，不过 1、3 号电池的区别还不够显著。该大小的顺序与电池容量测试的结果呈现单调对应，初步提示了以 EIS 结果为基础进行析锂程度定量评估的可能性。

7.4.3 拆解分析与析锂量化

为了准确把握各单体析锂状况，进一步探究测得阻抗谱曲线特征和析锂程度之间的联系，设计了电池拆解实验和 2 种析锂分析实验。在位阻抗检测实验后，将 4 个电池单体再次拆出进行拆解，以得到电极材料。出于拆解操作的安全性考虑，在拆解前用充放电机将单体放电到截止电压。此后在通风橱中拆解单体，分离负极材料并拍照。为了在微观层面直接确认析锂的存在，接下来进行扫描电子显微镜（SEM）实验，借助扫描图像进行定性析锂验证。进一步地，为了定量测定各个电池的析锂严重程度，应用电感耦合等离子体质谱（ICP）方法量化测定负极电极材料中的锂含量。从各个单体的负极以固定面积和位置采样，用硝酸溶解，定容，获得溶液使用 ICP 仪进行分析，测定其中锂离子含量。实验步骤和实验器材的示意图如图 7-25 所示。

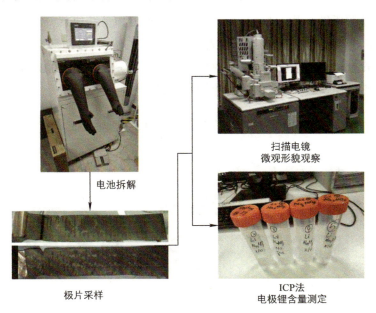

图 7-25　电池拆解分析与析锂量化实验流程

各个单体的负极照片如图 7-26 所示。从电极照片可见，4 节电池的负极均具有黑色多孔石墨基底。3 节测试电池的表面上出现了灰白色的析锂沉积物，这是负极材料表面析出的锂金属氧化之后的产物；而对照电池 4 号的负极则呈现了干净、光滑的黑色石墨表面。从灰白色物质的面积来看，2 号电池析出的面积最大，1 号和 3 号则较为轻微。由此可初步判断 2 号电池析锂最为严重，1 号和 3 号次之，4 号没有发生析锂。

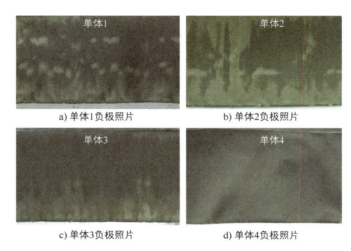

图 7-26　各单体负极照片

在 1～3 号电池的负极上沉积最严重的银白色部分，以及 4 号电池的黑色部分取样，在 SEM 下观察微观形貌。SEM 影像如图 7-27 所示，与宏观照片类似，实验电池的负极表面出现了明显的析锂沉积。1、3 号电池表面的析出物呈结块状，而容量衰退最严重的 2 号电池表面，析出的锂已初步出现枝晶形态。相对地，4 号对照电池没有出现析锂沉积，负极表面的石墨颗粒清晰可见。由此可以推断，1～3 号电池负极电极石墨表面上发生了程度不同的析锂，且 2 号电池的析锂程度最为严重。

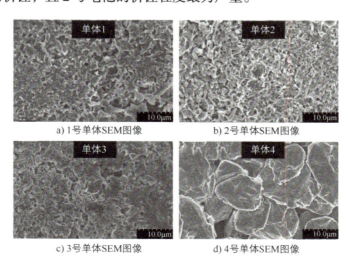

图 7-27　各单体负极采样 SEM 影像

采样面积和测试结果见表 7-4，为了直观比较析锂量对电池容量的影响，将测试结果换算为单位面积电极对应的容量 $mA\cdot h\cdot cm^{-2}$。负极材料的锂含量从多到少为 3、2、1、4 号，与阻抗谱曲线及 SEM 观察的结果吻合。

表 7-4　ICP 实验测得锂含量结果

单体	采样面积 /cm^2	测得锂质量 /mg	锂含量 /$mA\cdot h\cdot cm^{-2}$
1	9.1	2.763	1.207
2		5.061	2.211
3		3.289	1.437
4		1.277	0.550

注意到，全新的 4 号单体的负极样本也含有少量的锂，推测这应当是负极石墨表面形成的 SEI（Solid Electrolyte Interface）膜所包含的锂。锂离子电池在首次循环过程中，电解液会与负极材料产生反应，在负极表面形成 SEI 膜。SEI 膜是一种钝化膜，其允许锂离子自由通过，而阻止了电极和电解液进一步剧烈反应。SEI 膜具有提高电极的循环性能和使用寿命的作用，其稳定性和形成结构对电池性能影响甚大，因此电池生产时往往需要施加控制，以产生稳定的 SEI 膜。实际上，SEI 膜的形成，往往是锂离子电池除了异常析锂之外造成电池容量损失的主要原因[16]。这也说明了 ICP 实验测得的锂含量并非完全由析锂导致，1～3 号实验电池也必然存在着由 SEI 膜带来的非析锂锂含量；如要精确进行不可逆析锂的分析，还需要对诸如磷等其他元素的含量进行分析，间接排除 SEI 膜和可逆析锂等其他锂来源的影响[17]。不过，考虑到本次实验电池型号、批次、循环次数等方面基本相同，析锂量这一指标已足以作为一个表征析锂严重程度的相对量化指标。

7.4.4　阻抗特征提取与参数拟合

借助以上拆解分析的结果，已可以对测得阻抗谱和析锂深度之间的量化关系进行分析。鉴于前文的 EIS 曲线结果与析锂量化测试结果已经呈现出较好的对应关系，本研究选用了阻抗谱曲线特征法进行分析，即选取对需测参数敏感的特定阻抗特征进行相关性分析。可选的阻抗特征通常有定频率阻抗值、欧姆内阻点阻抗值、曲线转折点位置、圆弧段半径等。如 7.4.2 节所述，本研究中析锂对 EIS 结果的影响主要体现在减去欧姆阻抗后的相对实部阻抗，且在中低频段尤其明显。因此选择 0.5Hz 频率点的相对实部阻抗作为阻抗特征量，在图 7-24b 中已以十字标志标出。将 7.4.3 节实验得到的可用容量衰退比例和锂含量分别与阻抗特征点对应作散点图，如图 7-28 所示。从图中可以确认到强烈的线性正相关关系，排列顺序也和电镜观察到的析锂严重程度一致。因此，使用线性回归方法分别拟合两指标与阻抗特征间的关系，拟合直线在图 7-28 中以虚线表示。

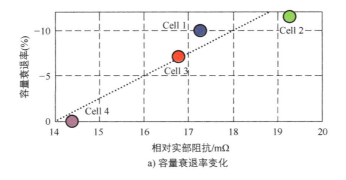

a) 容量衰退率变化

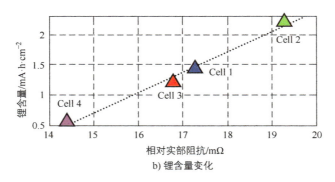

b) 锂含量变化

图 7-28　0.5Hz 相对实部阻抗与析锂参数的对应关系

特别地，析锂量直接反映了单位面积析出的锂金属的多少，可使用该指标作为量化析锂程度的指标。表 7-5 是图 7-28 中相对实部阻抗与析锂锂含量线性拟合后的误差统计。由表 7-5 可见，析锂表征特征量与预选取的阻抗特征线性拟合的 R^2 达到了 0.929，RMSE 小于 $0.0929\mathrm{mA \cdot h \cdot cm^{-2}}$。

表 7-5　相对实部阻抗与析锂锂含量线性拟合误差统计

单体编号	误差 /$\mathrm{mA \cdot h \cdot cm^{-2}}$
1	−0.0598
2	0.0934
3	0.0313
4	−0.0631
RMSE	0.0929
R^2	0.9877

至此，我们已经完成了由 EIS 特征点到析锂状态的数学建模，将其与本章设计的原位阻抗谱测量方案结合，即可由测得的相对实部阻抗，对该电池的析锂状况实现原位量化检测。

参 考 文 献

[1] ABEDI VARNOSFADERANI M, STRICKLAND D. A comparison of online electrochemical spectroscopy impedance estimation of batteries [J]. IEEE Access, 2018, 6: 23668-23677.

[2] GONG Z, LAMOUREUX C, VAN DE VEN B A C, et al. EV BMS with distributed switch matrix for active balancing, online electrochemical impedance spectroscopy, and auxiliary power supply[C]//2019 21st European Conference on Power Electronics and Applications (EPE '19 ECCE Europe), September 03-05, 2019, Genova. New York: IEEE, 2019.

[3] WEI X Z, WANG X Y, DAI H F. Practical on-board measurement of lithium ion battery impedance based on distributed voltage and current sampling [J]. Energies, 2018, 11 (1): 64.

[4] MISHALI M, ELDAR Y C. Sub-Nyquist sampling [J]. IEEE Signal Processing Magazine, 2011, 28 (6): 98-124.

[5] WANG X Y, WEI X Z, CHEN Q J, et al. A novel system for measuring alternating current impedance spectra of series-connected lithium-ion batteries with a high-power dual active bridge converter and distributed sampling units [J]. IEEETransactions on Industrial Electronics, 2021, 68 (8): 7380-7390.

[6] WEI Z B, ZHAO J Y, HE H W, et al. Future smart battery and management: advanced sensing from external to embedded multi-dimensional measurement [J]. Journal of Power Sources, 2021, 489: 229462.

[7] HUANG C K, SAKAMOTO J S, WOLFENSTINE J, et al. The limits of low-temperature performance of Li-ion cells [J]. Journal of The Electrochemical Society, 2000, 147 (8): 2893-2896.

[8] HASAN M F, CHEN C F, SHAFFER C E, et al. Analysis of the implications of rapid charging on lithium-ion battery performance [J]. Journal of The Electrochemical Society, 2015, 162 (7): A1382-A1395.

[9] REN D S, SMITH K, GUO D X, et al. Investigation of lithium plating-stripping process in Li-ion batteries at low temperature using an electrochemical model [J]. Journal of The Electrochemical Society, 2018, 165 (10): A2167-A2178.

[10] JIANG Y, WANG Z X, XU C X, et al. Atomic layer deposition for improved lithiophilicity and solid electrolyte interface stability during lithium plating [J]. Energy Storage Materials, 2020, 28: 17-26.

[11] YANG T Z, SUN Y W, QIAN T, et al. Lithium dendrite inhibition via 3D porous lithium metal anode accompanied by inherent SEI layer [J]. Energy Storage Materials, 2020, 26: 385-390.

[12] KOSEOGLOU M, TSIOUMAS E, FERENTINOU D, et al. Lithium plating detection using dynamic electrochemical impedance spectroscopy in lithium-ion batteries [J]. Journal of Power Sources, 2021, 512: 230508.

[13] PAN Y, REN D S, KUANG K, et al. Novel non-destructive detection methods of lithium plating in commercial lithium-ion batteries under dynamic discharging conditions [J]. Journal of Power Sources, 2022, 524: 231075.

[14] 全国汽车标准化技术委员会. 电动汽车用电池管理系统技术条件: GB/T 38661—2020 [S]. 北京: 中国标准出版社, 2020.

[15] PAN Y, REN D S, HAN X B, et al. Lithium plating detection based on electrochemical impedance and internal resistance analyses [J]. Batteries, 2022, 8 (11): 206.

[16] BARRÉ A, DEGUILHEM B, GROLLEAU S, et al. A review on lithium-ion battery ageing mechanisms and estimations for automotive applications [J]. Journal of Power Sources, 2013, 241 : 680-689.

[17] YOU H Z, JIANG B, ZHU J G, et al. In-situ quantitative detection of irreversible lithium plating within full-lifespan of lithium-ion batteries [J]. Journal of Power Sources, 2023, 564 : 232892.

附 录

常用缩写词

序号	缩写词	中文名称	英文名称
1	LIB	锂离子电池	Lithium-ion Battery
2	SOC	电池荷电状态	State of Charge
3	SOH	电池健康状态	State of Health
4	SEI	固体电解质界面	Solid Electrolyte Interface
5	EIS	电化学阻抗谱	Electrochemical Impedance Spectroscopy
6	TOF	飞行时间	Time of Flight
7	CC-CV	恒流恒压法	Constant-Current Constant-Voltage
8	SEM	扫描电子显微镜	Scanning Electron Microscope
9	ICP	电感耦合等离子体法	Inductively Coupled Plasma
10	SOP	电池功率状态	State of Power
11	SOE	电池能量状态	State of Energy
12	DNN	深度神经网络	Deep Neural Network
13	LSTM	长短期记忆	Long Short-Term Memory
14	DRL	深度强化学习	Deep Reinforcement Learning
15	SAC	软行动者–批评家算法	Soft Actor-Critic
16	ICA	增量容量分析	Incremental Capacity Analysis
17	DVA	差分电压分析	Differential Voltage Analysis
18	BMS	电池管理系统	Battery Management System
19	LLI	锂库存损失	Loss of Lithium Inventory
20	LAM	活性物质损失	Loss of Active Material
21	HIs	健康指标	Health Indicators
22	EV	电动汽车	Electric Vehicle
23	EOL	寿命终点	End of Life
24	GPR	高斯过程回归	Gaussian Process Regression
25	ESC	外部短路	External Short Circuit
26	ISC	内部短路	Internal Short Circuit
27	RTD	电阻式温度传感器	Resistance Temperature Detector
28	FBG	光纤布拉格光栅	Fiber Bragg Grating
29	FP	光纤法珀	Fabry-Perot
30	DFOS	分布式光纤	Distributed Fiber Optic Sensing